数据结构

朱智林　主编

清华大学出版社
北京

内容简介

本书在选材与编排上，贴近当前普通高等院校“数据结构”课程的现状和发展趋势，符合研究生考试大纲，内容难度适中，突出实用性和应用性。全书共9章，内容包括绪论、线性表、栈和队列、串、数组和广义表、树和二叉树、图、查找、排序。

本书可作为普通高等院校计算机和信息技术相关专业“数据结构”课程的教材，也可供从事计算机工程与应用工作的科技工作者参考。

图书在版编目(CIP)数据

数据结构/朱智林主编. —北京：清华大学出版社，2021.7
ISBN 978-7-302-52993-4

Ⅰ.①数…　Ⅱ.①朱…　Ⅲ.①数据结构－高等学校－教材　Ⅳ.①TP311.12

中国版本图书馆CIP数据核字(2019)第093905号

责任编辑：颜廷芳
封面设计：傅瑞学
责任校对：刘　静
责任印制：刘海龙

出版发行：清华大学出版社
网　　址：http://www.tup.com.cn，http://www.wqbook.com
地　　址：北京清华大学学研大厦A座　　**邮　　编**：100084
社 总 机：010-62770175　　**邮　　购**：010-62786544
投稿与读者服务：010-62776969，c-service@tup.tsinghua.edu.cn
质量反馈：010-62772015，zhiliang@tup.tsinghua.edu.cn
印 装 者：三河市龙大印装有限公司
经　　销：全国新华书店
开　　本：185mm×260mm　　**印　张**：11.25　　**字　　数**：273千字
版　　次：2021年7月第1版　　**印　　次**：2021年7月第1次印刷
定　　价：39.00元

产品编号：078822-01

前　言

信息技术的迅速发展，为计算机的应用提供了更为广阔的空间。计算机的应用领域不再局限于科学计算，还广泛应用于控制、管理和数据处理等非数值计算的处理工作。与之相应地，计算机加工处理的对象也由纯粹的数值发展到字符、图、表、超文本等一些具有结构的数据对象，因此非常有必要去研究这些带有结构的数据对象及其相关的算法。

为了以较少的成本、较快的速度、较好的质量开发出适合多种应用需求的软件，开发人员必须遵循软件工程的原则，设计出高效率的程序。一个高效率的程序不仅需要"编程小技巧"，更需要合理的数据组织和清晰、高效的算法。这正是计算机科学领域"数据结构设计"所研究的主要内容。

计算机科学是一种创造性的思维活动，其教育必须面向设计，数据结构正是一门面向设计且处于计算机学科核心地位的课程。通过对数据结构知识的系统学习与研究，读者可以理解和掌握数据结构与算法设计的主要方法，从而为独立完成软件设计和分析奠定坚实的理论基础，这对从事计算机系统结构、系统软件和应用软件研究与开发的科技工作者是必不可少的。

数据结构课程的目的是介绍各种常用的数据结构，阐明各种数据结构之间的内在逻辑关系，讨论它们在计算机中的存储和表示，以及对这些数据进行的操作和实际算法。数据结构课程不仅为读者学习后续软件课程提供必要的基础知识，而且可以进一步地提高读者的软件设计和编程水平，同时通过对不同存储结构和相应算法的分析比较，增强读者根据实际问题选择合适的数据结构并掌握求解算法的时间、空间复杂性的能力。

为了适应我国培养各类计算机人才的需要，本课程结合我国高等学校教育工作的现状，追踪国际计算机科学技术的发展水平，更新了教学内容和教学方法，以基本数据结构为知识单元，系统地介绍了数据结构知识与应用，以期提高学生的应用能力。本书共9章，主要内容包括数据结构的基本概念、算法的描述及复杂度分析、线性表、栈和队列、串和数组、树和二叉树、图、查找、排序等。

本书力求通俗易懂，严谨流畅，内容充实，实例丰富，符号、图像规范，既适合于教学又便于自学。本书注重算法的完整性，在给出算法之前，对其实现的基本思想和要点都做了详细的讨论，算法除了有对应的C/C++程序外，有的还给出了机器运行的结果，便于读者深入的理解和掌握。

本书对算法的描述采用多种方式，书中采用接近自然语言的伪语言和C语言两种方式来同时描述算法，另外，主要章节还给出了数据结构的ADT和C++的类描述。

本书可作为普通高等院校计算机专业“数据结构”课程的教材，也可作为信息技术与管理等专业的教材和教学参考书，同时也可供从事计算机软件开发和计算机应用相关的工程技术人员参考。

由于编者的知识和写作水平有限，书中难免有不足之处。热忱欢迎同行专家和读者的批评、指正，以使本书不断地改进，日臻完善。

编　者

2021年1月

目　录

第 1 章

绪　　论

用计算机解决各种实际问题的实质就是数据表示和数据处理，这也可以归结为对数据结构和算法的探讨。数据结构和算法是计算机科学中的两个基本问题，本章主要围绕这两个问题做概括性的介绍。

1.1　数据结构的概念

数据(data)是信息的载体，是描述客观事物的数字、字符及所有能够输入到计算机中并被计算机程序处理的符号的集合。计算机能够处理多种形式的数据。数据主要分为两大类：一类是数值型的数据，主要用于工程和科学计算等领域；另一类是非数值型的数据，如字符型数据，以及图形、图像、声音等多媒体数据。

数据元素(data element)是表示数据的基本单位，是数据这个集合中的一个个体。在数据结构中，数据元素通常被称为结点(node)。一个数据元素又可以由若干个数据项(data item)组成。

数据项有两种：一种是初等项，是具有独立含义的最小标识单位；另一种是组合项，是具有独立含义的标识单位，通常由一个或多个初等项和组合项组成。

数据对象(data object)是具有相同性质的数据元素的集合，是数据这个集合的一个子集。例如，整数数据对象可以是集合 $I=\{0,\pm1,\pm2,\cdots\}$，英文字母的数据对象可以是集合 letter={A,a,B,b,…,Z,z}。有些数据对象表现为复杂的形式，例如表 1-1 为两个单位职工工资情况的一个数据对象。

表 1-1　职工工资　　　　单位：元

编　号	姓　名	发给项			扣除项			实发工资
		基本工资	工龄工资	交通补助	房租费	水电费	托儿费	
001	丁一	2 200.00	10.00	150.00	100.00	80.00	60.00	2 120.00
002	王二	3 000.00	25.00	150.00	120.00	150.00	0.00	2 905.00
003	张三	2 400.00	12.00	130.00	100.00	100.00	60.00	2 282.00
004	李四	2 800.00	20.00	20.00	130.00	130.00	0.00	2 590.00
…	……	…	…	…	…	…	…	…

每个职工的工资情况占一行，每一行则是一个数据元素。每一个数据元素由编号、姓名、发给项(基本工资、工龄工资、交通补助)、扣除项(房租费、水电费、托儿费)、实发工资等数据项组成。其中发给项和扣除项为组合项，其他的数据项均为初等项。这个工资表就是

一个数据对象。

通常来说,数据对象中的数据元素不是孤立的,而是彼此相关的,它们彼此之间存在的相互关系称为结构。简单地说,数据结构就是要描述数据元素之间的相互关系,而一般并不注重数据元素的具体内容。虽然数据结构至今还没有一个公认的标准定义,但一般数据结构都存在联系,主要有数据之间的逻辑关系、数据在计算机中的存储方式及数据的运算(操作),分别称为数据的逻辑结构(logical structure)、存储结构(storage structure)和运算(即对数据所施加的操作)集合,存储结构也称物理结构(physical structure)。因此,数据结构可以定义为:按某种逻辑关系组织起来一批数据,以一定的存储方式把它们存储于计算机的存储器中,并在这些数据上定义了一个运算的集合。

1.2 数据结构的组成与分类

1.2.1 数据的逻辑结构

数据的逻辑结构可以形象地描述为一个二元组

$$\text{Data\_Structure}=(D,R)$$

其中,D 是数据元素(结点)的有穷集合;R 是 D 上关系的有穷集合,每个关系都是 D 到 D 上的关系。在不发生混淆的情况下,通常把数据的逻辑结构直接称为数据结构。

例如,线性表的逻辑结构可以表示为

$$\text{Linear\_List}=(D,R)$$
$$D=\{a_0,a_1,\cdots,a_{n-1}\}$$
$$R=\{r\}$$
$$r=\{<a_{i-1},a_i>\mid a_i\in D,1\leqslant i\leqslant n-1\}$$

即根据 r,D 中的结点可以排成一个线性序列:

$$a_0,a_1,\cdots,a_{n-1}$$

其中,有序对$<a_{i-1},a_i>$表示 a_{i-1} 与 a_i 这两个结点之间存在(邻接)关系,并称 a_{i-1} 是 a_i 的前驱,a_i 是 a_{i-1} 的后继。a_0 为开始结点,它对于关系 r 来说没有前驱,a_{n-1} 为终端结点,它对于关系 r 来说没有后继,D 中的每个结点至多只有一个前驱和一个后继。

数据的逻辑结构可以分为两大类:一类是线性结构,另一类是非线性结构。

线性结构有且仅有一个开始结点和一个终端结点,并且每个结点至多只有一个前驱和一个后继。线性表是一种典型的线性结构,前面介绍的职工工资表就是两个线性表。

非线性结构中的一个结点可能有多个前驱和后继。如果一个结点至多只有一个前驱而可以有多个后继,这种结构就是树形结构。树形结构是一种非常重要的非线性结构。如果对结点的前驱和后继的个数都不作限制,即任何两个结点之间都可能有邻接关系,这种结构就称为图。图是更一般、更为复杂的一种数据结构。数据这几种逻辑结构如图 1-1 所示,图中的圆圈表示结点,结点之间的连线代表逻辑关系,即相应数据元素之间有邻接关系。

上述定义是从操作对象抽象出来的数学模型。结构定义中的"关系"描述的是数据元素之间的逻辑关系,因此又称为数据的逻辑结构,它与数据的存储无关。讨论数据结构的目的是为了在计算机中实现对它的操作,因此还需要研究如何在计算机中表示数据结构。

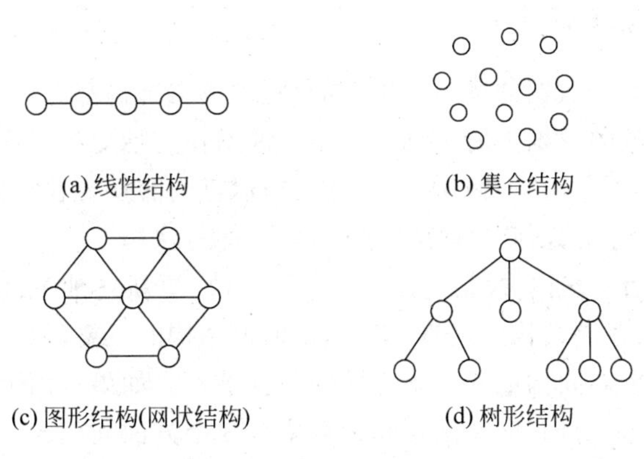

图 1-1 基本的逻辑结构

1.2.2 数据的物理结构

数据结构在计算机中的表示(又称镜像)称为数据的物理结构(或称存储结构)。它所研究的是数据结构在计算机中的实现方法,包括数据结构中元素的表示及元素间关系的表示。在计算机中,可以用一个由若干位组合起来形成的一个位串表示一个数据元素,通常这个位串为元素(element)或结点(node)。如果数据元素由若干数据项构成,位串中对应于各个数据项的子位串称为数据域(data field)。因此,元素或者结点可以看成是数据元素在计算机中的镜像。

在计算机中,数据的存储结构包括以下 4 种。

(1) 顺序存储是指把逻辑上相邻的元素存储在物理位置相邻的存储单元中,借助元素在存储器中的相对位置来表示元素之间的逻辑关系,由此得到的存储表示称为顺序存储结构。顺序存储结构是一种最基本的存储表示方法,通常借助于程序设计语言中的数组来实现。

(2) 链式存储是指逻辑上相邻的元素存储位置不一定相邻,它借助指示元素存储地址的指针来表示元素之间的逻辑关系,由此得到的存储表示称为链式存储结构。链式存储结构通常借助于程序设计语言中的指针类型来实现。

(3) 索引存储是指在存储结点信息的同时,再建立一个附加的索引表,然后利用索引表中索引项的值来确定结点的实际存储单元地址。索引表中的每一项称为索引项,索引项的形式为(关键字,地址),关键字能唯一标识一个元素。

(4) 散列存储(也称哈希存储)是指根据结点的关键字直接计算出结点的存储地址。具体是把结点的关键字作为自变量,通过哈希(Hash)函数的计算规则,确定出该结点的确切存储单元地址。

数据的逻辑结构和物理结构是密切相关的两个方面,任何一个算法的设计取决于选定的数据(逻辑)结构。同一种逻辑结构采用不同的存储方法,可以得到不同的存储结构。选取哪种存储结构来表示相应的逻辑结构视具体的情况而定,具体要考虑数据的运算是否方便及相应算法的时间复杂度和空间复杂度的要求,而算法的实现依赖于采用的存储结构。

1.2.3 数据的运算(集合)

数据的运算是定义在数据的逻辑结构上的,每种逻辑结构都有一个运算的集合,这些运算实际上是定义在抽象的数据上所施加的一系列的操作。抽象的操作是指我们只知道这些操作是"做什么",而无须考虑"如何做"的问题。但运算的实现要在存储结构上进行,只有确定了存储结构之后,才考虑如何具体实现这些运算(即算法)。

常见的一些运算有:查找(检索)、插入、删除、修改(更新)、排序、合并、拆分等。

数据的逻辑结构、存储结构和运算(集合)是数据结构的三要素,三者之间既有区别又有联系,严格地说,这三者共同构成了一个完整的数据结构。如果有两个数据结构被视为是相同的,则它们必须在逻辑结构、存储结构和运算集合3个方面均相同。两者只要有一个方面不相同,就把它们视为是不同的数据结构。例如,对于相同的逻辑结构——线性表,由于采用了不同的存储结构:一个采用了顺序存储结构,而另一个采用了链接存储结构,因而把它们看作是两种不同的数据结构,一个叫作顺序表,而另一个叫作链表。又例如,在顺序表中,两个数据结构的逻辑结构和存储结构均相同,但是定义的运算集合及其运算的性质不同,则它们也是完全不同的数据结构。

1.3 数据类型与抽象数据类型

1.3.1 数据类型

数据类型是与数据结构密切相关的一个概念,它最早出现在高级程序设计语言中,用来描述程序中操作对象的特性。在用高级语言编写的程序中,每个变量、常量或表达式都有一个它所属的确定的数据类型。类型显式地或隐含地规定了在程序执行期间变量或表达式所有可能的取值范围,以及在这些值上允许进行的操作。因此,数据类型(data type)是一个值的集合和定义在这个值集上的一组操作的总称。

在高级程序设计语言中,数据类型可分为两类:一类是原子类型,另一类是结构体类型。原子类型的值是不可分解的,例如C语言中的整型、字符型、浮点型、双精度型等基本类型。而结构体类型的值是由若干成分按某种结构组成的,因此是可分解的,并且它的成分可以是非结构的,也可以是结构的。例如数组的值由若干分量组成,每个分量可以是整数,也可以是数组等。在某种意义上,数据结构可以看成是"一组具有相同结构的值",而数据类型则可被看成是由一种数据结构和定义在其上的一组操作所组成。

1.3.2 抽象数据类型

抽象数据类型(abstract data type,ADT)是指一个数学模型及定义在该模型上的一组操作。抽象数据类型的定义取决于它的一组逻辑特性,而与其在计算机内部如何表示和实现无关,即不论其内部结构如何变化,只要它的数学特性不变,都不影响其外部的使用。

抽象数据类型和数据类型实质上是一个概念。例如,各种计算机都拥有的整数类型就是一个抽象数据类型,尽管它们在不同处理器上的实现方法可以不同,但由于其定义的数学特性相同,在用户看来都是相同的。因此,"抽象"的意义在于数据类型的数学抽象特性。

但是抽象数据类型的范畴更广，它不再局限于前述各处理器中已定义并实现的数据类型，还包括用户在设计软件系统时自己定义的数据类型。为了提高软件的重用性，在程序设计方法学中，要求在构成软件系统的每个相对独立的模块上，定义一组数据和施加于这些数据上的一组操作，并在模块的内部给出这些数据的表示及其操作的细节，而在模块的外部使用的只是抽象的数据及抽象的操作，这种处理方式就是面向对象的程序设计方法。

抽象数据类型的定义可以由一种数据结构和定义在其上的一组操作组成，而数据结构又包括数据元素及元素间的关系，因此抽象数据类型一般可以由元素、关系及操作 3 种要素来定义。抽象数据类型的三元组表示形式为：(D,S,P)，其中，D 是数据对象，S 是 D 上的关系集，P 是对 D 的基本操作集。本书对抽象数据类型的格式定义如下：

```
ADT 抽象数据类型名{
    数据对象：<数据对象的定义>
    数据关系：<数据关系的定义>
    基本操作：<基本操作的定义>
}ADT 抽象数据类型名
```

其中，数据对象和数据关系的定义用伪代码描述，基本操作的格式定义如下：

```
基本操作名(参数表)
    初始条件：<初始条件描述>
    操作结果：<操作结果描述>
```

其中，基本操作名有两种参数：赋值参数和引用参数。赋值参数只为操作提供输入值；引用参数以 & 打头，除可提供输入值外，还将返回操作结果。初始条件描述了操作执行之前数据结构和参数应满足的条件，若不满足，则操作失败，并返回相应的出错信息。操作结果说明了操作正常完成之后，数据结构的变化情况和应返回的结果。

例 1-1　抽象数据类型三元组的定义如下。

```
ADT Triplet {
  数据对象：D={e1,e2,e3}e1,e2,e3∈ElemSet(定义了关系运算的某个集合)
  数据关系：R1={<e1,e2>,<e2,e3>}
  基本操作：
     InitTriplet(&T,v1,v2,v3)
     操作结果：构造三元组 T,元素 e1、e2 和 e3 分别被赋予参数 v1、v2 和 v3 的值
     DestroyTriplet(&T)
      操作结果：三元组 T 被销毁
      Get(T,i,&e)
     操作结果：用 e 返回 T 的第 i 个元素的值
      Put(&T,i,e)
     操作结果：改变 T 的第 i 个元素的值为 e
    IsAscending(T)
     操作结果：如果 T 的 3 个元素按升序排列,则返回 1,否则返回 0
    IsDescending(T)
     操作结果：如果 T 的 3 个元素按降序排列,则返回 1,否则返回 0
    Max(T,&e)
```

```
        操作结果：用 e 返回 T 的 3 个元素中的最大值
      Min( T,&e)
        操作结果：用 e 返回 T 的 3 个元素中的最小值
}ADT Triplet
```

抽象数据类型有两个重要特征：一是数据抽象，用 ADT 描述程序处理的实体时，强调的是其本质的特征、其所能完成的功能及它和外部用户的接口（即外界使用它的方法）；二是数据封装，在抽象数据类型设计时，把类型的定义与其实现分离开来，并且对外部用户隐藏其内部实现细节。

例 1-2 集合的表示与实现。

1）集合抽象数据类型

数学中的集合，元素间没有次序、不可重复、不排序。声明集合抽象数据类型 Set<T> 的表示如下，它为集合运算约定方法声明。

```
ADT Set<T>                               //集合抽象数据类型
{
数据对象：集合中的数据元素，数据元素的数据类型为 T
基本操作：
    Boolean isEmpty()                    //判断集合是否为空
    Int size()                           //返回元素个数
    T search(T key)                      //返回查找到的关键字为 key 元素
    boolean contains(T key)              //判断是否包含关键字为 key 元素
    Boolean add(T x)                     //增加元素 x
    T remove (T key)                     //删除关键字为 key 元素，返回被删除元素
    Void clear()                         //删除所有元素
    String toString()                    //返回集合所有元素的描述字符串
    Boolean equals(Object obj)           //比较 this 与 obj 引用集合是否相符
    Object[]toArray()                    //返回包含集合所有元素的数组
    //以下方法为描述集合运算，参数是另一个集合
    boolean containsAll(Set<?>set)       //判断是否包含 set 的所有元素(是否是子集)
    boolean addAll(Set extends T>set)//添加 set 的所有元素，集合并
    Boolean removeAll(Set<?>set)         //删除也包含在 set 中的元素，集合交
    Boolean retainAll(Set<?>set)         //仅保留那些也包含在 set 中的元素，集合差
}
```

2）实现不同特性的集合

有多种数据结构可存储集合元素并实现集合运算，不同的数据结构实现不同特性的集合。一旦采取某种数据结构存储集合元素，元素间就具有某种关系。

各种数据结构所表示的集合特点说明如下。

(1) 线性表表示可重复的无序集合，元素间具有前驱、后继次序关系；不同元素的关键字可重复，采用序号能够识别关键字重复的数据元素。

(2) 排序线性表表示可重复的排序集合，元素按关键字大小次序排序。

(3) 散列表表示不可重复的无序集合，元素关键字不重复，元素间没有次序，不排序。

(4) 二叉排序树表示不可重复的排序集合，元素关键字不重复，元素按关键字升/降序

排序。

使用散列表或二叉排序树存储数据元素集合，查找、插入、删除操作的效率均高于线性表。

1.4　算法和算法分析

1.4.1　算法描述

算法是对特定问题求解步骤的一种描述，它是指令的有限序列。每条指令表示一个或多个操作。

算法具有 5 个重要特征：有穷性、确定性、可行性、输入和输出。有穷性是指算法执行有穷步后结束，不能无止境地执行下去；确定性是指算法的描述必须是清晰的，不具有二义性；可行性是指算法原则上能精确地进行，能用纸和笔在有限次完成。一个算法必须有一个或多个的输入，算法结束后必须有输出。

对于算法设计的要求包含以下几点：正确性、可读性、健壮性、高效率与低存储量。

若一个算法对于每个输入实例均能终止并给出正确的结果，则称该算法是正确的。正确的算法解决了给定的计算问题，一个不正确的算法是指某些输入实例不终止，或者虽然终止但给出的结果不是所希望得到的答案。一般只考虑正确的算法。算法的健壮性是指算法在碰到一个非法数据时的处理能力。

算法的描述形式有自然语言表示法、伪代码表示法、流程图表示法、结构化流程图（N—S 图）表示法、计算机程序语言或其他语言表示法等。不管用哪种表示法，都要求必须能精确地描述计算过程。

一般而言，描述算法最合适的语言是介于自然语言和程序语言之间的伪语言。它的控制结构类似于 Pascal、C 等程序语言，但其中可使用任何表达能力强的方法使算法表达得更加清晰和简洁。

1.4.2　算法分析

求解同一计算问题可能有许多不同的算法，究竟如何来评价这些算法的好坏以便从中选出较好的算法呢？选用的算法首先应该是“正确”的。此外，主要考虑以下三点。

（1）执行算法所耗费的时间。

（2）执行算法所耗费的存储空间，其中主要考虑辅助存储空间。

（3）算法应易于理解、易于编码、易于调试等。

一个占存储空间小、运行时间短、其他性能也好的算法有时很难做到。原因是上述要求有时相互抵触：要节约算法的执行时间往往要以牺牲更多的空间为代价；反之，为了节约空间则可能要耗费更多的计算时间。因此，应根据具体情况有所侧重，若该程序使用次数较少，则力求算法简明易懂；对于反复多次使用的程序，应尽可能选用快速的算法；若待解决的问题数据量极大及其存储空间较小，则相应算法主要考虑如何节省空间。

接下来重点讨论算法的时间性能分析。

一个算法所耗费的时间等于算法中每条语句的执行时间之和。

每条语句的执行时间等于语句的执行次数(即频度(frequency count))与语句执行一次所需时间的乘积。

算法转换为程序后,每条语句执行一次所需的时间取决于机器的指令性能、速度及编译所产生的代码质量等难以确定的因素。若要独立于机器的软、硬件系统来分析算法的时间耗费情况,则设每条语句执行一次所需的时间均是单位时间,一个算法的时间耗费就是该算法中所有语句的频度之和。

例 1-3 求两个 n 阶方阵的乘积 $\boldsymbol{C}=\boldsymbol{A}\times\boldsymbol{B}$,其算法如下。

```
  #define n 100                          //n可根据需要定义,这里假定为100
  void Matrix Multiply(int A[n][n],int B[n][n],int C[n][n])
  {                                      //右边注释列为各语句的频度
  int i,j,k;
(1) for(i=0; i<n; i++)                                  //n+1
(2)     for(j=0; j<n; j++){                             //n(n+1)
(3)       C[i][j]=0;                                    //n^2
(4)       for(k=0; k<n; k++)                            //n^2(n+1)
(5)         C[i][j]=C[i][j]+A[i][k]*B[k][j];            //n^3
        }
  }
```

该算法中所有语句的频度之和(即算法的时间耗费)为

$$T(n)=2n^3+3n^2+2n+1$$

其中,语句(1)的循环控制变量 i 要增加到 n,测试到 $i=n$ 成立才会终止。故它的频度是 $n+1$。但是它的循环体却只能执行 n 次。语句(2)作为语句(1)循环体内的语句应该执行 n 次,但语句(2)本身要执行 $n+1$ 次,所以语句(2)的频度是 $n(n+1)$。同理可得语句(3)、(4)和(5)的频度分别是 n^2、$n^2(n+1)$和 n^3。算法 MatrixMultiply 的时间耗费 $T(n)$是矩阵阶数 n 的函数。

算法求解问题的输入量称为问题的规模(size),一般用一个整数 n 表示。例如,矩阵乘积问题的规模是矩阵的阶数。一个图论问题的规模则是图中的顶点数或边数。一个算法的时间复杂度(time complexity,也称时间复杂性)$T(n)$是该算法的时间耗费,是该算法所求解问题规模 n 的函数。当问题的规模 n 趋向无穷大时,时间复杂度 $T(n)$的数量级(阶)称为算法的渐进时间复杂度。

例如,上面的算法 MatrixMultiply 的时间复杂度 $T(n)=2n^3+3n^2+2n+1$,当 n 趋向无穷大时,显然有

$$\frac{\lim\limits_{n\to\infty}T(n)}{n^3}=\frac{\lim\limits_{n\to\infty}(2n^3+3n^2+2n+1)}{n^3}=2$$

这表明,当 n 充分大时,$T(n)$和 n^3 之比是一个不等于零的常数。即 $T(n)$和 n^3 是同阶的,或者说 $T(n)$和 n^3 的数量级相同。记作 $T(n)=O(n^3)$是算法 MatrixMultiply 的渐进时间复杂度。数学符号"O"的严格的数学定义如下。

若 $T(n)$和 $f(n)$是定义在正整数集合上的两个函数,则 $T(n)=O(f(n))$表示存在正的常数 C 和 n_0,使当 $n\geqslant n_0$ 时都满足 $0\leqslant T(n)\leqslant Cf(n)$。

人们主要用算法时间复杂度和数量级(即算法的渐近时间复杂度)来评价一个算法的时间性能。

例1-4　有两个算法 A_1 和 A_2,求解同一问题,时间复杂度分别是 $T_1(n)=100n^2$, $T_2(n)=5n^3$。

(1) 当输入量 $n<20$ 时,有 $T_1(n)>T_2(n)$,后者花费的时间较少。

(2) 随着问题规模 n 的增大,两个算法的时间开销之比 $5n^3/100n^2=n/20$ 也随之增大。即当问题规模较大时,算法 A_1 比算法 A_2 要有效得多。它们的渐近时间复杂度 $O(n^2)$ 和 $O(n^3)$ 从宏观上评价了这两个算法在实践方面的质量。在算法分析时,往往对算法的时间复杂度和渐近时间复杂度不予区分,经常将渐近时间复杂度 $T(n)=O(f(n))$ 简称为时间复杂度,其中的 $f(n)$ 一般是算法中频度最大的语句频度。例如上文的算法 MatrixMultiply 的时间复杂度一般为 $T(n)=O(n^3)$, $f(n)=n^3$ 是该算法中语句(5)的频度。

习　题

1. 数据元素的逻辑结构有哪几种?
2. 怎么评定一个算法的优劣,有几个指标?
3. 常用的存储表示方法有哪几种?

第 2 章

线　性　表

线性表是组成元素间具有线性关系的一种线性结构，对线性表的基本操作主要有获得元素值、设置元素值、遍历、插入、删除、查找、替换和排序等，在线性表的任意位置都可以进行插入和删除操作。可以采用顺序和链式存储结构表示线性表。

2.1　线性表的逻辑结构

线性表是线性结构的抽象，它是最简单、最基本、也是最常用的数据结构，数据元素之间仅具有单一的前驱和后继关系。几乎所有的线性关系都可以用线性表来表示。在实际问题中线性表的例子很多，如图书信息登记表、电话号码簿等。线性表有两种存储方法：顺序存储和链式存储，基本操作包括插入、删除和检索等。

2.1.1　线性表的定义

线性表(linear list)是具有相同数据类型的 $n(n \geqslant 0)$ 个数据元素的有限序列，通常记为：

$$(a_1, a_2, \cdots, a_{i-1}, a_i, a_{i+1}, \cdots, a_n)$$

其中，n 为线性表的表长，当 $n=0$ 时称为空表；表中的元素 $a_i(1 \leqslant i \leqslant n)$ 称为第 i 个数据元素，i 是元素在表中的位置或序号。

至于每个数据元素的具体含义，在不同的情况下各不相同，它可以是一个数或一个符号，也可以是其他更复杂的信息。例如，26 个英文字母的字母表是一个线性表：

$$(A, B, C, \cdots, Z)$$

其中的数据元素就是 26 个大写的字母，表的长度为 26。再如，(3,6,4,7,9)是一个线性表，表中的数据元素是整数。

在稍复杂的线性表中，一个数据元素可以由若干个数据项(item)组成。在这种情况下常把数据元素称为记录(record)，含有大量记录的线性表又称文件(file)。

例如，学生高考成绩表也是一个线性表，如图 2-1 所示。其中的数据元素是每个学生所对应的信息，它由学生的姓名、准考证号、性别和高考成绩共 4 个数据项组成。

综合上述例子可见，线性表中的数据元素可以是各种各样的，但同一线性表中的元素必定具有相同特性，即属同一数据对象，相邻元素之间存在着有序关系。因此，线性表的特点如下：

姓名	准考证号	性别	高考成绩
张丰	04273110	男	648
李天月	04273111	女	619
王辉	04273112	男	633
.....	…	.....	…
陈丽丽	04273169	女	645

图 2-1　学生高考成绩表

(1) 存在唯一的一个被称为“第一个”的数据元素(没有前驱)；
(2) 存在唯一的一个被称为“最后一个”的数据元素(没有后继)；
(3) 除第一个数据元素外,表中的每一个数据元素均只有一个唯一前驱；
(4) 除最后一个数据元素外,表中每一个数据元素均只有一个唯一后继。

2.1.2　线性表的抽象数据类型

在第 1 章中提到,数据结构的运算是定义在逻辑结构层次上的,而运算的具体实现是建立在存储结构上的。因此,下面定义的线性表的基本运算作为逻辑结构的一部分,每一个操作的具体实现只有在确定了线性表的存储结构之后才能完成。线性表是一种相当灵活的数据结构,长度可根据需要增减,即对数据元素不仅可以访问,还可进行插入和删除等操作。

线性表的抽象数据类型定义如下：

```
ADT List{
    数据对象: D={a_i | a_i∈ElemSet,i=1,2,…,n,n≥0}
    数据关系: R1={<a_{i-1},a_i> | a_{i-1},a_i∈D,i=2,3,…,n}
    基本操作:
      InitList(&L)
      操作结果: 构造一个空的线性表 L。
      DestroyList(&L)
      操作结果: 销毁线性表 L。
      ClearList(&L)
      操作结果: 将 L 重置为空表。
      ListEmpty(L)
      操作结果: 若 L 为空表,则返回 TRUE,否则返回 FALSE。
      ListLength (L)
      操作结果: 返回线性表中的所含元素的个数。
      GetElem(L,i,&e)
      操作结果: 用 e 返回 L 中第 i(1≤i≤ListLength (L))个数据元素的值。
      LocateElem(L,e,compare())
      操作结果: 返回 L 中第 1 个与 e 满足关系 compare()的数据元素的位序。若这样的数据元素
              不存在,则返回值为 0。
PriorElem(L,cur_e,&pre_e)
```

操作结果：若 cur_e 是 L 的数据元素，并且不是第一个，则用 pre_e 返回它的前驱，否则操作失败，pre_e 无定义。

NextElem(L,cur_e,&next_e)

操作结果：若 cur_e 是 L 的数据元素，并且不是最后一个，则用 next_e 返回它的后继，否则操作失败，next_e 无定义。

ListInsert(&L,i,e)

操作结果：在 L 中第 i(1≤i≤ListLength (L)+1)个位置之前插入新的数据元素 e，L 的长度增加 1。

ListDelete(&L,i,&e)

操作结果：删除 L 的第 i(1≤i≤ListLength (L))个数据元素，并用 e 返回其值，L 的长度减少 1。

ListTraverse(L,visit())

操作结果：对 L 的每个数据元素调用一次函数 visit()。一旦 visit()失败，则操作失败。

}ADT List

需要说明以下几点。

(1) 某数据结构上的基本运算，不是它的全部运算，而是一些常用的基本运算，而每一个基本运算在实现时也可能根据不同的存储结构派生出一系列相关的运算。例如线性表的查找在链式存储结构中还会按序号查找；再如插入运算，也可能是将新元素 x 插入适当位置上等，不可能也没有必要全部定义出它的运算集，读者掌握了某一数据结构上的基本运算后，其他的运算可以通过基本运算来实现，也可以直接去实现。

(2) 在上面各操作中定义的线性表 L 仅是一个抽象在逻辑结构层次的线性表，尚未涉及它的存储结构，因此每个操作在逻辑结构层次上尚不能用具体的某种程序语言写出具体的算法，而算法的实现只有在存储结构确立之后才能确定。

线性表的存储结构可分为顺序存储和非顺序存储，即顺序表和链表两种形式。

2.2 线性表的顺序存储结构及实现

在计算机内，可以利用不同的存储方式表示线性表，其中最常用、最简单的方式是顺序存储。线性表的顺序存储是用一组连续的存储单元依次存储线性表中的结点，即顺序表。

2.2.1 顺序表的定义

顺序表(sequential list)是一个顺序存储的 n 个表项($n\geqslant0$)的序列，其中 n 是表的长度，可以是任意整数。当 $n=0$ 时顺序表称为空表。顺序表中每个表项都是单个对象，其数据类型相同。表的长度将随着增加或者删除某些表项而发生改变，通常各个表项通过位置来访问。

顺序表的第一个表项位于表首，最后一个表项位于表尾。除最后一个表项之外，其他每一个表项都有一个且仅有一个直接后继。

顺序表的特点是：为得到顺序表中所要求的表项，必须从表的一个表项开始，逐个访问各表项，直到找到满足要求的表项位置，即顺序表只能顺序存取。因此，当希望得到某一单个表项时，顺序表表现出一定的局限性。因为对表中某一表项不能直接访问，而必须从表的第一个表项起一个个进行遍历。

另外,由于顺序表表中所有结点的数据类型相同,所以每个结点在内存中占用大小相同的空间。如果每个结点占用计算机中按机器字编址或按字节编址的 s 个地址的存储单元,并假设存放结点 $k_i(0<i<n-1)$的开始地址为 ak_i,则结点 k_i 的地址 ak_i 可用整数 i 及地址计算公式进行计算,表示如下:

$$ak_i = ak_0 + i \times s$$

对于顺序存储的线性表,因为可以利用地址计算公式直接计算出 k_i 的开始地址 ak_i,所以存取第 $i(0<i<n-1)$个结点特别方便。

2.2.2 顺序表抽象数据类型定义

在程序设计语言中,一维数组也具有随机存取的特性,因此,可以用一维数组来存储线性表。然而考虑到线性表的运算有插入、删除等运算,即表长是可变的,并且所需最大存储空间随问题的不同而不同,而一维数组的大小一旦定义,在程序执行过程中是不能改变的,因此,可用动态分配的一维数组来存储线性表。在 C 语言中描述如下:

```
/*线性表的动态分配顺序存储结构*/
#define LIST_INIT_SIZE 10          /*线性表存储空间的初始分配量*/
#define LISTINCREMENT 2            /*线性表存储空间的分配增量*/
typedef struct
{ ElemType *elem;                  /*存储空间基址*/
  int length;                      /*当前长度*/
  int listsize;                    /*当前分配的存储容量(以 sizeof(ElemType)为单位)*/
}SqList;
```

SqList 就是所定义的顺序表的类型。其中,数组指针 elem 表示线性表的基地址;length 表示线性表的当前长度;ElemType 是数据类型,它没有指定具体是什么类型,应视线性表中的数据元素类型而定。

这种存储结构很容易实现数据元素的随机访问。但要注意,C 语言中数组的下标从 0 开始,因此,如果 L 是 SqList 类型的顺序表,则表中第 i 个数据元素为 L.elem[i－1]。如图 2-2 所示。数据元素分别存放在 L.elem[0]到 L.elem[length－1]中。

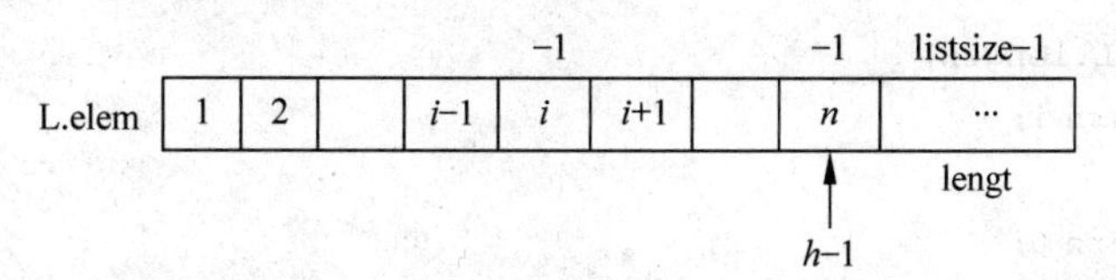

图 2-2　线性表的顺序存储结构

顺序表的初始化操作就是在顺序表分配一个预定义大小的数组空间,同时将线性表的当前长度设为 0。listsize 表示顺序表当前分配的存储空间,当因插入元素而导致空间不足时,可以进行再分配,即为顺序表增加一个大小为存储 LISTINCREMENT 个数据元素的空间。

2.2.3 顺序表基本操作

1. 线性表的初始化 InitList(L)

线性表的初始化操作就是为线性表分配一个预定义大小的数组空间,并将线性表的当前长度设为 0。listsize 表示顺序表当前分配的存储空间的大小，一旦因插入元素而空间不足时，可进行再分配，即为顺序表增加一个大小为存储 LISTINCREMENT 个数据元素的空间。

算法 2-1 线性表的初始化。

```
Status InitList(SqList *L)
{ /*构造一个空的线性表 L*/
    L->elem=(ElemType *)malloc(LIST_INIT_SIZE *sizeof(ElemType));
    if(!L->elem)
    printf("OVERFLOW");                        /*存储分配失败*/
    return ERROR;
    L->length=0;                               /*空表长度为 0*/
    L->listsize=LIST_INIT_SIZE;                /*初始存储容量*/
    return OK;
}                                              /*InitList*/
```

在本算法中，每条语句都执行了一次，因此时间复杂度为 $O(1)$。

2. 线性表的查找操作 LocateElem(L,e)

在顺序表中查找给定的元素 e，即确定元素 e 在顺序表 L 中的位置。最简单的方法是从第一个元素开始和 e 比较，直到找到一个值为 e 的数据元素并返回它的位置序号，或者找遍整个表也没有找到值为 e 的元素，此时返回值为 0。

算法 2-2 线性表的查找。

```
int LocateElem(SqList L,ElemType e)
{ /*顺序表 L 已存在，返回 L 中第 1 个与 e 相等的数据元素的位序*/
    /*若这样的数据元素不存在，则返回值为 0*/
    ElemType *p;
    int i=1;                               /*i 的初值为第 1 个元素的位序*/
    p=L.elem;                              /*p 的初值为第 1 个元素的存储位置*/
    while(i<=L.length && (*p++)!=e)
      ++i;
    if(i<=L.length)
      return i;
    else
      return 0;
}                                          /*LocateElem*/
```

本算法的主要运算是比较。显然比较的次数与 e 在表中的位置有关，也与表长有关。当 a_l=e 时，比较一次成功；当 a_n=e 时，比较 n 次成功，其平均比较次数为 $(n+1)/2$，因此时间复杂度为 $O(n)$。

3. 线性表的插入操作 ListInsert(L,i,e)

线性表的插入操作是在表的第 $i(l\leqslant i\leqslant n+l)$ 个数据元素之前，插入一个新元素 e，使长度为 n 的线性表

$$(a_1,a_2,\cdots,a_{i-1},a_i,\cdots,a_n)$$

变成长度为 $n+1$ 的线性表

$$(a_1, a_2, \cdots, a_{i-1}, e, a_{i+1}, \cdots, a_n)$$

插入元素 e 后，数据元素 a_{i-1} 和数据元素 a_i 之间的逻辑关系发生了变化。在线性表的顺序存储结构中，由于逻辑上相邻的数据元素在存储位置上也相邻，因此，除非 $i=n+1$，否则必须移动元素才能反映这种变化。插入过程如图 2-3 所示。

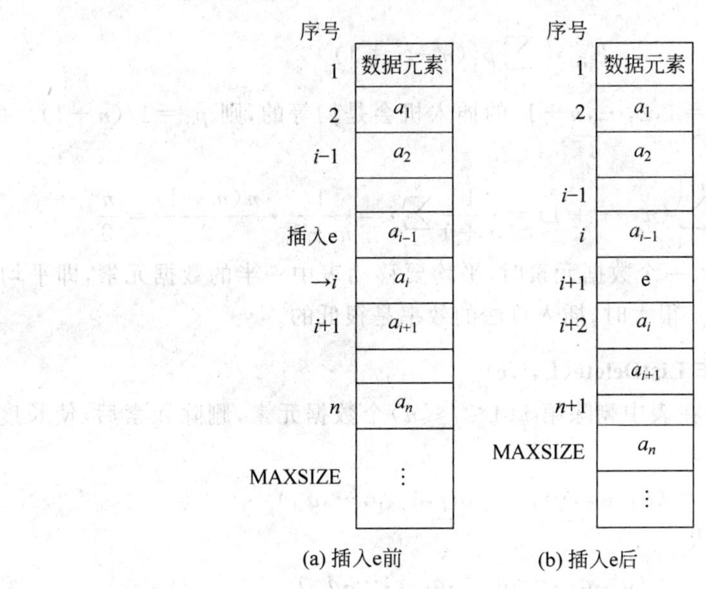

图 2-3 在顺序表中插入元素的过程

一般情况下，在第 $i(1 \leqslant i \leqslant n)$ 个元素之前插入一个元素时，需将第 n 至第 i（共 $n-i+1$）个元素向右移动一个位置，同时表长增 1。

算法 2-3 线性表的插入。

```
Status ListInsert(SqList *L,int i,ElemType e)
{                               /*顺序表 L 已存在，当 1≤i≤ListLength(L)+1 时，在 L 中第
                                  i 个位置之前插入新的数据元素 e，L 的长度增 1*/
  ElemType *newbase,*q,*p;      /*说明局部变量 newbase,p、q 为指针类型*/
  int j;                                           /*说明局部变量 j 为整型*/
    if (i<1||i>L->length+1)                        /*i 值不合法*/
  return ERROR;
  if (L->length>=L->listsize)                      /*当前存储空间已满，增加分配*/
    { newbase = (ElemType *)realloc((*L).elem,
        ((*L).listsize+LISTINCREMENT)*sizeof(ElemType));
      if (!newbase)
        { printf("空间已满\n");
         return ERROR;                             /*存储分配失败*/
        }/*if*/
      L->elem = newbase;                           /*新基址*/
      L->listsize = L->listsize+ LISTINCREMENT;    /*增加存储容量*/
      }/*if*/
      for ( j = (L->length)-1 ;j>=i-1; j-- )       /*元素右移*/
       L->elem[j+1] = L->elem[j];
      L->elem[i-1] = e;                            /*在第 i 个位置插入元素 e */
      ++L->length;                                 /*表长增 1*/
      return OK;
```

```
}/*ListInsert*/
```

由算法 2-3 可知，插入运算主要执行时间都耗费在移动数据元素上，而移动数据元素的个数取决于插入元素的位置。设在第 i 个数据元素之前插入一个数据元素的概率是 p_i，则在长度为 n 的线性表中插入一个数据元素时，所需要移动数据元素的平均次数为

$$E_{is}=\sum_{i=1}^{n+1}p_i(n-i+1)$$

假设在第 i 个位置($i=1,2,\cdots,n+1$)的插入机会是均等的，则 $p_i=1/(n+1)$。由此，上式可化简为

$$E_{is}=\frac{1}{n+1}\sum_{i=1}^{n+1}(n-i+1)=\frac{1}{n+1}\sum_{i=1}^{n}i=\frac{1}{n+1}\cdot\frac{n(n+1)}{2}=\frac{n}{2}$$

可见，在顺序表中插入一个数据元素时，平均要移动表中一半的数据元素，即平均时间复杂度为 $O(n)$。因此当 n 很大时，插入算法的效率是很低的。

4. 线性表的删除操作 ListDelete(L,i,e)

线性表的删除操作是在表中删除第 $i(1\leqslant i\leqslant n)$ 个数据元素，删除元素后，使长度为 n 的线表

$$(a_1,a_2,\cdots,a_{i-1},a_i,a_{i+1},\cdots,a_n)$$

变成长度为 $n-1$ 的线性表

$$(a_1,a_2,\cdots,a_{i-1},a_{i+1},\cdots,a_n)$$

数据元素 a_{i-1} 和数据元素 a_i 之间的逻辑关系发生了变化。为了在存储结构上反映这种变化，同样需要移动元素。删除过程如图 2-4 所示。

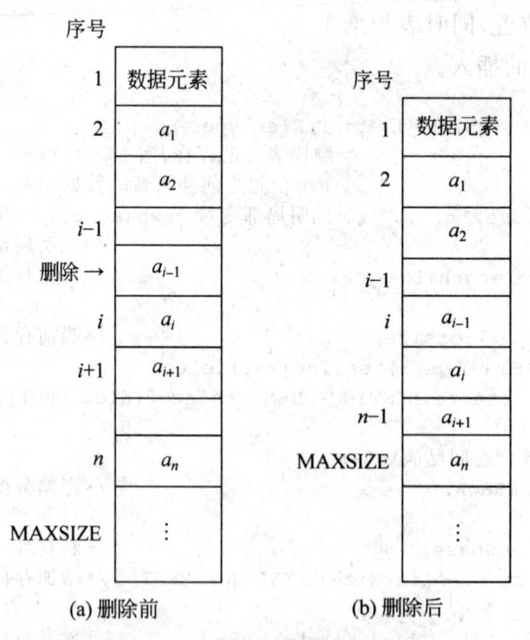

图 2-4 在顺序表中删除元素的过程

一般情况下，删除第 $i(1\leqslant i\leqslant n)$个元素时，需将表中从第 $i+1$ 个至第 n(共 $n-i$ 个)个元素依次向前移动一个位置，同时表长减 1。

算法 2-4 线性表的删除。

```
int ListDelete(SqList *L, int i, ElemType e)
{ /*删除顺序表 L 中的第 i 个(1≤i≤ListLength(L))数据元素,并用 e 返回其值,L 的长度减 1*/
    ElemType *p, *q;
    int j;
    if(i<1||i>L->length)                        /*i 值不合法*/
        return ERROR;
    e =L->elem[i-1];                            /*将被删除元素存入 e 中*/
    for( j = i; j<L->length; j++)               /*被删除元素之后的元素前移*/
        L->elem[j-1] = L->elem[j];
    L->length++;                                /*表长减 1*/
    return e;
}                                               /*ListDelete*/
```

由算法 2-4 可知,删除运算主要执行时间也是耗费在移动数据元素上,而移动数据元素的个数取决于删除元素的位置。设删除第 i 个数据元素的概率是 p_i,则在长度为 n 的线性表中删除一个数据元素时,所需要移动数据元素的平均次数为:

$$E_{dl}=\sum_{i=1}^{n}p_i(n-i)$$

假设删除第 i 个($i=1,2,\cdots,n$)元素的机会是均等的,则 $p_i=1/n$。由此,上式可化简为

$$E_{dl}=\frac{1}{n}\sum_{i=1}^{n}(n-i)=\frac{n-1}{2}$$

可见,在顺序表中删除一个数据元素时,与插入元素的情况类似,都平均要移动表中大约一半的数据元素。最好的情况移动次数为 0 次,最坏的情况移动次数为 n 次,即平均时间复杂度为 $O(n)$。

2.2.4 顺序表应用举例

例 2-1 用线性表 La 和 Lb 分别表示两个集合 A 和 B(线性表中的数据元素就是集合中的成员),现要求一个新的集合 $A=A\cup B$。

解题思路:扩大线性表 La,将存在线性表 Lb 中而不存在线性表 La 中的数据元素依次插入到线性表 La 中。具体来说,就是从线性表 Lb 中依次取得每个数据元素,并按照值在线性表 La 中进行查找,如果不存在,则插入 La 中。用两个顺序表 La 和 Lb 分别存储两个集合中的元素,上述操作过程可用算法 2-5 描述。

算法 2-5 两个集合的并集 $A=A\cup B$。

```
void Union(SqList *La, SqList *Lb)             /*集合的合并操作*/
{ /*将所有在线性表 Lb 中但不在 La 中的数据元素依次插入到 La 中*/
    int e;
    int La_len, Lb_len;
    int i;
    La_len = La->length;                        /*线性表 LA 的长度*/
```

```
    Lb_len = Lb->length;                          /*线性表 LB 的长度*/
    for( i=1,i<=Lb_len,i++)
      { e = Lb->elem[i-1];                        /*取 Lb 中第 i 个数据元素赋给 e */
      If ( !LocateElem(La,e))                     /*La 中不存在和 e 相同的元素,则插入 e */
        ListInsert(La,++La_len,e);
      }                                           /*for */
}                                                 /*Union */
```

其中,LocateElem(La,e)和 ListInsert(La,++La_len,e)的实现过程见算法 2-2 和算法 2-3。现在来讨论该算法的时间复杂度。从程序中可以看出,在顺序表中取第 i 个数据元素的时间复杂度为 $O(1)$,进行插入的操作均在表尾进行,不需要移动元素。因此算法 2-5 的时间复杂度取决于操作 LocateElem(La,e)。前面已分析过,LocateElem(La,e)的时间复杂度为 O(L. length),由此,对于顺序表 La 和 Lb 而言,Union 的时间复杂度为 O(La_len×Lb_len)。

例 2-2 已知线性表 La 和 Lb 中的数据元素按值的非递减有序排列,现要求将 La 和 Lb 归并为一个新的线性表 Lc,使 Lc 中的数据元素也是按照值的非递减有序排列。例如,设

La＝(4,7,8,10), Lb＝(1,3,5,6,8,9,11)

合并后 Lc＝(1,3,4,5,6,7,8,8,9,10,11)

解题思路:从上述问题要求可知,Lc 中的元素或是 La 中的元素,或是 Lb 中的元素。则只要先设 Lc 为空表,然后依次将 La 或 Lb 中的元素插入 Lc 中。为使 Lc 中的元素按值非递减有序排列,可以设两个指针 i 和 j 分别指向 La 和 Lb 中当前需要比较的元素 a 和 b,将较小值的元素赋给 Lc,如此直到一个线性表扫描完毕,然后将未完的那个顺序表中余下的部分值赋给 Lc 即可。

算法 2-6 两个有序表的合并。

```
void MergeList(SqList La,SqList Lb,SqList *Lc)
{/*已知线性表 La 和 Lb 中的数据元素按值非递减排列*/
 /*归并 La 和 Lb 得到新的线性表 Lc,Lc 的数据元素也按值非递减排列*/
 int i=0,j=0,k=0;
 int ai,bj;
 InitList(Lc);                                 /*创建空表 Lc ,InitList 操作见算法 2-1 */
    Lc->length = La.length + Lb.length;        /*求表 Lc 的长度*/
 while(i<= La.length-1 &&j<= Lb.length-1)      /*表 La 和表 Lb 均非空*/
    { ai = La.elem[i];
    bj = Lb.elem[j];
    if(ai<=bj)
       { ListInsert(Lc ,k,ai);                 /*将 ai 插入 Lc 中,ListInsert 见算法 2-3*/
       ++i; ++k;
       }/*if */
       else
          { ListInsert(Lc,k,bj);               /*将 bj 插入 Lc 中*/
            ++j; ++k;
          }                                    /*elsr */
    }                                          /*while */
```

```
  while(i<= La.length-1)        /*表 La 非空且表 Lb 空时,将 La 中剩余的部分插入到 Lc 中*/
  { ai = La.elem[i];
        ListInsert(Lc,k,ai)
        i++; ++k;
  }                             /*while*/
  while(j<= Lb.length-1)        /*表 Lb 非空且表 La 空时,将 Lb 中剩余的部分插入到 Lc 中*/
  { bj = Lb.elem[j];
     ListInsert(Lc,k,bj);
     j++; ++k;
  }                             /*while*/
}                               /*MergeList*/
```

在算法 2-6 中,一方面由于 La 和 Lb 中元素依值递增(同一集合中元素不等),则对 Lb 中每个元素,不需要在 La 中从表头至表尾进行全程搜索;另一方面由于用新表 Lc 表示“并集”,则插入操作实际上是借助“复制”操作来完成的。因此算法的时间复杂度为 O(La.length+Lb.length)。

2.3　线性表的链式存储

2.2 节讨论的顺序表的存储特点是用物理上的相邻实现了逻辑上的相邻,它要求用连续的存储单元顺序存储线性表中各元素,这一特点使得顺序表有以下两个优点。

(1) 无须为表示数据元素之间的逻辑关系而额外增加存储空间。

(2) 可以随机存取表中任一数据元素,元素存储位置可以用一个简单、直观的公式表示。

同时顺序表也具有以下两个缺点。

(1) 插入和删除运算必须移动大量(几乎一半)数据元素,效率低下。

(2) 必须预先分配存储空间,空间利用率低,而且表的容量难以扩充。

为了克服顺序表的缺点,可以采用动态存储分配来存储线性表,也就是采用链式存储结构。线性表的链式存储结构不需要用地址连续的存储单元来实现,因为它不要求逻辑上相邻的两个数据元素物理上也相邻,由于链表是通过“链”建立起数据元素之间的逻辑关系,因此,对线性表的插入、删除不需要移动数据元素。当然,由于增加了“链”的存储空间,占用空间相对于顺序存储要大,而且也失去了随机存取数据元素的优点。

下面分别介绍几种形式的链表及其主要操作的实现。

2.3.1　单链表

1. 单链表的概念

用单链表来表示线性表时,每个数据元素占用一个结点(node)。每个结点均由两个域(字段)组成:一个域存放数据元素(data);另一个域存放指向结点后继的指针(next),如图 2-5 所示。

data	next

图 2-5　结点结构

终端结点没有后继,其 next 域为空(NULL),在图 2-6 中用∧表示。另外,还需要一个表头指针 head 指向表的第一个结点。

一个线性表($a_0,a_1,\cdots,a_{n-1}$)的单链表结构如图 2-6 所示。

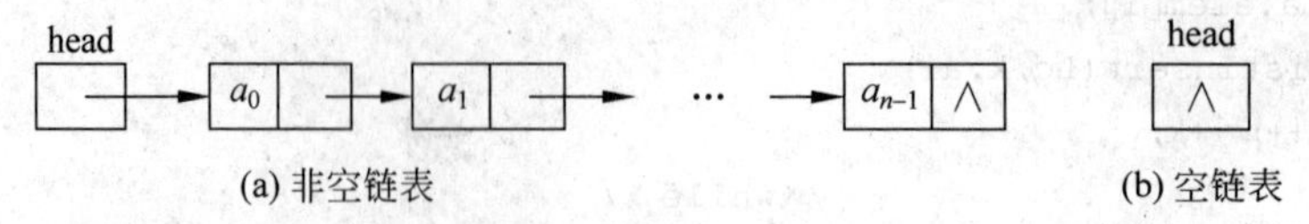

图 2-6 单链表的结构

图 2-6(a)是非空链表,所表示的线性表如下:

$$L=(a_0,a_1,\cdots,a_{n-1})$$

图 2-6(b)是空链表,是链表一种特殊情况。此时所表示的线性表为空表,即

$$L=(\quad)$$

由于这种链表中的每个结点只有一个指针域,所以称为单链表(或线性链表)。

```
/*------线性表的链式存储结构-------*/
typedef struct Lnode {
    ElemType data;
    struct LNode *next;
} Lnode;                        /*结点类型*/
Lnode *LinkList;
```

LinkList 就是定义的链表类型。假设 L 是 LinkList 型的变量,则 L 为单链表的头指针。通常用“头指针”来标识一个链表,如链表 L 等。如果 L 为“空”,即 L=NULL,则线性表为空表,其长度 n 为 0。有时候,在单链表的第一个结点之前设一个结点,称为头结点。头结点的数据域可以不存储任何信息,也可以存储诸如线性表的表长之类的信息。此时单链表的头指针指向头结点,头结点的指针域指向链表中的第一个结点。若线性表为空表,头结点的指针域为 NULL,如图 2-7 所示。

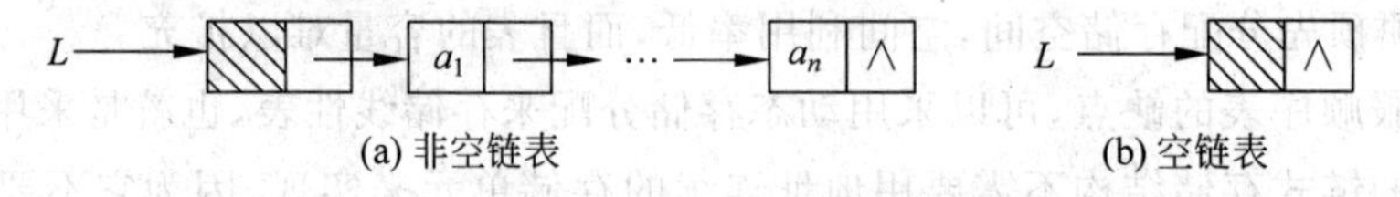

图 2-7 带头结点的单链表

在单链表中,任何两个元素的存储位置之间没有固定的联系,每个元素的存储位置都包含在其直接前驱结点的信息中。假设 p 是指向线性表中第 i 个数据元素 a_i 的指针,则 p－>next 是指向第 $i+1$ 个元素 a_{i+1} 的指针。在单链表中,要取得第 i 个数据元素必须从头指针开始顺着每个结点的指针域寻找。因此,单链表是非随机存取的存储结构。

2. 在单链表上实现的基本运算

下面介绍用单链表作为存储结构时,如何实现线性表的一些基本运算。

1) 访问单链表中的第 i 个结点

在顺序存储时,根据下标(索引)值,可以按以下公式

$$\mathrm{LOC}(a_i)=\mathrm{LOC}(a_0)+i*c$$

直接计算求得第 i 个结点的地址,而时间与 i 的大小无关。

在链接存储时,需要从指针变量 head 所指的头结点开始沿着 next 字段组成的链,一个

一个结点地向后搜索，直到第 i 个结点为止。因此，查找 a_i 所需的时间代价与 i 的大小成正比。进入算法前，指针 head 已经指向单链表的首结点。变量 p 和 q 是两个指针(变量)(见图 2-8)。

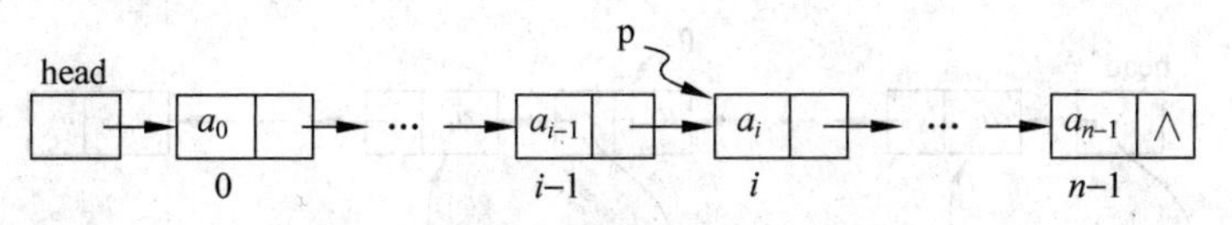

图 2-8　查找单链表中第 i 个结点的地址

这里，$0 \leqslant i \leqslant n-1$，算法结束时，p 中存放着要找的第 i 个结点的地址。当单链表中结点数小于 i 或 $i<0$ 时，函数返回值为 NULL。

算法 2-7　单链表中按序号查找 GetElem(L,i,e)。

GetElem(L,i,e)是在单链表中按序号查找第 i 个元素，并将查找结果放入变量 e 中。从链表的第一个元素起，判断当前结点是否是第 i 个，若是，则返回指向该结点的值；否则继续查找下一个结点，直到链表结束为止。

```
Status GetElem(LinkList L,int i,ElemType *e)
{ /*L 为带头结点的单链表的头指针。当第 i 个元素存在时，其值赋给 e 并返回 OK，否则返回
   ERROR */
     int j=1;                  /*j 为计数器*/
     LinkList p=L->next;       /*p 指向第一个结点*/
     while(p&&j<i)             /*顺指针向后查找，直到 p 指向第 i 个元素或 p 为空*/
     { p=p->next;
     j++;
     }/*while */
     if(!p||j>i)               /*第 i 个元素不存在*/
       return ERROR;
     *e=p->data;               /*取第 i 个元素*/
     return OK;
}                              /*GetElem*/
```

算法的执行时间主要花费在循环语句上，它显然与 i 的大小有关。在等概率的情况下，查找各元素的平均时间复杂度为

$$\text{AMN}=(\text{或 } M_{\text{avg}})=\frac{1}{n}\sum_{i=0}^{n-1} i=\frac{1}{2}\cdot\frac{n(n-1)}{2}=\frac{n-1}{2}=O(n)$$

2) 单链表的插入 ListInsert(L,i,e)

在链表中，结点间的关系是通过指针的链接实现的，而与结点在存储器的位置无关。结点间的关系只需改变相应结点的 next 字段的值就行。

当需要一个新结点时，通过执行

```
q= (LinkList)malloc(sizeof(struct LNode));
```

就可以得到一个新结点，它的地址存放在指针变量 q 中，空间的大小与 q 所指结点类型 LNode 的大小相同。

插入运算是将值为 x 的新结点插入到表的第 i 个结点的位置上，即插入在 a_{i-1} 和 a_i 之间。因此首先需要找到 a_{i-1} 的存储地址 p，然后生成一个值为 x 的新结点 *q，并通过调整指针来完成结点的插入工作。插入结点过程如图 2-9 所示。

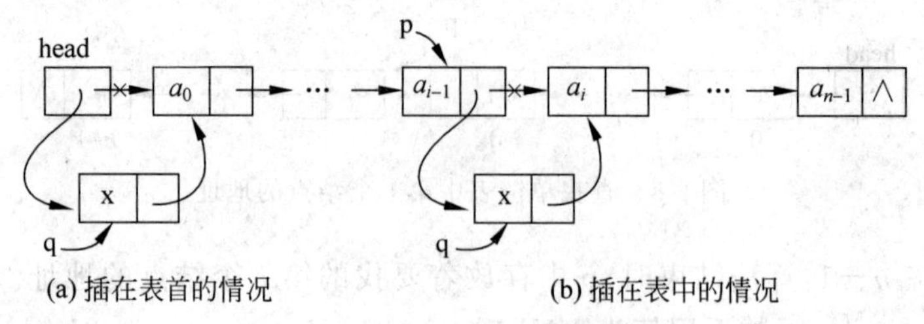

(a) 插在表首的情况　　(b) 插在表中的情况

图 2-9　在单链表中插入结点

算法 2-8　单链表的插入。

```
Status ListInsert(LinkList L,int i,ElemType e)
{ /*在带头结点的单链表 L 中第 i 个位置之前插入元素 e*/
    int j=0;
    LinkList p=L,q;          /*p 指向单链表的头结点*/
    while(p&&j<i-1)          /*寻找第 i-1 个结点*/
    { p=p->next;
      j++;
    }/*while*/
    if(!p||j>i-1)            /*i 小于 1 或者大于表长*/
      return ERROR;
    q=(LinkList)malloc(sizeof(struct LNode));     /*生成新结点*/
    q->data=e;               /*插入 L 中*/
    q->next=p->next;
    p->next=q;
    return OK;
}                            /*ListInsert*/
```

设单链表的长度为 n，合法的插入位置是 $0 \leqslant i \leqslant n$。

算法所花费的时间主要分为以下两部分。

(1) 该算法调用了查找第 $i-1$ 个结点地址的过程：Locate(head,i－1,p)，在前面的算法分析中已知它的时间代价为 $O(n)$。

(2) 当确定了插入位置(根据返回的指针 p)后，通过调整指针将生成的值为 x 的新结点插入任一位置，这时，无论插入在表的什么位置，都是由两条赋值语句就可完成的。因此，就插入动作来说，它的时间代价仅为 $O(1)$。

综合以上的分析，虽然对整个算法来说时间代价为 $O(n)$，但是它的主要的执行时间花费在查找上，而真正进行插入的时间仅为常量级，因此，插入操作的时间代价为 $O(1)$。

3) 单链表的删除 ListDelete(L,i,e)

删除运算是将表的第 i 个结点删去。由于在单链表中结点 a_i 的存储地址是在前驱结点 a_{i-1} 的指针域 next 中，因此需要先找到结点 a_{i-1} 的存储位置并用指针 p 指向它。然后让 p－＞next 指向 a_i 的后继结点，即把 a_i 从链上摘掉。最后释放结点 a_i 的存储空间，可以使用 C++程序中的 delete 操作符来完成,把删除结点的地址放于 q 中,执行 delete q,在 C 语言中使用 free(q),就把此结点的存储空间释放掉了,即归还给了可利用空间表(list of available space),也叫作存储池(storage pool)。

删除过程如图 2-10 所示。

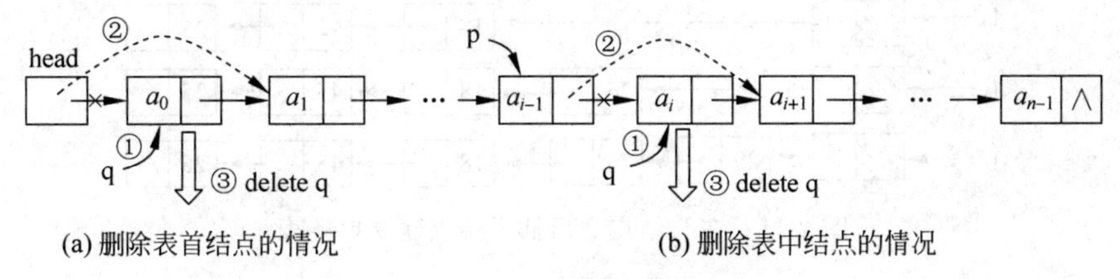

(a) 删除表首结点的情况　　(b) 删除表中结点的情况

图 2-10　在单链表中删除结点

具体算法如下。

算法 2-9　单链表的删除。

```
Status ListDelete(LinkList L,int i,ElemType *e)
{ /*在带头结点的单链表 L 中,删除第 i 个元素,并由 e 返回其值*/
        int j=0;
        LinkList p=L,q;                /*p 指向单链表的头结点*/
        while(p->next&&j<i-1)          /*寻找第 i 个结点,并令 p 指向其前趋*/
          { p=p->next; /
            j++;
          }                            /*while */
        if(!(p->next)||j>i-1)          /*删除位置不合理*/
          return ERROR;
        q=p->next;                     /*q 指向被删结点*/
        p->next=q->next;
        *e=q->data;
        free(q);
        return OK;
}                                      /*ListDelete */
```

设单链表的长度为 n,合法的删除位置是 $0\leqslant i\leqslant n-1$。与插入算法的分析类似,该算法的时间代价为 $O(n)$,它主要的执行时间也是花费在查找定位上,而用在删除操作上的时间代价仍为 $O(1)$。

4) 单链表的建立 CreateList(L)

链表与顺序表不同,它是一种动态管理的存储结构,链表中的每个结点占用的存储空间不是预先分配的,而是运行时系统根据需求生成的,因此建立单链表要从空表开始,每读入一个数据元素则申请一个结点,然后插入在链表中。建立链表的过程就是一个不断插入结点的过程。插入结点的位置可以始终在链表的表头结点之后,也可不断插入在链表的尾部。

图 2-11 展现了在链表的头结点之后插入结点建立链表的过程(即逆序建立链表),以线性表(25,45,18,76,29)的链表建立过程为例。

因为是在链表的头结点之后插入结点,因此建立的单链表和线性表的逻辑顺序是相反

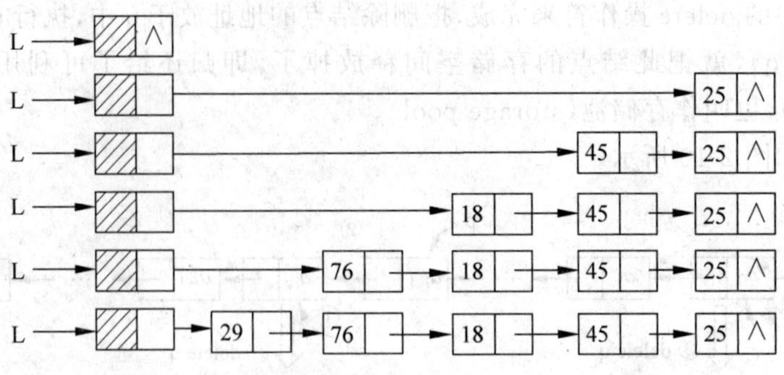

图 2-11 在头结点之后插入结点建立单链表

的，因此为了保证逻辑顺序和存储顺序的一致性，可以逆序输入数据元素。算法的实现过程如算法 2-10 所示。

算法 2-10 单链表的建立。

```
LinkList CreateList(LinkList L,ElemType a[n])
{ /*逆位序输入数组 a 中的 n 个数，建立带头结点的单链表*/
    LinkList p;
    int i;
    L= (LinkList) malloc (sizeof (Lnode));
    L->next=NULL;                                    /*先建立一个带头结点的空链表*/
    for(i=n;i>0;--i)                                 /*逆序输入 n 个整数*/
      { p = (LinkList) malloc (sizeof (Lnode));      /*生成新结点*/
        p->data = a[i-1];
        p->next = L->next;
        L->next =p;                                  /*插入头结点之后*/
      }                                              /*for*/
     return L;
}                                                    /*CreateList*/
```

另一种建立链表的方法是不断把新生成的结点插入链表的尾部，这样可以保证逻辑顺序和存储顺序一致。为此，需要设置一个始终指向链表尾部结点的指针 r，生成新的结点 *p 之后，修改指针的操作如下，其他操作同算法 2-10。

```
p->next = r->next; r->next = p; r=p;
```

由算法 2-10 可以看出，最基本的操作是生成结点，并修改相应的指针，整个算法只有一个 for 循环，因此算法的时间复杂度为 $O(n)$。

通过上面的基本操作可以得知：

(1) 在单链表上插入、删除一个结点，必须找到其前驱结点；

(2) 单链表不具有按序号随机访问的特点，只能从头指针开始按结点顺序进行。

2.3.2 单链表的应用

例 2-3 写一算法将一带头结点的单链表 L 就地逆置。就地逆置是指结点间的关系相反，即在原有空间的基础上将前趋变后继而后继变前趋。如图 2-12(a)所示的单链表，其逆置后成为图 2-12(b)的单链表。

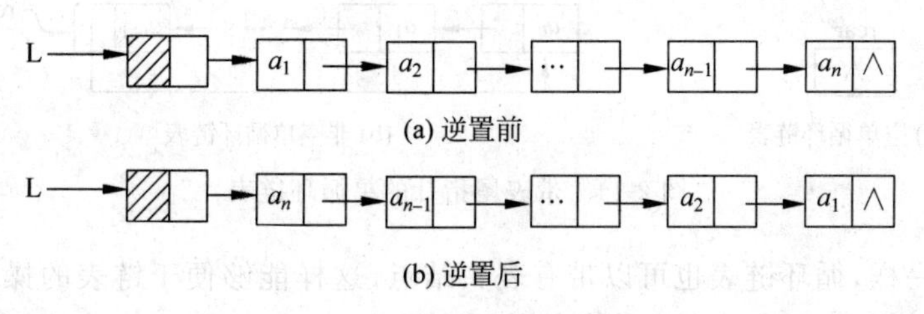

图 2-12 单链表的就地逆置

解题思路：先将头结点与原链表断开，依次从原链表中取出每个结点，每次都把它作为第一个结点插入头结点的后面。为此要借用两个指针变量 p 和 q，p 用来指向原链表中的当前第一个结点，q 用来指向从原表取出的每一个结点，并将它插入新链表中，当 p 为空时完成逆置。

算法 2-11 单链表的就地逆置。

```
void Reverse(LinkList *L)
{ /*对带头结点的单链表 L 实现就地逆置*/
    LinkList *p,*q;
        p= L->next;                  /*p 指向第一个结点*/
        L->next = NULL;              /*头结点与原链表断开*/
        while(p! =NULL)              /*当原链表不空时*/
        {q=p;                        /*q 指向原链表当前第一个结点*/
          p=p->next;
          q->next=L->next;
          L->next=q;                 /*将 q 插入头结点后面*/
        }                            /*while*/
}                                    /*Reverse*/
```

2.3.3 循环链表

循环链表(circular linked list)在本小节是指单循环链表，它是单链表的另外一种形式。它的结点结构与单链表相同，与单链表的主要差别是：链表中的最后一个结点的指针域不再为空，而是指向链表的开始结点。这样整个链表形成了一个环，只要知道表的任何一个结点的地址，就能找到表中其他的所有结点。单循环链表如图 2-13 所示。

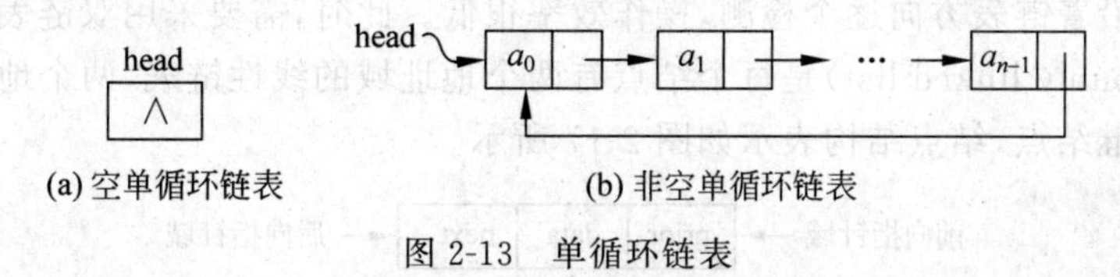

图 2-13 单循环链表

实现循环链表的运算与单链表类似，只是控制条件有所差别：在单循环链表中检查指针 p 是否达到链表的链尾时，不是判断 p－>next＝NULL，而是判断 p－>next＝head。

在实际处理中，经常用到表的首结点和尾结点，在图 2-13 所示的循环链表中，首结点可通过 head 直接找到，而尾结点则要搜索 n 次（n 为表长）才能找到。因此，可将指向表头的指针改为指向表尾。这样首结点和尾结点都可直接找到，这给一些运算带来了很大的方便。带表尾指针的单循环链表如图 2-14 所示。

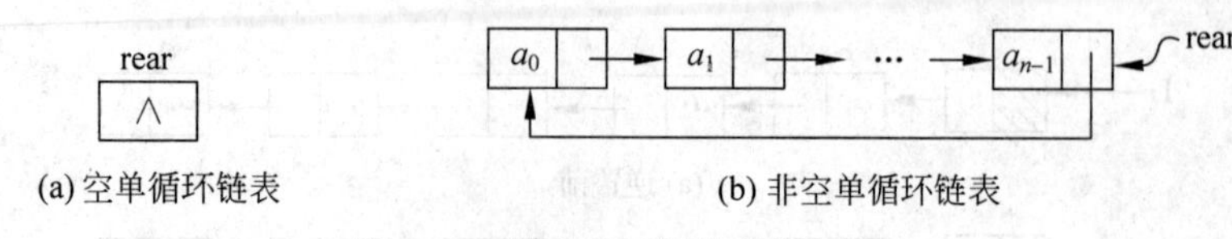

(a) 空单循环链表　　(b) 非空单循环链表

图 2-14　带表尾指针的单循环链表

与单链表一样，循环链表也可以带有表头结点，这样能够便于链表的操作，统一空表与非空表的运算。图 2-15 为带表头结点的单循环链表。

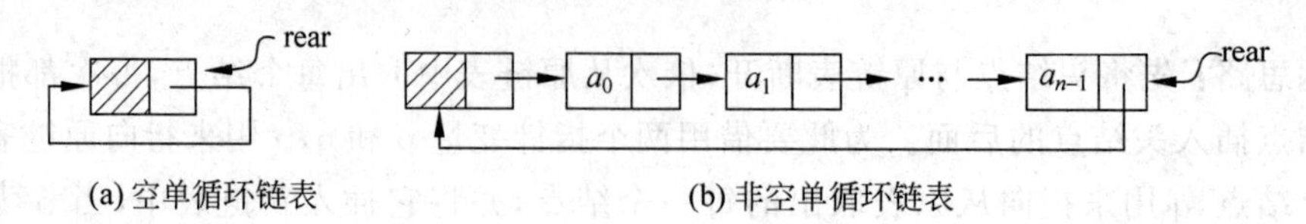

(a) 空单循环链表　　(b) 非空单循环链表

图 2-15　带表头结点的单循环链表

例 2-4　合并运算。

编写一个算法，将图 2-16(a)给出的两个单循环链表合并为一个如图 2-9(b)所示的单循链表。

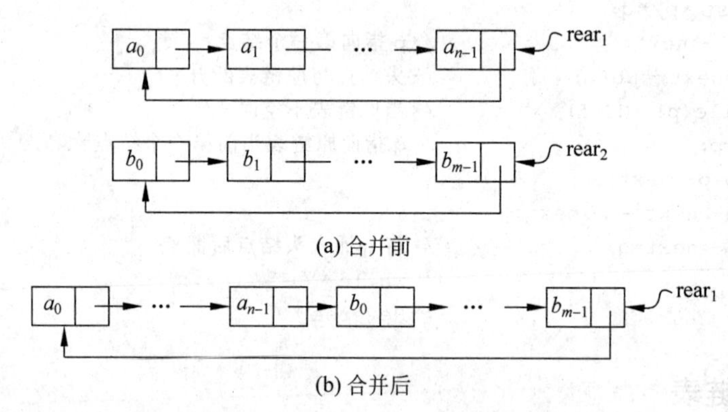

图 2-16　合并两个单循环链表

2.3.4　双链表

在单链表中，每个结点只有一个指向后继结点的链。若要查找前驱结点，必须从单链表的头指针开始沿着链表方向逐个检测，操作效率很低。此时，需要采用双链表。

双链表(doubly linked list)是每个结点有两个地址域的线性链表，两个地址域分别指向前驱结点和后继结点，结点结构表示如图 2-17 所示。

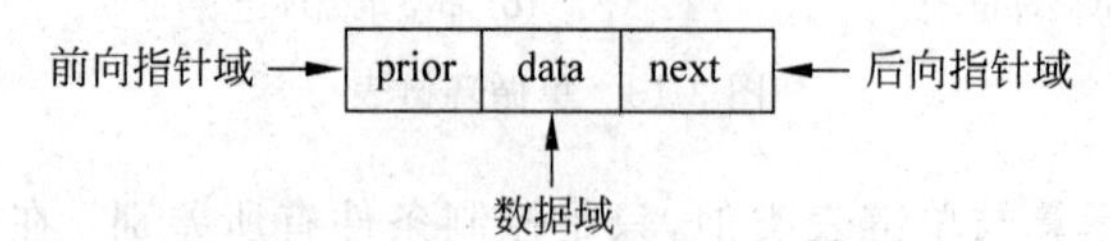

双链表结点(data 数据域，prior 前驱结点地址域，next 后继结点地址域)

图 2-17　结点结构表示

1. 双链表结点类

```
/*------线性表的双向链表存储结构描述-------*/
```

```
typedef struct DuLNode
  { ElemType data;
   struct DuLNode *prior, *next;              /*前驱指针域和后继指针域*/
}DuLNode, *DuLinkList;
```

DuLinkList 为定义的双向链表类型，与单链表类似，双向链表通常也是用头指针标识，可以带头结点，也可以将头结点和尾结点链接起来构成双向循环链表，这样，无论是插入还是删除操作，对链表中的起始结点、尾结点和中间任意结点的操作都相同。为了使链表的某些操作方便，在实际应用中常用带头结点的双向循环链表，图 2-18 是带头结点的双向链表示意图。

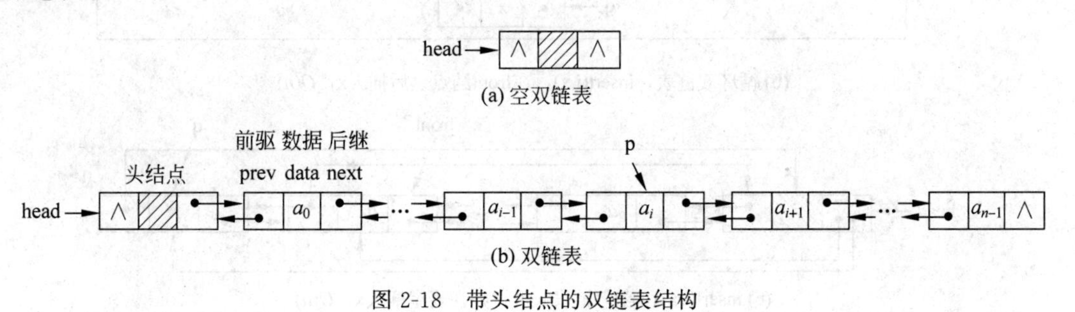

图 2-18　带头结点的双链表结构

2. 双链表的特性和操作

1）双链表的结构和特性

带头结点的双链表结构如图 2-18 所示。

(1) 空双链表，只有头结点，有 head. next＝＝null 且 head. prev＝＝null；

(2) 设 p 指向非空双链表中非两端的某个结点，有 p. nex. t. prev＝＝p 且 p. prev. next＝＝p。

双链表比单链表在结点结构上增加了一个指向前驱结点的链，这给链表的操作带来很大的方便，能够直接获得一个结点的前驱结点和后继结点，能够沿着向前、向后两个方向对双链表进行遍历操作。双链表的判空、遍历等操作与单链表类似，在此不再讨论，下面讨论双链表的插入和删除操作。

2）双链表的插入操作

在双链表中插入一个结点，可在指定结点之前或之后插入。设 p 指向双链表的某个结点，在 p 结点之前插入值为 x 的结点的语句，操作如图 2-19 所示。

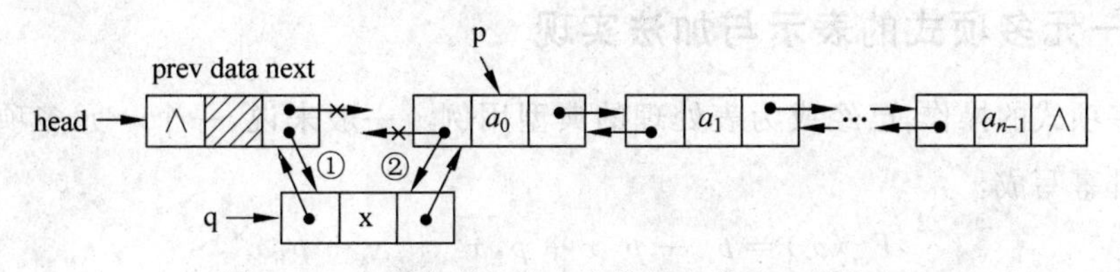

图 2-19　双链表在 p 结点之前插入值为 x 的结点

3. 循环双链表

如果双链表最后一个结点的 next 链指向头结点，头结点的 prev 链指向最后一个结点，则构成循环双链表(cirular doubly linked list),如图 2-20 所示。

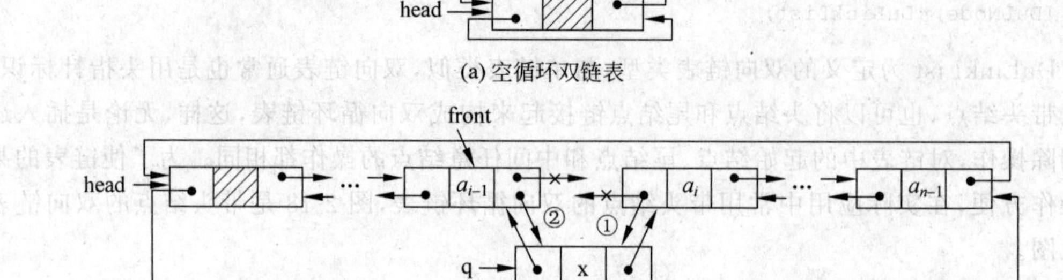

(a) 空循环双链表

(b) 循环双链表，insert(i,x)，在front结点之后插入x，$O(n)$

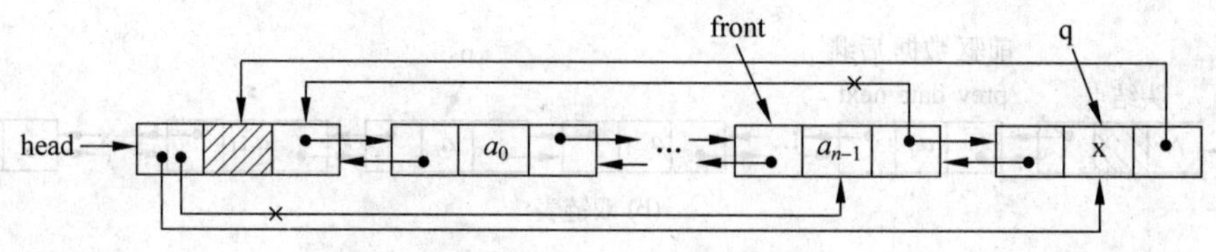

(c) insert(i,x)，若i≥链表长度，则在表尾插入x，$O(n)$

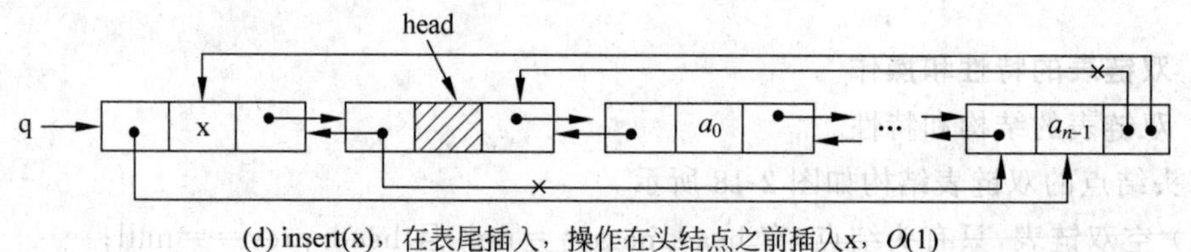

(d) insert(x)，在表尾插入，操作在头结点之前插入x，$O(1)$

图 2-20 循环双链表及其插入操作

结点 p 的存储地址既存放在其前驱结点的后继指针域中,也存放在其后继结点的前驱指针域中。在双向循环链表中求表长、按序号查找等操作的实现与单链表基本相同,不同的只是插入和删除操作时,需要修改两个方向的指针。由于双向循环链表是一种对称结构,这使得插入和删除操作都很容易,在此不再赘述。

2.4 应用实例

2.4.1 一元多项式的表示与加法实现

符号多项式的操作,已经成为表处理的典型用例。一般来说,一个一元多项式 $P_n(x)$ 可以按照升幂写成:

$$P_n(x)=p_0+p_1x+p_2x^2+\cdots+p_nx^n$$

多项式由 $n+1$ 个系数唯一确定。可以通过一个线性表 P 来表示一元多项式来实现计算机处理:

$$P=(p_0,p_1,p_2,\cdots,p_i,\cdots,p_n)$$

每一项的指数 i 隐含在其系数 p_i 的序号里。

如果 $Q_m(x)$ 是一个 m 次多项式，则可以用线性表 Q 表示：

$$Q=(q_0,q_1,q_2,\cdots,q_m)$$

在这里，假设 $m<n$，那么 $R_n(x)=P_n(x)+Q_m(x)$ 可以表示为

$$R=(p_0+q_0,p_1+q_1,p_2+q_2,\cdots,p_m+q_m,p_{m+1},\cdots,p_n)$$

对于 P、Q 采用顺序存储结构，很容易实现多项式的加法运算。但是，对于处理形如

$$S(x)=1+5x^{2000}+7x^{1000}$$

的多项式，如果还按照前述的方法表示，就需要开辟长度为 1 001 的线性表。这样做显然很浪费空间，因此，可以采用存储非零系数项及相应指数的方法进行存储。

一般情况下，对于一元 n 次多项式可以写成

$$P_n(x)=p_1x^{e_1}+p_2x^{e_2}+\cdots+p_mx^{e_m}$$

其中，p_i 是指数为 e_i 的项的非零系数，且有

$$0\leqslant e_1<e_2<\cdots<e_m=n$$

可以用一个长度为 m 且每个元素包含两个数据项(系数项和指数项)的线性表

$$((p_1,e_1),(p_2,e_2),\cdots,(p_m,e_m))$$

唯一确定多项式 $P_n(x)$。

线性表有两种存储结构，相应地，采用线性表表示的一元多项式也有两种存储结构。如果只对多项式进行“求值”等不改变多项式的系数和指数的运算，则可以采用顺序存储结构，否则应该采用链式存储。在本书中主要讨论利用链式存储实现基本操作的一元多项式的运算。

例如，对于一元多项式 $A_{15}(x)=3+5x^2+7x^{12}+2x^{15}$ 和一元多项式 $B_{12}(x)=x+6x^2-7x^{12}$，可以如图 2-21 所示。

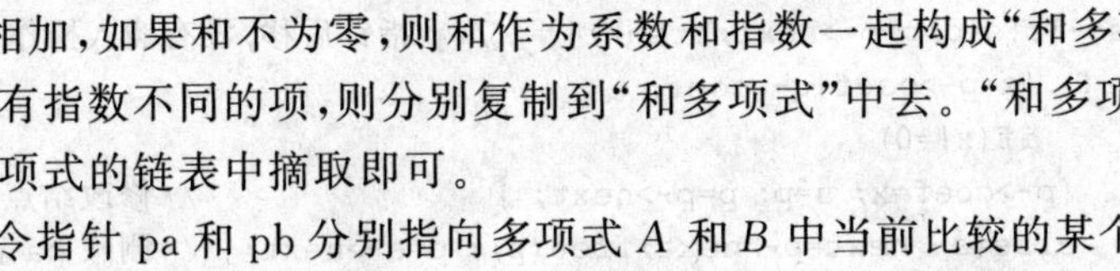

图 2-21　多项式表的单链存储结构

如果两个多项式相加，根据一元多项式相加的规则：两个一元多项式中所有指数相同的项，对应系数相加，如果和不为零，则和作为系数和指数一起构成“和多项式”中的一项；两个多项式中所有指数不同的项，则分别复制到“和多项式”中去。“和多项式”链表中的结点只需从两个多项式的链表中摘取即可。

运算规则：令指针 pa 和 pb 分别指向多项式 A 和 B 中当前比较的某个结点，则比较两个结点中的指数项，则有以下 3 种情况。

(1) 指针 pa 所指结点的指数值＜指针 pb 所指结点的指数值，则应该摘取 qa 指针所指结点插入到“和多项式”所对应的链表中。

(2) 指针 pa 所指结点的指数值＝指针 pb 所指结点的指数值，则应将两个结点的系数相加，如果不为零，则修改 pa 所指结点的系数值为和值，同时释放 pb 所指结点；如果系数之和为零，则需要从多项式 A 中对应的链表中删除相应的结点，并释放指针 pa 和 pb 所指结点。

(3) 指针 qa 所指结点的指数值＞指针 qb 所指结点的指数值，则应该摘取 pb 指针所指

结点插入到"和多项式"所对应的链表中。

根据上述规则，图 2-21 表示的两个多项式相加得到的"和多项式"对应的链表如图 2-22 所示，图中长空白框表示已经被释放的结点。

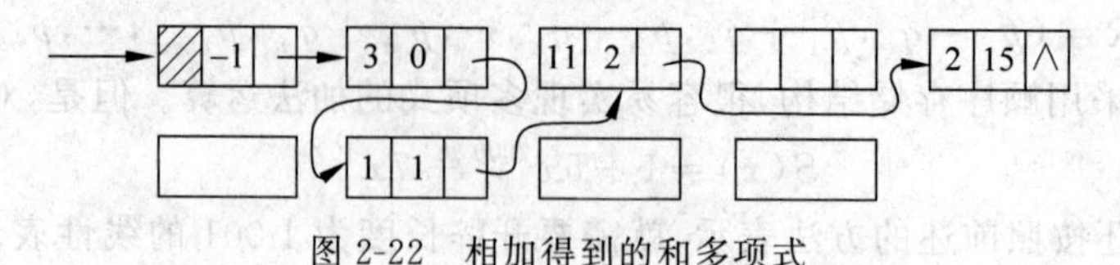

图 2-22 相加得到的和多项式

一元多项式的存储结构定义描述如下：

```
/*------多项式的链式存储结构------*/
typedef struct Node {               /*项的表示,多项式的项作为 LinkList 的数据元素*/
    float coef;                     /*系数*/
    int expn;                       /*指数*/
    Node *next;                     /*指针域*/
}Node, *PLinkList;
```

PLinkList 就是所定义的一元多项式的存储结构。下面给出一元多项式的加法运算的算法。

算法 2-12　一元多项式的相加运算。

```
PLinklist AddPolyn (Plinklist pa, Plinklist pb)                 /*两个多项式相加*/
{ PLinklist p,q,r,s;
  int cmp,x;
  p=pa- >next;
  q=pb->next;
  r-pb;
  s=pa;                                             /*s 作为 p 的跟踪指针*/
  while(p!=NULL&&q!=NULL)
    { if(p->exp<q->exp) cmp=-1;
      else if(p->exp>q->exp) cmp=1;
        else cmp=0;
      switch(cmp)                                   /*根据指数的比较情况进行不同的处理*/
      {case-1:{s=p;p=p->next;break;}               /*p 指针后移,没有插入操作*/
       case 0: {x=p->coef+q->coef;
            if(x!=0)
         {p->coef=x; s=p; p=p->next; }             /*修改结点的系数*/
         else{s->next=p->next;free(p); p=s->next; } /*删除 pa 表中的结点*/
         r->next=q->next;free(q);q=r->next;        /*在 pb 表中也删除该结点*/
         break;}
       case 1:{r->next=q->next;q->next=s->next;    /*将 pb 表中的结点插入*/
           s->next=q; s=q; q=r->next;
           break;}
      }                                             /*switch*/
    }                                               /*while*/
  if(q!=NULL)                                      /*当 pb 连表还有剩余时接入到 pa 连表的尾部*/
      s->next=q;
  free(pb);
```

```
    return pa;
}                                   /*AddPolyn*/
```

关于两个一元多项式相乘的算法，可以利用加法来实现，因为乘法运算本质上可以分解为一系列的加法运算。假设 $A(x)$ 和 $B(x)$ 为两个一元多项式，则有

$$
\begin{aligned}
M(x) &= A(x) \times B(x) \\
&= A(x) \times [b_1 x^{e_1} + b_2 x^{e_2} + \cdots + b_n x^{e_n}] \\
&= \sum_{i=1}^{n} b_i A(x) x^{e_i}
\end{aligned}
$$

其中，每一项都是一个一元多项式。

2.4.2 集合运算

实现集合运算 $(A-B) \cup (B-A)$ 的算法。

假设从终端输入集合元素，首先建立表示集合 A 的静态链表(用数组实现的链表)S，然后在输入集合 B 的元素的同时查找 S，如果存在和 B 相同的元素，则从 S 中删除它，否则将此元素插入 S 中。

为了使算法更加清晰，首先给出 3 个步骤。

(1) 将整个数组空间初始化为一个链表；

(2) 从备用空间取得一个结点；

(3) 将空闲结点链接到备用链表上。

上述 3 个步骤分别通过算法 2-13～算法 2-15 描述。

算法 2-13　初始化备用空间。

```
void InitSpace(SLinkList L)
{ /*将一维数组 L 中各分量链成一个备用链表，L[0].cur 为头指针。"0"表示空指针*/
   int i;
   for(i=0;i<MAXSIZE-1; ++ i)
     L[i].cur=i+1;
   L[MAXSIZE-1].cur=0;
}                  /*InitSpace*/
```

算法 2-14　从备用空间取得一个结点。

```
int Malloc(SLinkList space)
{ /*若备用链表非空，则返回分配的结点下标，否则返回 0*/
    int i=space[0].cur;
    if(i)                               /*备用链表非空*/
      space[0].cur=space[i].cur;  /*备用链表的头结点指向原备用链表的第二个结点*/
    return i;                           /*返回新开辟结点的坐标*/
}                                       /*Malloc*/
```

算法 2-15　将空闲结点链接到备用链表中。

```
void Free(SLinkList space,int k)
{ /*将下标为 k 的空闲结点回收到备用链表(成为备用链表的第一个结点)*/
```

```
    space[k].cur=space[0].cur;     /*回收结点的游标指向备用链表的第一个结点*/
  space[0].cur=k;                  /*备用链表的头结点指向新回收的结点*/
}                                  /*Free*/
```

算法 2-16 求集合运算$(A-B)\cup(B-A)$。

```
void difference(SLinkList space,int S)
{ /*依次输入集合 A 和 B 的元素,在一维数组 space 中建立集合(A-B)∪(B-A)的静态链表,S 为其
头指针。假设备用空间足够大,space[0].cur 为备用空间的头指针*/
   int r,m,n,i,j;
   InitSpace(space);              /*初始化备用空间,InitSpace 操作见算法 2-13*/
   S=Malloc(space);               /*生成 S 的头结点,Malloc 操作见算法 2-14*/
   r=S;                           / r 指向 S 的当前最后结点*/
   printf("请输入集合 A 和 B 的元素个数 m,n:");
   scanf(m,n);                    /*输入 A 和 B 的元素个数*/
   for(j=1;j<=m; ++ j)            /*建立集合 A 的链表*/
    { i=Malloc(space);            /*分配结点*/
      scanf(space[i].data);       /*输入 A 的元素值*/
      space[r].cur=i;             /*插入表尾*/
      r=i;
    }                             /*for*/
    space[r].cur=0;               /*尾结点的指针为空*/
    for(j=1;j<=n; ++ j)
    { /*依次输入 B 的元素,若不在当前表中,则插入,否则删除*/
      scanf(b);
       p=S;
     k=space[S].cur;              /*k 指向集合 A 中的第一个结点*/
     while(k!=space[r].cur&&space[k].data!=b)     /*在当前表中查找*/
     { p=k;
       k=space[k].cur;
     }                            /*while*/
     if(k==space[r].cur)
     { /*当前表中不存在该元素,插入在 r 所指结点之后,且 r 的位置不变*/
       i=Malloc(space);
       space[i].data=b;
       space[i].cur=space[r].cur;
       space[r].cur=i;
     }                            /*if*/
  else                            /*该元素已在表中,所以把它删除*/
     {  space[p].cur=space[k].cur;
       Free(space,k);             /*Free 操作见算法 2-15*/
       if(r==k)
       r=p;                       /*若删除的是尾元素,则需修改尾指针*/
     }                            /*else*/
  }                               /*for*/
}                                 /*difference*/
```

在算法 2-16 中,只有一个处于双重循环中的循环体(在集合 A 中查找一次输入的 b),

其最大循环次数为：外循环 n 次，内循环 m 次，所以算法 2-16 的时间复杂度为 $O(m \times n)$。

习　题

1. 什么是线性表？线性表主要采用哪两种存储结构？它们是如何存储数据元素的？各有什么优缺点？它们是否是随机存取结构？为什么？

2. 顺序表与数组有何不同？

3. 为什么顺序表的插入和删除操作必须移动元素？平均需要移动多少元素？

4. 在(循环)单/双链表中，头结点有什么作用？

5. 线性表的链式存储结构有哪几种？它们是如何存储数据元素的？各有何特点？各有什么优缺点？

6. 单链表或双链表能否使用顺序表比较相等的算法？它们各自的运行效率如何？

第 3 章

栈和队列

栈和队列是两种重要的线性结构。从数据结构角度看，栈和队列也是线性表，其特殊性在于栈和队列的基本操作是线性表操作的子集，它们是操作受限的线性表，因此，可称为限定性的数据结构。但从数据类型角度看，它们是和线性表不相同的两类重要的抽象数据类型。

3.1 栈

栈是一种十分常用和重要的数据结构，其用途广泛，比如汇编程序的语法识别和表达式计算以及高级语言函数调用时的参数传递和函数值的返回等都用到了栈。

3.1.1 栈的定义和操作

栈(stack)是限定仅在表尾进行插入或删除操作的线性表，栈的尾端有其特殊含义，称为栈顶(top)，表头端称为栈底(bottom)，不含元素的空表称为空栈。栈通常记作：

$$S=(a_1,a_2,\cdots,a_n)$$

其中，a_1 称作栈底元素，a_n 称作栈顶元素；栈中元素按 $a_1,a_2,\cdots,a_n$ 的次序进栈，退栈的第一个元素应为栈顶元素。栈的修改是按后进先出的原则进行的，因此栈又称为后进先出的线性表(LIFO)，如图 3-1 所示。

栈的基本操作除了在栈顶进行插入或删除外，还有栈的初始化、判空及取栈顶元素等。

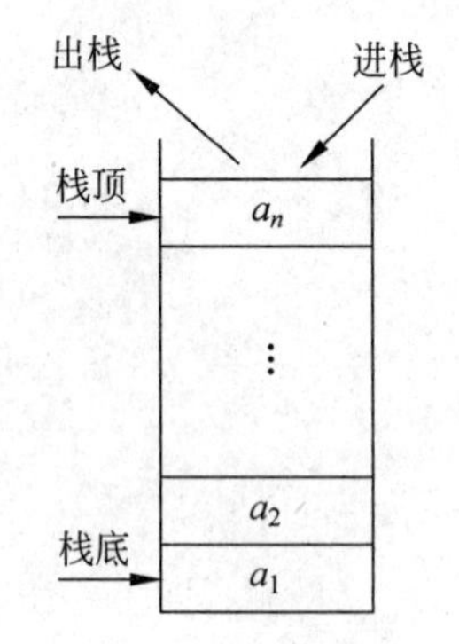

图 3-1 顺序栈逻辑结构

(1) Init Stack(&S)

名称：初始化。

作用：构造一个空栈 S。

前置条件：无。

(2) Destroy Stack(&S)

名称：销段。

作用：栈 S 被销毁。

前置条件：栈 S 已存在。

(3) Clear Stack(&S)

名称：清空。

作用：将 S 清为空栈

前置条件：栈 S 已存在。

(4) StackEmpty(S)

名称：判空。

作用：若栈S为空栈,则返回TRUE；否则,返回FALSE。

前置条件：栈S已存在。

(5) StackLength(S)

名称：栈长度。

作用：返回S的元素个数,即栈的长度。

前置条件：栈S已存在。

(6) GetTop(S)

名称：获取栈顶。

操作结果：返回S的栈顶元素

前置条件：栈S已存在且非空。

(7) Push(&S,x)

名称：压入(插入)。

作用：插入元素x为新的栈顶元素

前置条件：栈S已存在。

(8) Pop(&S)

名称：弹出(删除)。

作用：删除S的栈顶元素,并返回栈顶数据元素。

前置条件：栈S已存在且非空。

(9) Stack Traverse(S)

名称：遍历。

作用：从栈底到栈顶依次对栈S的每一个数据元素进行访问。

前置条件：栈S已存在且非空。

和线性表类似,栈也有两种存储表示方法。

3.1.2　栈的顺序存储

采用顺序存储结构存储的栈称为顺序栈。顺序栈利用一组地址连续的存储单元依次存放自栈底到栈顶的数据元素。顺序栈通常使用数组实现,并设指针top指向栈顶元素的当前位置,因此当top=－1时,表示空栈入栈时栈顶指针加1,出栈时栈顶指针减1。指针top随着入栈的变化初始化栈时,栈的top=－1；数据元素A入栈后,top=0；数据元素B、C、D以此入栈后,top=3；数据元素D出栈后,top=2；数据元素C、B、A出栈后,top=－1,如图3-2所示。

顺序栈的C语言定义如下。

```
#define MAXNUM 100                    //MAXNUM为最大元素数,与实际问题有关
typedef struct {
    Elemtype stack[MAXNUM];
    Int top;
}sqstack
```

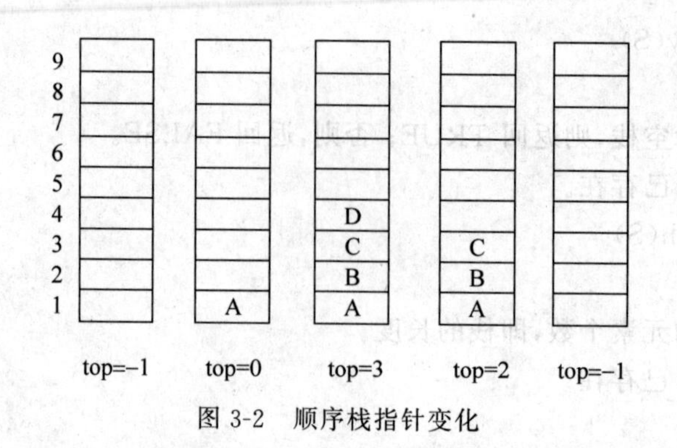

图 3-2　顺序栈指针变化

栈顶指针 top＝－1 时为空栈，当 top＝MAXNUM－1 时表示栈满。

1. 顺序栈的基本运算算法

算法 3-1　顺序栈的初始化。

```
int Initstack(sqstack **s)
{
if((*s=(sqstack *)malloc(sizeof(sqstack)))==NULL)          //创建一个空栈
  returnFALSE;
(*s)->top=-1;
return TRUE
```

算法 3-2　入栈操作。

```
int Push(sqstack *s,Elemtype x)
{
    if(s->top>=MAXNUM-1)
        return FALSE;                    //栈已满
    s->top++;
    s->stack[s->top]=x;
    return TRUE;
}
```

算法 3-3　顺序栈的出栈操作。

```
Elemtype Pop(sqstack *s)
{
    Elemtype x;
    if(s->top>0)
        return NULL;                  //栈已空,不能出栈
    x=s->stack[s->top];
    s->top--;
    return x;
}
```

算法 3-4　顺序栈的取栈顶元素操作。

```
Elemtype get Top(sqstack *s)
{
    if(s->top>0)
        return NULL;                    //栈已空,不能取栈顶元素
    return(s->stack[s->top]);
}
```

算法 3-5　顺序栈的判栈空操作。

```
int Empty(sqstack *s)
{
    If(s->top<0)
        return TRUE;
    return FALSE;
}
```

算法 3-6　顺序栈的栈置空操作。

```
voidset Empty(sqstacks *s)
{
    s->top=-1;
}
```

2. 双向栈

一个程序中常常要用到多个栈,并且必须给每个栈预先分配一个足够大的存储空间,这势必会造成系统空间浪费。多个栈共用一个足够大的连续存储空间,则可利用栈的动态特性使它们的存储空间互补,这就是栈的共享邻接空间。

双向栈在一维数组中的实现如下。栈的共享中最常见的是两栈的共享。假设两个栈共享一维数组 stack[MAXNUM],则可以利用栈的"栈底位置不变,栈顶位置动态变化"的特性,当两个栈均为空时,两个栈顶分别为－1 和 MAXNUM,元素进栈时,两个栈顶都往中间方向延伸。因此,只要整个数组 stack[MAXNUM]未被占满,无论哪个栈的入栈都不会发生上溢,C 语言定义的这种两栈共享邻接空间的结构如下:

```
typedef struct{
    Elemtype stack[MAXNUM];
    int lefttop;                        //左栈栈顶位置
    int righttop;                       //右栈栈顶位置
}dupsqstack;
```

为了识别左右栈,必须另外设定标志:

```
charstatus;
status='L';                             //左栈
status='R';                             //右栈
```

在进行栈操作时,需要指定栈号"status＝'L'"为左栈,"status＝'R'"为右栈。判断栈满

足的条件为

```
s->lefttop+1= =s->righttop;
```

算法 3-7 双向栈的初始化操作。

```
int InitDupStack(dupsqstack **s)
{
    if((s(dupsqstack *)malloc(sizeof(dupsqstack)))= =NULL)
        return False
    (*s)->lefttop=-1;
    (*s)->righttop=MAXNUM;
return TRUE;
```

算法 3-8 双向栈的入栈操作。

```
int PushDupStack(dupsqstack *s,char status,Elemtype x)
{
    if(s->lefttop+1= =s->righttop)
        return FALSE;                                //栈满
    if(status= ='L')
        s->stack[++s->righttop]=x;                   //左栈进栈
    else if(status= ='R')
        s->stack[--s->righttop]=x;                   //右栈进栈
    else return FALSE;                               //参数错误
    return TRUE;
}
```

算法 3-9 双向栈的出栈操作。

```
Elemtype PopDupStack(dupsqstack *s,char status)
{
    if(status= ='L')
    {
        if(s->lefttop<0)
                return NULL;                         //左栈为空
            else
                return(s->stack[s->lefttop--]);      //左栈出栈
     }elseif(status= ='R')
    {
            if(s->righttop>MAXNUM-1)
            return NULL;                             //右栈为空
        else return(s->stack[s->rightop++]);         //右栈出栈
    }
   else return NULL;                                 //参数错误
}
```

3.1.3 栈的链表存储

采用链式存储结构的栈称为链栈。链栈中,栈底就是链表的最后一个结点,而栈顶总是链表的第一个结点。因此,新入栈的元素即为链表新的第一个结点,只要系统还有存储空间,就不会有栈满的情况发生。一个链栈可由栈顶指针 top 唯一确定,当 top 为 NULL 时是一个空栈。链栈的逻辑结构如图 3-3 所示。

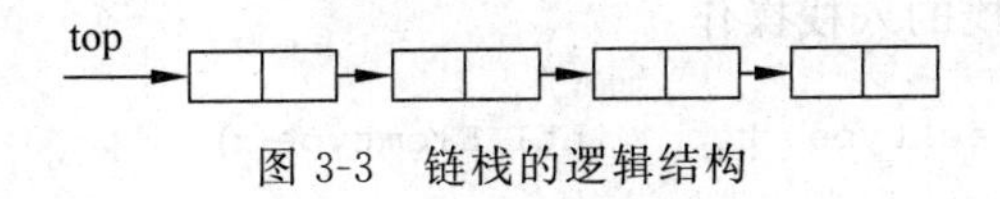

图 3-3　链栈的逻辑结构

链栈的 C 语言定义如下:

```
typedef struct Stacknode
{
    Elemtype data;
    struct Stacknode *next;
}slStacktype;
```

1. 单个链栈的基本操作

算法 3-10　单个链栈的入栈操作。

```
int Pushlstack(slStacktype **top,Elemtype x)
{
    slStacktype *p;
    if(p=(slStacktype *)malloc(sizeof(slstacktype)))= = NULL)
        return False;                                   //申请一个结点空间
    p->data=x;
    p->next=*top;
    *top=p;
    return TRUE;
}
```

算法 3-11　单个链栈的出栈操作。

```
Elemtype PopLstack(slStacktype **top)
{
    slStacktype *p;
    Elemtype x;
    if(*top= =NULL)
        return Null                                     //空栈
    p=*top;
    *top=(*top)->next;
    x=p->data;
    free(p);
    return x;
}
```

2. 多个链栈的操作

在程序中同时使用两个以上的栈时,若用多个单链栈,操作极为方便。多个链栈的操作可以将多个单链栈的栈顶指针放在一个一维数组 slStacktype * top[M]中，让 top[0]，top[1]，…，top[M-1]指向 M 个不同的链栈，操作时只需确定栈号 i，然后以 top[i]为栈顶指针进行栈操作即可实现各种操作。

算法 3-12 多个链栈的入栈操作。

```
int PushDupls(slStacktype *top[],intI,Elemtype x)
{
    slStacktype *p;
    if((p=(slStacktype *)malloc(sizeof(slStacktype)))= =NUlL)
          return FALSE;                                   //申请一个结点空间
    p->data=x;
    p->next=top[i];
    top[i]=p;
    return TRUE;
}
```

算法 3-13 多个链栈的出栈操作。

```
Elemtype PopDupLs(slStacktype *top[],int i)
{
    slStacktype *p;
    Elemtype x;
    if(top= =NULL)
       return NULL;                                       //空栈
    p=*top;*top=(*top)->next;
    x=p->data;
    free(p);
    return x;
}
```

在上面的两个算法中，当指定栈号 $i(0 \leqslant i \leqslant M-1)$时，则只对第 i 个链栈操作，不会影响其他链栈。

3.2 应用举例

由于栈结构具有后进先出的特性，在很多实际问题中都利用栈作为辅助的数据结构来进行求解，本节将讨论几个栈应用的典型例子。

例 3-1 数制转换问题。

假设要将十进制数 N 转换为 d 进制数，一个简单的转换算法是重复下述两步，直到 N 等于零：

$$X = N \bmod d \quad（其中 mod 为求余运算）$$

$$N = N \operatorname{div} d \quad（其中 div 为整除运算）$$

在上述计算过程中，第一次求出的 X 值为 d 进制数的最低位，最后一次求出的 X 值为 d 进制数的最高位，因此上述算法是从低位到高位顺序产生 d 进制数各位上的数。

例如：$(692)_{10}=(1010110100)_2$，其运算过程如图 3-4 所示。

除数	被除数	余数
2	692	
2	346	0
2	173	0
2	86	1
2	43	0
2	21	1
2	10	1
2	5	0
2	2	1
2	1	0
	0	1

图 3-4　十进制数转换为二进制数的运算过程

由于计算过程是从低位到高位顺序产生二进制数的各个数位，而打印输出时应从高位到低位进行，恰好与计算过程相反。因此，将计算过程中得到的二进制数的各位顺序进栈，则按出栈序列打印输出的就是与给定的十进制数对应的二进制数，运算过程描述如算法 3-12 所示。

算法 3-14　数制转换问题。

```
void Conversion(int N)
{ /*对于任意的一个非负十进制数 N,打印出与其等值的
   二进制数*/
  SeqStack S; int x;
  InitStack(&S);
    while(N>0)
     { x=N%2;
     Push(&S,x);          /*将转换后的数字压入栈 S */
    N=N/2;
  }/*while */
  while(!IsEmpty(&S))
  {   Pop(&S,&x);
      printf("%d",x);
  }                        /*while */
}                          /*Conversion */
```

注：上述算法中用到的顺序栈类型定义及相关函数的实现见算法 3-1～算法 3-5。此外，因为例 3-1 中栈中的元素类型是整型，所以需要在头文件后添加 typedef int SelemType;语句。

例 3-2　括号匹配问题。

假设表达式中包含 3 种括号：圆括号、方括号和花括号，它们可以互相嵌套，如（［｛｝］（［］））或（｛（［］［（ ）］）｝）等均为正确的格式，而｛［］｝）｝或｛［（）］或（［］｝均为不正确的格式。现在需要设计一个算法，用来检验在输入的算术表达式中所使用括号的合法性。

算术表达式中各种括号的使用规则为：出现左括号，必有相应的右括号与之匹配，并且每对括号之间可以嵌套，但不能出现交叉情况。由此，在算法中设置一个栈，每读入一个括号，若是左括号，则直接入栈，等待相匹配的同类右括号；若读入的是右括号，且与当前栈顶的左括号同类型，则二者匹配，将栈顶的左括号出栈，否则属于不合法的情况。此外，如果输入序列已读完，而栈中仍有等待匹配的左括号；或者读入了一个右括号，而栈中已无等待匹配的左括号，均属不合法的情况。当输入序列和栈同时变为空时，说明所有括号完全匹配。

算法 3-15 括号匹配问题。

```
void BracketMatch(char *str)
/*str[]中为输入的字符串,利用栈来检查该字符串中的括号是否匹配*/
{ SeqStack S; int i;
  char ch;
  InitStack(&S);
  for(i=0; str[i]!='\0'; i++)                          /*对字符串中的字符逐一扫描*/
   {switch(str[i])
      { case '(':
        case '[':
        case '{': Push(&S,str[i]); break;
        case ')':
        case ']':
        case '}': if(IsEmpty(&S))
                   { printf("\n 右括号多余!"); return;}
                    else
                      { GetTop (&S ,&ch);
                        if(Match(ch,str[i]))           /*用 Match 判断两个括号是否匹配*/
                        Pop(&S,&ch);                   /*已匹配的左括号出栈*/
                        else
                           { printf("\n 对应的左右括号不同类!"); return; }
                        }/*else*/
       }                                               /*switch*/
   }                                                   /*for*/
 if(IsEmpty(&S))
   printf("\n 括号匹配!");
 else
   printf("\n 左括号多余!");
 }                                                     /*BracketMatch*/
 int Match(char ch1,char ch2)
{ if((ch1=='{'&&ch2=='}') ||( ch1=='['&& ch2==']') ||(ch1=='(' && ch2==')'))
   return 1;
  else return 0;
}                                                      /*Match*/
```

注:上述算法中用到的顺序栈同例 3-1,此处不再赘述。与例 3-2 相同的理由,需在头文件后添加"typedef char SelemType;"语句。

例 3-3 算术表达式求值。

表达式求值是高级语言编译中的一个基本问题,是栈的典型应用实例。这里介绍一种简单直观、广为使用的算法——算符优先法,即根据运算优先关系的规定来实现对表达式的编译或解释执行。

任何一个表达式都是由操作数(operand)、运算符(operator)和界限符(delimiter)组成的。操作数可以是常数、变量或常量的标识符;运算符分为算术运算符、关系运算符和逻辑运算符;基本界限符有左、右括号和表达式开始、结束符等。这里仅讨论简单算术表达式的求值问题，运算符只含加、减、乘、除 4 种运算符。

例如：@3＊(6－4)@，引入表达式起始、结束符“@”是为了方便。要对算术表达式求值，首先要了解算术四则运算的规则：

(1) 从左算到右；

(2) 先乘除，后加减；

(3) 先括号内，后括号外。

运算符和界限符统称为算符。根据上述 3 条运算规则，在运算过程中，任意两个前后相继出现的运算符 θ_1 和 θ_2 之间的优先关系必为下面 3 种关系之一：

- $\theta_1<\theta_2$，θ_1 的优先权低于 θ_2；
- $\theta_1=\theta_2$，θ_1 的优先权等于 θ_2；
- $\theta_1>\theta_2$，θ_1 的优先权高于 θ_2。

表 3-1 定义了算符间的优先关系。

表 3-1　算符间的优先关系

θ_1 \ θ_2	+	－	*	/	(	)	@
+	>	>	<	<	<	>	>
－	>	>	<	<	<	>	>
*	>	>	>	>	<	>	>
/	>	>	>	>	<	>	>
(	<	<	<	<	<	=	
)	>	>	>	>		>	>
@	<	<	<	<	<		=

为实现算符优先算法，需引入两个栈 Optr 和 Opnd，分别用于保存运算符与操作数。算法的基本思想如下。

(1) 先将操作数栈 Opnd 置为空栈，将表达式起始符“@”压入运算符栈 Optr 中作为栈底元素。

(2) 依次读入表达式中每个字符，并做相应处理，直至当前读入字符与运算符栈的栈顶元素均为“@”时，说明整个表达式求值完毕(此时操作数栈的栈顶元素即为表达式运算结果)，结束下列循环。

① 若是操作数则进 Opnd 栈。

② 若是运算符，则和 Optr 栈的栈顶运算符进行优先权比较，过程如下。

a. 若栈顶运算符的优先级低于当前运算符，则将当前运算符进 Optr 栈，继续读入下一个字符。

b. 若栈顶运算符的优先级高于当前运算符，则将栈顶运算符出栈，送入 θ，同时将操作数栈 Opnd 出栈两次，得到两个操作数 a、b，对 bθa 进行运算后，将运算结果压入 Opnd 栈。

c. 若栈顶运算符的优先级与当前运算符的优先级相同，说明左右括号相遇，只需将栈顶运算符(左括号)退栈，继续读入下一个字符。

3.3 队列

3.3.1 队列的定义

队列(queue)是另一种特殊的线性表。在这种表中,删除运算限定在表的一端进行,而插入运算则限定在表的另一端进行。约定把允许插入的一端称为队尾(rear),把允许删除的一端称为队首(front)。位于队首和队尾的元素分别称为队首元素和队尾元素。

假设线性表 $S=(a,b,c,d,e)$ 是一个队列数据结构,并且规定只能在末尾进行插入操作,在起始端进行删除操作,则该线性表的尾端为队尾,起始端为队首。则线性表 S 中元素 e 为队尾元素,元素 a 为队首元素,如图 3-5 所示。队列最大的特点在于利用这种数据结构能够将元素按照插入的顺序进行输出。例如,将一列元素按照 a、b、c、d、e 的顺序依次插入队列中,则从队列中取出这些元素的顺序仍然是 a、b、c、d、e。可以发现队列的特点为,先进入队列的元素先出来,后进入队列的元素后出来,因为队列的这一特性,故又将其称为先进先出的线性表(first in first out,FIFO)。现实生活中很多活动都具有队列的特性。例如,等待服务的顾客总是按先来后到的次序排成一队,先得到服务的顾客是站在队首的先来者,后到的人总是排在队列的末尾等待。

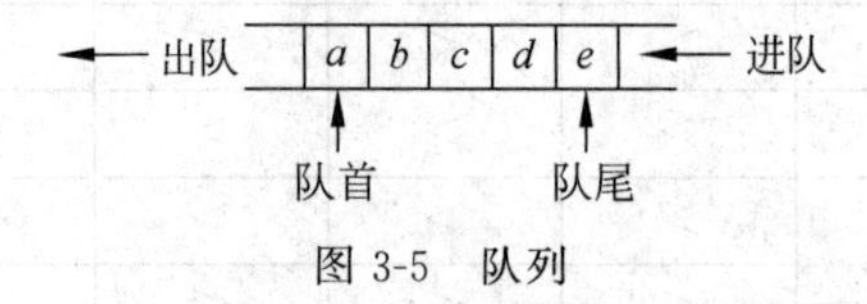

图 3-5 队列

队列在计算机程序设计中也经常被使用。例如,操作系统中的输出队列就是一个例子。在一个允许多道程序运行的计算机系统中,有多个作业同时运行,而且运行的结果都要通过唯一的通道输出。若通道尚未完成输出,则后来的作业应等待,并按请求输出的先后顺序排队。当通道传输完毕可以接受新任务时,排头的作业便从队列中退出,进入通道并输出。所以,排头的作业总是下一次准备输出的作业,而排尾的作业总是刚刚进入队列的作业。当然,这里指的是没有优先级(priority)的情况。

队列的基本操作除了插入和删除外,还包括队列的初始化、判空及获取队首元素等。队列的抽象数据类型定义如下。

```
DT 队列(Queue)
{
数据元素:与线性表相同,所有元素具有相同的数据类型。
结构关系:与线性表相同,除第一个元素和最后一个元素外,其他的元素有且仅有一个前驱元素和一个后继元素,第一个元素有后继元素没有前驱元素,最后一个元素有前驱元素没有后继元素。
基本操作:
queinit(&q):构造一个空队列 q。
quedestroy(&q):将一个已存在的队列 q 撤销。
queclear(&q):将一个已存在的队列 q 清空。
queempty(q):判定 q 是否为空队列。当 q 为空队列时,函数返回值为 1,否则为 0。
quefull(q):判定队列 q 是否已满。当 q 已满时,返回值为 1,否则为 0。
```

quelength(q)：返回队列 q 中元素的个数，即 q 的长度。

gettop(q,&x)：获取队列 q 中的队首元素，并将其值保存在 x 单元中返回。

enque(&q,x)：在队列 q 的队尾插入元素 x，简称将 x 入队。

deque(&q,&x)：从队列 q 的队首删除元素并将其值保存在 x 单元中返回，简称将 x 出队。

Quetraverse(q)：从队首到队尾，用 visit 函数依次访问队列 q 中的每一个数据元素。

3.3.2 队列的表示与实现

与线性表类似，队列也有两种存储表示，即顺序表示和链式表示。

1. 队列的顺序表示与实现

队列的顺序存储结构实现称作顺序队列。与顺序表一样，顺序队列也是用一组地址连续的存储单元依次存放从队列头到队列尾的元素，此外，尚需附设两个指针 front 和 rear 分别指示队列头元素和队列尾元素在数组中的位置。为了在 C 语言中描述方便，在此约定：初始化建空队列时，令 front＝rear＝0；入队时，直接将新元素送入尾指针 rear 所指的单元，尾指针增 1；出队时，直接取出队头指针 front 所指的元素，头指针增 1。显然，在非空顺序队列中，队头指针始终指向队列头元素，而队尾指针始终指向队列尾元素的下一个位置，如图 3-6 所示。

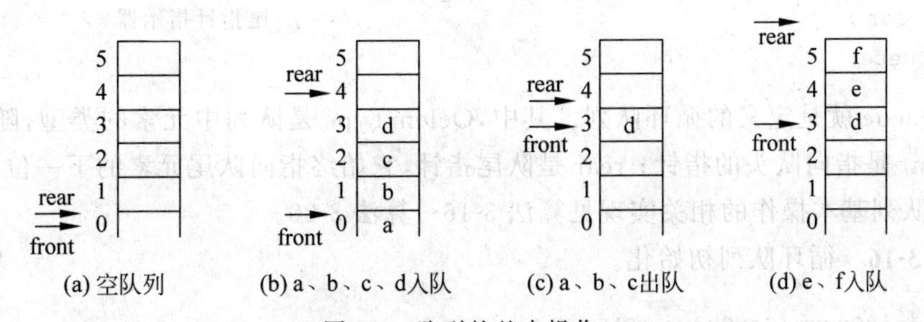

图 3-6　队列的基本操作

假设当前为队列分配的最大空间为 6，则当队列处于图 3-7(d)的状态时不能再继续插入新的队尾元素，否则会因数组越界而导致程序代码被破坏。此时队列的实际可用空间并未占满，这种现象称为假溢出。

为了解决假溢出现象并使得队列空间得到充分利用，一个较巧妙的办法是将顺序队列看成一个环状的空间，即规定最后一个单元的后继为第一个单元，称为循环队列(circular queue)，如图 3-7 所示。

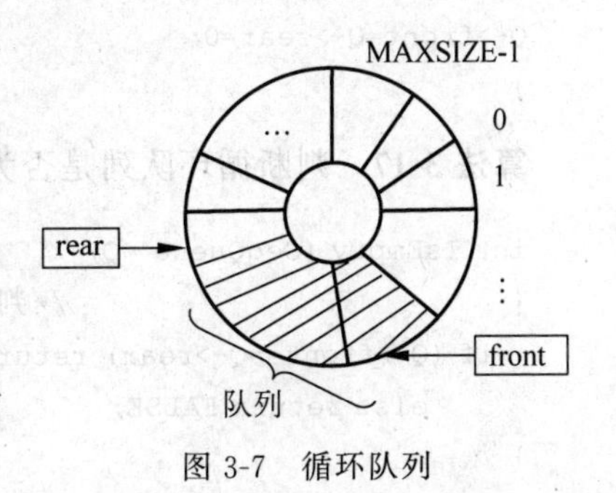

图 3-7　循环队列

与一般的顺序队列相同，在循环队列中，指针和队列元素之间关系不变。如图 3-8(a)所示的循环队列中，队列头元素是 e_3，队列尾元素是 e_5，当 e_6、e_7 和 e_8 相继入队后，队列空间被占满，如图 3-8(b)所示，此时 front＝rear。

反之，若 e_3、e_4 和 e_5 相继从图 3-8(a)的队列中删除，则得到空队列，如图 3-8(c)所示，此时也存在关系式 front＝rear。由此可见，只凭 front＝rear 无法判别队列的状态是“空”还是“满”。对于这个问题有两种处理方法：第一种方法是少用一个元素空间，约定以“队尾指针的下一位置是队头指针”作为队列呈“满”状态的标志，这样队列“满”的条件为(rear＋

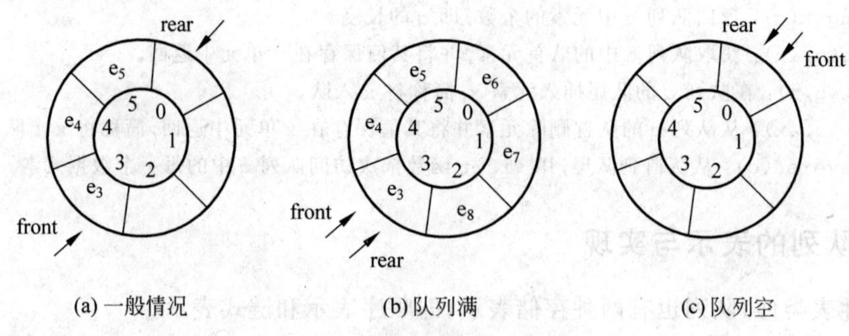

图 3-8 循环队列的头尾指针

1)% MAXSIZE=front,判断空的条件不变,仍为 rear=front; 第二种方法是另设一个标志量以区别队列是"空"还是"满"。下面所有的算法都采用第一种方法实现。

循环队列的类型定义如下:

```
#define MAXSIZE 50                                    /*队列的最大长度*/
typedef struct
{ QelemType element[MAXSIZE];                         /*队列的元素空间*/
 int front;                                           /*头指针指示器*/
 int rear ;                                           /*尾指针指示器*/
}SeqQueue;
```

SeqQueue 就是定义的循环队列。其中,QelemType 是队列中元素的类型,随实际问题而定; front 是指向队头的指针; rear 是队尾指针,它始终指向队尾元素的下一位置。

循环队列基本操作的相关实现见算法 3-16～算法 3-20。

算法 3-16 循环队列初始化。

```
void InitQueue(SeqQueue *Q)
{                                            /*将队列 Q 初始化为一个空的循环队列*/
Q->front=Q->rear=0;
}                                                     /*InitQueue*/
```

算法 3-17 判断循环队列是否为空。

```
int IsEmpty (SeqQueue *Q)
{                                   /*判断队列是否为空。如果队列空,返回 TRUE,否则返回 FALSE*/
  if (Q->front==Q->rear) return TRUE;
      else return FALSE;
}                                                     /*IsEmpty*/
```

算法 3-18 入队列。

```
int EnQueue(SeqQueue *Q,QelemType x)
{                                                     /*将元素 x 入队*/
  if((Q->rear+1)%MAXSIZE==Q->front)                   /*队列已经满了*/
          return(FALSE);
  Q->element[Q->rear]=x;                              /*把 x 插入队尾*/
  Q->rear=(Q->rear+1)%MAXSIZE;                        /*重新设置队尾指针*/
```

```
  return(TRUE);                                      /*操作成功*/
}                                                    /*EnQueue */
```

算法 3-19 出队列。

```
int DeQueue(SeqQueue *Q,QelemType *x)
{                                              /*删除队列的队头元素,用 x 返回其值*/
 if(Q->front==Q->rear)                               /*队列为空*/
   return(FALSE);
 *x=Q->element[Q->front];                            /*将队头元素放入变量*x 中*/
 Q->front=(Q->front+1)%MAXSIZE;                      /*重新设置队头指针*/
 return(TRUE);                                       /*操作成功*/
}                                                    /*DeQueue */
```

算法 3-20 获取队头元素。

```
int GetHead (SeqQueue *Q,QelemType *x)
{                                              /*获取队列的队头元素,用 x 返回其值*/
     if(Q->front==Q->rear)                           /*队列为空*/
   return(FALSE);
     *x= Q->element[Q->front];                       /*队头元素放入*x 中*/
     return(TRUE);
}                                                    /*GetHead */
```

上述几个算法的时间复杂度均为 $O(1)$。

2. 队列的链式表示与实现

队列也可以用链表表示。用链表表示的队列称为篷接队列(linked queue)。链接队列的结构如图 3-9 所示。链表的第一个结点是链接队列的队首结点,链表的最后一个结点是队尾结点,队尾结点的链接指针为 NULL,队列的头指针 head 指向队首结点,队列的尾指针 tail 指向队尾结点。当把队列的头指针 head 指向 NULL 时,队列就变成空的；也就是说,可以用 head=NULL 表示空的链接队列。虽然有队空问题,但链接队列在进队时无队满问题。

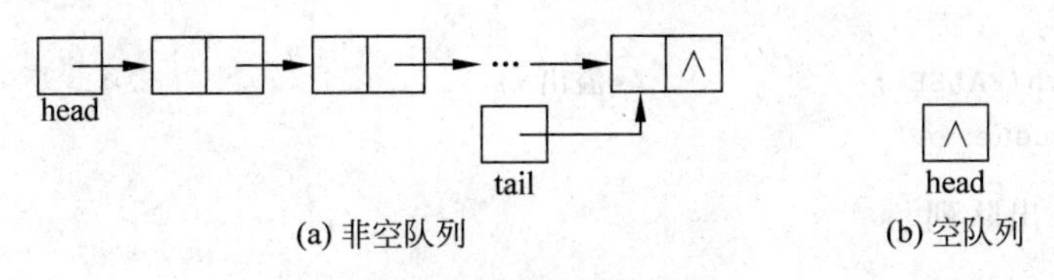

图 3-9 链接队列的结构

```
/*------ 队列的链式存储结构------*/
#define TRUE 1
#define FALSE 0
typedef struct Node                                  /*结点结构*/
{ QelemType data;                                    /*数据域*/
 struct Node *next;                                  /*指针域*/
}LinkQNode;
typedef struct
```

```
{ LinkQNode *front;                             /*队头指针*/
 LinkQNode *rear;                               /*队尾指针*/
}LinkQueue;
```

链队列基本操作的相关实现见算法3-21～算法3-25。

算法 3-21 初始化链队列。

```
void InitLinkQueue(LinkQueue *Q)
{                                               /*将Q初始化为一个空的链队列*/
    Q->front=(LinkQNode *)malloc(sizeof(LinkQNode));
    Q->rear=Q->front;                           /*头指针和尾指针都指向头结点*/
    Q->front->next=NULL;
}                                               /*InitLinkQueue*/
```

算法 3-22 判链队列是否为空。

```
int IsLQEmpty (LinkQueue *Q)
{                        /*判断队列是否为空。如队列为空,返回true,否则返回false*/
  if (Q->front==Q->rear) return TRUE;
    else return FALSE;
}                                               /*IsLQEmpty*/
```

算法 3-23 入队列。

```
int EnLinkQueue(LinkQueue *Q,QelemType x)
{                                               /*将数据元素x插入到队列Q中*/
LinkQNode *NewNode;
NewNode=(LinkQNode *)malloc(sizeof(LinkQNode));
if(NewNode!=NULL)
 { NewNode->data=x;
  NewNode->next=NULL;
   Q->rear->next=NewNode;        /*在队尾插入结点*/
     Q->rear=NewNode;            /*修改队尾指针*/
  return(TRUE);
 }
 else return(FALSE);             /*溢出*/
}/*EnLinkQueue*/
```

算法 3-24 出队列。

```
int DeLinkQueue(LinkQueue *Q,QelemType *x)
{                                /*删除队列的队头元素,用x返回其值*/
  LinkQNode *p;
  if(Q->front==Q->rear)
  return(FALSE);
  p=Q->front->next;              /*p指向队头元素*/
  Q->front->next=p->next;        /*队头元素p出队*/
  if(Q->rear==p)                 /*如果队中只有一个元素p,则p出队后成为空队*/
  Q->rear=Q->front;
```

```
    *x=p->data;
    free(p);                         /*释放存储空间*/
    return(TRUE);
}                                    /*DeLinkQueue*/
```

算法 3-25　获取队头元素。

```
int GetLQHead (LinkQueue *Q,QelemType *x)
{                                    /*获取队列的队头元素,用 x 返回其值*/
    LinkQNode *p;
    if(Q->front==Q->rear)
    return(FALSE);
    p=Q->front->next;                /*p指向队头元素*/
    *x=p->data;                      /*取得队头元素的值*/
    free(p);                         /*释放存储空间*/
    return(TRUE);
}                                    /*GetLQHead*/
```

以上算法都仅仅是在队头或队尾修改指针,因此时间复杂度都是 $O(1)$。

3.4　队列的应用举例

例 3-4　试利用循环队列编写求 k 阶斐波那契序列中前 $n+1$ 项($f_0,f_1,\cdots,f_n$)的算法。要求满足: $f_n \leqslant \max$ 而 $f_{n+1} > \max$,其中 max 为某个约定的常数。

注意: 本题所用循环队列的容量仅为 k,则在算法执行结束时,留在循环队列中的元素应是所求 k 阶斐波那契序列中的最后 k 项 $f_{n-k+1},\cdots,f_n$。

解题思路: k 阶斐波那契序列的定义为

$$f_j = 0\ (0 \leqslant j < k-1),\quad f_{k-1}=1,\quad f_j = f_{j-k} + f_{j-k+1} + \cdots + f_{j-1}\quad (j \geqslant k)$$

为求 f_j,需要用到在序列中它前面的 k 个数据 $f_{j-k},f_{j-k+1},\cdots,f_{j-1}$,使用大小为 k 的循环队列正好可以保存它的前 k 个数据。因为使用这个循环队列时只进队不出队,可直接定义队列存储数组 $Q[k]$和队尾指针 rear。此外,假定阈值 maxValue>1。

算法 3-26　k 阶斐波那契序列。

```
long Fib_SeqQueue(long Q[],int k,int rear,int n,long maxValue)
{ long sum;
int i;
for(i=0;i<k-1;i++) Q[i] =0;          /*给前 k 项赋初值*/
Q[k-1]=1;
rear=n=k-1;                          /*队尾指针指示队尾位置,n 为 fj 计数,sum 为 fj 的值*/
sum =1;
while (1)
{ for(i=1;i<k;i++) sum=sum+Q[(rear-i+k)%k];     /*求 fj 的值*/
  if (sum>maxValue) break;           /*若 sum 超过阀值,程序结束*/
    n++;
    rear=(rear+1)%k;                 /*队列中仅存入到 fn 项*/
```

```
    Q[rear]=sum;                    /*sum存入队列取代已无用的项*/
  }                                 /*while*/
  return Q[rear];                   /*所求fj的值*/
}                                   /*Fib_SeqQueue*/
```

例 3-5 银行排队服务模拟。

1）问题描述

假设银行只有一个窗口对外营业，顾客到银行办理业务，首先要取一个顺序号，然后排队等待叫号。被叫到号的顾客到柜台接受服务，服务完毕后离开。到了下班时间不再接收新来的顾客。编一算法模拟银行一天共有多少顾客接受了服务，并按逆序输出接受服务的顾客顺序号。

2）问题分析

顾客到银行办理业务，必须按照先来先得到服务的原则，因此可以把顾客信息用一个队列来存储。顾客到达后先取号，然后进入队列（插入队尾）等待；被叫到号的顾客接受服务，然后离开（队头元素出列）；银行下班后不再接收新来的顾客，即将队列中的元素依次出队列。到达银行的顾客的顺序号随机产生（范围是1～100）。设置命令：A表示顾客到达银行；D表示顾客离开银行；P表示下班不再接收新顾客。为了逆序输出已接受服务的顾客顺序号，可以设置一个栈，在顾客接受完服务后，将顾客的顺序号存入栈中，待下班后，依次取出栈中元素并输出，即为所求。

3）程序设计

本题采用带头结点的链队列和顺序栈作为存储结构。

输入设计：当输入命令A时，进行入队操作；当输入D时，进行出队操作；当输入P时，如果排队队列不空，则依次删除所有元素。在删除元素的过程中，把删除的元素同时入栈，并计数。

输出设计：输出进入银行排队的总人数和逆序输出排队的顾客顺序号。

基本操作：

```
void InitLinkQueue(LinkQueue *Q)              /*初始化链队列*/
void InitStack(SeqStack *S)                   /*初始化顺序栈*/
int IsLQEmpty (LinkQueue *Q)                  /*判断链队列是否为空*/
int IsEmpty(SeqStack *S)                      /*判断栈是否为空*/
int EnLinkQueue(LinkQueue *Q,int x)           /*在链队列的队尾插入一个元素x*/
int DeLinkQueue(LinkQueue *Q,int *x)          /*删除链队列的队头元素并存入x所指单元中*/
int Push(SeqStack *S,int x)                   /*在顺序栈的栈顶插入一个元素x*/
int Pop(SeqStack *S,int *x)                   /*在顺序栈的栈顶删除一个元素并存入x所指单元中*/
void Process(LinkQueue *Q,SeqStack *S)        /*对到达银行的顾客进行处理*/
main()                                        /*主函数*/
```

4）程序代码

```
#include<stdio.h>
#include<string.h>
#include<stdlib.h>
#include<math.h>
```

```
#define TRUE 1
#define FALSE 0
#define STACK_INIT_SIZE 100
#define STACKINCREMENT 10
typedef struct Node                     /*结点结构*/
{ int data;                             /*顾客顺序号*/
  struct Node *next;                    /*指针域*/
}LinkQNode;
typedef struct                          /*链队列结构*/
{ LinkQNode *front;                     /*队头指针*/
LinkQNode *rear;                        /*队尾指针*/
}LinkQueue;
typedef struct                          /*顺序栈结构*/
{ int *base;                            /*栈的起始地址,当栈为空时,base的值为0*/
  int *top;                             /*栈顶指针,始终指向栈顶元素的下一个位置*/
  int Stacksize;                        /*当前已分配的存储空间大小,以元素为单位*/
}SeqStack;
void InitLinkQueue(LinkQueue * Q)
{                                       /*将Q初始化为一个空的链队列*/
    Q->front=(LinkQNode *)malloc(sizeof(LinkQNode));
    Q->rear=Q->front;                   /*头指针和尾指针都指向头结点*/
    Q->front->next=NULL;
  }                                     /*InitLinkQueue */
void InitStack(SeqStack * S)
{                                       /*构造一个空栈S */
S->base=(int *)malloc(STACK_INIT_SIZE *sizeof(int));
if(!S->base) printf("空间已满\n");     /*存储分配失败*/
else
   {S->top=S->base;
   S->Stacksize=STACK_INIT_SIZE;
   }                                    /*else */
}                                       /*InitStack */
int EnLinkQueue(LinkQueue * Q,int x)
{                                       /*将数据元素x插入到队列Q中*/
LinkQNode *NewNode;
 NewNode=(LinkQNode *)malloc(sizeof(LinkQNode));
if(NewNode!=NULL)
{ NewNode->data=x;
  NewNode->next=NULL;
  Q->rear->next=NewNode;                /*在队尾插入结点*/
  Q->rear=NewNode;                      /*修改队尾指针*/
  printf("顺序号为%d的顾客进入\n",Q->rear->data);
return(TRUE);
}                                       /*if */
  else return(FALSE);                   /*溢出*/
```

```
}                                     /*EnLinkQueue*/
int DeLinkQueue(LinkQueue*Q,int *x)   /*删除队列的队头元素,用x返回其值*/
{ LinkQNode *p;
  if(Q->front==Q->rear)
  return FALSE;
  p=Q->front->next;                   /*p指向队头元素*/
  Q->front->next=p->next;             /*队头元素p出队*/
  if(Q->rear==p)                      /*如果队中只有一个元素p,则p出队后成为空队*/
  Q->rear=Q->front;
  *x=p->data;
  free(p);                            /*释放存储空间*/
  return TRUE;
}                                     /*DeLinkQueue*/
int Push(SeqStack*S,int x)            /*插入元素x为新的栈顶元素*/
{ if(S->top-S->base==S->Stacksize)    /*栈已满,追加空间*/
    { S->base=(int*)realloc(S->base,
           (S->Stacksize+STACKINCREMENT)*sizeof(int));
      if(S->base==NULL) return FALSE;              /*追加空间失败*/
      S->top=S->base+S->Stacksize;                 /*求新空间的栈顶指针*/
      S->Stacksize=S->Stacksize+STACKINCREMENT;    /*新空间的容量*/
     }                                             /*if*/
      *S->top=x;                                   /*在栈顶插入元素x*/
      S->top++;                                    /*修改栈顶指针*/
      return(TRUE);
}                                                  /*Push*/
int IsLQEmpty (LinkQueue*Q)
{                                                  /*判断队列是否为空。如果队列为空,
                                                     返回TRUE,否则返回FALSE*/
if (Q->front==Q->rear) return TRUE;
    else return FALSE;
}                                                  /*IsLQEmpty*/
int IsEmpty(SeqStack*S)               /*若栈S为空栈,返回TRUE,否则返回FALSE*/
{ if (S->top==S->base)
return TRUE;
else return FALSE;
}                                     /*IsEmpty*/
int Pop(SeqStack*S,int*x)             /*若栈不空,则删除S的栈顶元素,并用x返回其值,并返回
                                        TRUE,否则返回FALSE*/
{ if(S->top==S->base)                 /*栈为空*/
return FALSE;
else
{ S->top--;                           /*修改栈顶指针,使其指向栈顶元素*/
*x=*S->top;
return TRUE;
}                                     /*else*/
```

```
}                              /*pop*/
void Process(LinkQueue * Q,SeqStack *S)
{ char ch,ch1,A,D,P;
  int flag,sum=0;              /*进入银行的顾客总人数,flag 为算法结束标记*/
  int num;                     /*num 为顾客的顺序号*/
   printf("------银行排队系统模拟------ \n");
   printf(" A--表示顾客到达  D--表示顾客离开  P--表示停止顾客进入\n");
   printf("请输入: A or D or P\n");
   flag=1;
   while(flag)
    { scanf("%c",&ch);
      ch1=getchar();
      switch(ch)
      { case 'A': num=rand()%100+1;            /*产生范围是 1~100 的顺序号*/
                  EnLinkQueue(Q,num);          /*入队列*/
                  break;
        case 'D': if(IsLQEmpty(Q)) printf("无顾客排队\n");
                  else {
                  DeLinkQueue(Q,&num);
                  sum=sum+1;                   /*已接受服务的顾客人数*/
                  printf("顺序号为%d 的顾客离开\n",num);
                  Push(&S,num);                /*已接受服务的顾客入栈*/
                  }
                  break;
        case 'P': printf("停止顾客进入\n");
                  printf("还在排队的顾客有: ");
                  while(!IsLQEmpty(Q))
                   {DeLinkQueue(Q,&num);
                    sum=sum+1;                 /*得到服务的顾客人数*/
                 Push(&S,num);
                    }
                    flag=0;
                    break;
        default: printf("无效的命令\n");
                break;
      }                                        /*switch*/
    }                                          /*while*/
   printf("\n");
   printf("到达银行的顾客人数为: %d\n",sum);
   while(!IsEmpty(S))
   { Pop(S,&num);
     printf("第%d 位顾客,顺序号为: %d\n",sum,num);
     sum=sum-1;
   }                                           /*while*/
}                                              /*Process*/
```

```
main()
{ LinkQueue *Q;
  SeqStack *S;
  Q=(LinkQueue *)malloc(sizeof(LinkQueue));
  S=(SeqStack *)malloc(sizeof(SeqStack));
  InitLinkQueue(Q);
  InitStack(S);
  Process(Q,S);
  }                                          /*main*/
```

习　　题

1. 什么是栈？栈有什么特点？在什么情况下需要使用栈？

2. 栈可以采用什么存储结构？执行插入、删除操作时需要移动数据元素吗？为什么？插入、删除的效率如何？

3. 能否使用一个线性表作为栈，或将栈声明为继承线性表？为什么？

4. 什么是队列？队列有哪些特点？在什么情况下需要使用队列？

5. 能否使用一个线性表作为队列，或将队列声明为继承线性表？为什么？

第4章

串

计算机中处理的数据对象包括数值型数据和非数值型数据，而非数值型数据处理的对象基本都是字符串数据。字符串处理在文本编辑、信息检索等领域有着广泛应用。本章将讨论字符串的存储结构和相关操作。

4.1 串和抽象数据类型

4.1.1 串定义

串或字符串(string)是由数字、字母、下画线等组成的一个有限的字符序列，它本质上就是数据元素类型为字符的线性表。字符串一般表示为

$$S="a_1a_2\cdots a_n" \quad (n\geqslant 0)$$

其中，S 为串名，双引号表示字符串的起止定界符，双引号括起来的字符序列为串的值；$a_i(1\leqslant i\leqslant n)$表示串中的第 i 个字符，n 表示串中字符的个数，称为串的长度；当 $n=0$ 时，称为空串(null string)，即串中不含任何字符。

由一个或多个空格组成的串，如“ ”“   ”“   ”称为空格串，其长度为串中空格的个数。为了与空串加以区别，通常用符号“∅”表示空串。

串中任意连续的字符组成的子序列称为该串的子串，包含子串的串相应地称为主串；空串是任意串的子串；任意串是它自身的子串。通常称字符在序列中的序号为该字符在串中的位置。子串在串中的位置以子串第一个字符在主串中的位置表示。例如，设 A=“This is a student”，B=“is”，B 是 A 的子串，B 在 A 中出现两次，其中首次出现的主串位置为 3，因此称 B 在 A 中的位置为 3。

当且仅当两个串的值相等时，称这两个串是相等的。即两个串长度相等且对应位置上的每个字符相同时，才可认为这两个串是相等的。

4.1.2 抽象数据类型定义

串本质上是数据元素类型为字符的线性表。但在操作上，线性表以“单个元素”作为操作对象，而串以“串的整体”作为操作对象。这些特点在串的多种操作中将得到体现。

串的抽象数据类型定义如下。

```
ADT String
```

{

数据对象：$D=\{ a_i | a_i \in CharacterSet, i=1,2,\cdots,n, n\geqslant 0 \}$

数据关系：$R_1=\{ \langle a_{i-1}, a_i \rangle | a_{i-1}, a_i \in D, i=2,\cdots,n \}$

基本操作：

StrAssign(&T,chars)

初始条件：chars 是串常量。

操作结果：赋于串 T 的值为 chars。

StrCopy(&T,S)

初始条件：串 S 存在。

操作结果：由串 S 复制得串 T。

DestroyString(&S)

初始条件：串 S 存在。

操作结果：串 S 被销毁。

StrEmpty(S)

初始条件：串 S 存在。

操作结果：若 S 为空串，则返回 TRUE，负责返回 FALSE。

StrCompare(S,T)

初始条件：串 S 和串 T 存在。

操作结果：若 S>T，则返回值>0；若 S=T，则返回值=0；若 S<T，则返回值<0。

StrLength(S)

初始条件：串 S 存在。

操作结果：返回串 S 序列中的字符个数，即串的长度。

ClearString(&S)

初始条件：串 S 存在。

操作结果：将串 S 清空为空串。

Concat(&T,S1,S2)

初始条件：串 S1 和串 S2 存在。

操作结果：用 T 返回由串 S1 和串 S2 连接而成的新串。

SubString(&Sub,S,pos,len)

初始条件：串 S 存在，1≤pos≤StrLength(S)且 0≤len≤StrLength(S)-pos+1。

操作结果：由 Sub 返回从串 S 的第 pos 个字符开始，长度为 len 的子串。

Replace(&S,T,V)

初始条件：串 S，串 T 和串 V 存在，串 T 是非空串。

操作结果：用串 V 替代主串 S 中出现的所有与串 T 相等的不重叠的子串。

Index(S,T,pos)

初始条件：串 S 和串 T 存在，串 T 是非空串 1≤pos≤StrLength(S)。

操作结果：若主串 S 中存在与串 T 值相同的子串，则返回它在主串 S 中第 pos 个字符之后第一次出现的位置；否则函数值为 0。

StrInsert(&S,pos,T)

初始条件：串 S 和串 T 存在，1≤pos≤StrLength(S)+1。

操作结果：在串 S 中的第 pos 个字符之前插入串 T。

StrDelete (&S,pos,len)

初始条件：串 S 存在，1≤pos≤StrLength(S)-len+1。

操作结果：从串 S 中删除第 pos 个字符起长度为 len 的子串。

}ADT String

4.2　串的存储结构

因为串是一种特殊的线性表，所以存储串的方法也就是存储线性表的一般方法。只不过由于组成串的结点是单个字符，所以存储时有一些特殊的技巧，下面分别进行介绍。

4.2.1　顺序存储

用顺序存储方式表示的串称为顺序串。与顺序表类似，就是把串中的字符顺序地存储在一片地址连续的存储区域中。采用的方式主要有以下两种。

1. 静态存储分配

由于大多数计算机的存储器地址采用的是字编址，一个字含有多个字节，而一个字符只占1个字节，为了节省空间，顺序存储方式存储串时允许采用紧缩格式，即一个字节存放一个字符，这样一个字中可以存放多个字符；非紧缩格式则是不管字的长短，一个字中只放一个字符。显然紧缩格式节省了存储空间，但对于单个字符的运算不太方便，非紧缩格式的特点则相反。

大多数系统在存储串时，在串的尾部添加一个特殊符号作为串的结束标记，在C/C++语言中串的结束标记采用字符'\0'。图4-1给出了这两种存储格式的示例。

用字符数组存放字符串时，C语言只有紧缩格式。

C语言的静态字符串定义如下。

```
#define MaxSize 256
typedef struct {
char ch[MaxSize];
int length;
}strType;                              //串类型
```

在某些高级语言中也有非紧缩格式。

D	A	T	A
	S	T	R
U	C	T	U
R	E	\0	

(a) 紧凑格式

D			
A			
T			
A			
S			
T			
R			
U			
C			
T			
U			
R			
E			
\0			

(b) 非紧凑格式

图4-1　串的静态顺序存储

2. 动态存储分配

串的静态存储结构有它自身的缺点：串值空间的大小MaxSize是静态的，即在编译时就已确定。该值如果估计过大，就会浪费较多的存储空间，而且这种定长的串值空间也会使串的某些操作(如连接、置换等)受到很大的限制。因此，可以考虑采用动态分配存储空间的方式，如使用C语言的malloc和free等动态存储管理函数，根据实际需要动态地分配和释放字符数组的空间。

较简单的类型定义如下。

```
typedef char *string;              //c语言中的串库(string.h)相当于使用此类型定义串
```

如果把串长也考虑在内，可以定义成如下形式：

```
typedef struct {
    char *ch;
```

```
    int length;
}StrType;
```

4.2.2 链接存储

用链接存储方式表示的串称为链串。可以采用单链表的形式存储串值，链串与单链表的差异在于结点的数据域为单个字符。具体可描述如下。

```
typedef struct node {
    char data;
    struct node *next;
}LinkStrNode;                    //结点类型
LinkStrNode *s;                  //链串的头指针
```

例如

```
S="abcdefgh"
```

单链表如图 4-2(a)所示的形式，也可以组织成单循环链表的形式，如图 4-2(b)所示。它们便于进行插入和删除运算，但存储空间的利用率很低。例如，如果每个指针占用 4 个字节，则此链串的存储密度只有 20%。为了提高存储密度，可以让每个结点存放多个字符，如果让每个结点存放 4 个字符，则存储密度可达到 50%。如果串长不是 4 的整数倍时，要用特殊字符来填充，以表明串的边界。这种方式虽然提高了空间的使用率，但是进行插入和删除运算时，可能会引起大量字符的移动，给运算带来不便。例如，在图 4-2(c)中，在 S 的第 3 个字符后插入"IN"时，要移动原来 S 中后面 5 个字符的位置，如图 4-2(d)所示。因此，只有对很少进行插入和删除操作的串，才采用这种链接结构。

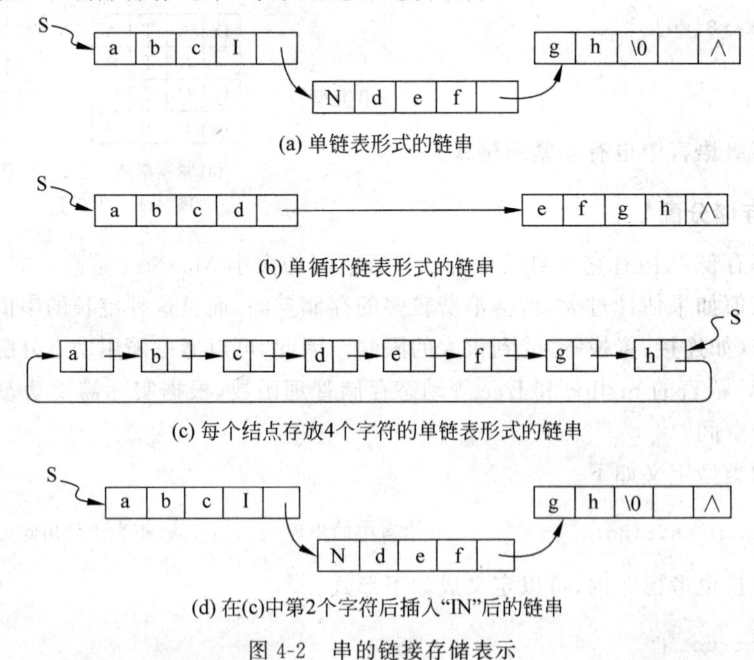

图 4-2 串的链接存储表示

4.2.3　串的操作

由于串是特殊的线性表，在顺序串和链串上实现的运算分别与在顺序表和单链表中进行的操作类似，而且 C 语言的库函数<string.h>中提供了丰富的串函数来实现各种基本运算，因此本节对串运算的实现不作详细讨论，只是给出语言级的实现，即通过 C 语言提供的功能来实现其基本操作。在表 4-1 中，左边给出了串的各种基本运算，右边则是用 C 语言来完成对应功能的实现。

为了讨论的方便，假设：

S_1= "$a_0 a_1 \cdots a_{n-1}$"
S_2= "$b_0 b_1 \cdots b_{m-1}$"
S_3= ""
A= "This is a string"
B= "array"
C= "List"
D= ""

表 4-1　串的运算和实现

串的基本运算	用 C 语言实现

(1) 赋值(assign)。
S←t
S 为串名，t 为串名或串值。
例如：D←C 或←"list"，有：
D="list"
	Char * strcpy(char * S,char * t);
	//将串 t 复制到串 S 中，并返回指向串 s 的指针
	Char * strncpy(char * S,char * t,int n);
	//将串 t 最多前 n 个字符复制到串 S 中
	例如：
	strcpy(D,C); //D=="list"

(2) 求串长(length)。
length(S)
length(S)表示求串 S 的长度，函数值为整数。
例如：lenth(S_1)=n
lenth(S_3)=0
	int strlen(char * S); //求串 S 的长度
	例如：
	cout<<strlen(B); //输出 5
	cout<<strlen(D); //输出 0

(3) 连接(concatenation)。
S//t
连接两个串 S 和 t，结果得到一个新串。
例如：S_1//S_2
$=a_0 a_1 \cdots a_{n-1} 1 b_0 b_1 \cdots b_{m-1} \cdots b_{n-1}$
	Char * strcat(char * S, char * t);//将串 t 复制到串 S 的末尾，并返回指向串 S 的指针
	Char * strncat(char * S, char * t, int n);
	//将串 t 最多前 n 个字符复制到串 s 的末尾
	例如：
	strcat(B, uandu);strcat(B, C);
	//B: ==array uand ulist

(4) 判断相等(compare equal)。
Equal(S,t)
S、t 为串名或串值，若两串值相等，则函数值为真，否则函数值为假
	int Strcmp(char * S,char * t);
	//将串 t 与串 S 进行比较，返回值小于 0、等于 0 或
	//大于 0 分别表示 S<t、S=t 和 S>t

续表

串的基本运算	用C语言实现

例如：Equal(B,"array")=true
Eaual(A,B)=false
	int strncmp(char * S, char * t,intn);
	//将串S最多前n个字符与串t进行比较
	例如：
	szrcmp("abc""xyz");　　//函数值<0
	strcmp("7 8 9""7 8 9"); //函数值=0
	strcmp(B,"arra");　　　//函数值>0

(5) 定位(index)。
Index(S,t)
S、t为串名或串值，返回t在主串S中首次出现的位置(地址)，若未出现则返回NULL。
例如：P←index(A,"is")
P指在h后的字符"i"
	char * strstr(char * S, char * t);
	//找串t在串S中第一次出现的位置(地址)，并返回
	//该地址指针，否则返回NULL
	例如：
	P=strstr(A,"is");
	//P指在h后的字符"i"

(6) 取子串(subString)。 Substr(s,i,J) 从串s中第i个字符开始抽取j个字符，构成新串。 其中：o≤i≤i+j−1≤length(s)−1。 例如：P←Substr("abcdef",2,3) P="cde"	在C语言中没有直接对应此功能的串函数，但可编写如下的函数完成此功能。 char * Substr(char * S,int i,int J) { char * sub; 　Assert(0<=i&&i<strlen(S)&&j>=0) 　Strncpy(sub,&S[i],J); 　return sub; }

以上操作是最基本的操作。其中，赋值、求串长、比较、连接和求子串5种操作构成了串的最小操作子集。下述3种操作也很常用，但都可以利用上述的基本操作的组合来完成。下面的讲述中，不再给出对应的C语言的表示，建议读者自行完成。

(1) 插入(insert)。

```
Insert(S,i,t )
```

其中，S、t为串名和串值，若0≤i≤Length(s)，则在串S的第i个字符之前插入串t。运算结果相当于

```
s←ubstr (s,0,i-1)||t||Substr(S,i,Length(s)-i)
```

例如：Insert(C,0,linear)后，有C="linear list"。

(2) 删除(delete)。

```
Delete(s,i,j)
```

其中，s为串名和串值，若0≤i≤Length(s)−1且0≤j,Length(s)−i，则从串s中删去从第i个字符开始的连续j个字符。运算结果相当于

```
S←Substr(s,0,i-1)||Substr(s,i+j,Length(s)- (i+j))
```

例如：设s="linear list"，执行Delete(S,1,5)后，有S="L list"。

（3）置换(replace)。

```
Replace(S,t,u)
```

其中，S、t、u 为串名和串值，此操作完成的工作是：若 t 是 s 的子串，则将串 s 中的所有子串 t 均用串 u 来替换。

例如：设 s="aabcbabbcd"，t="bc"，u=""，执行 Replace(s,t,u)后，有 s="aaubab d"。

以上介绍了串的基本操作(运算)，高级程序设计语言中，一般也都是通过操作符和库函数的方式来实现这些操作，当然它所提供的操作还有很多，不同的语言提供的种类和符号表示形式也不尽相同，实际使用时可参考相关的书籍和手册。

4.3 串的模式匹配算法

在进行文本编辑时，经常使用查找和替换操作，在文档的指定范围内查找一个单词的位置用另一个单词替换。替换操作的前提是查找操作，如果查找到指定单词，则确定了操作位置，可以将指定单词用另一个单词替换掉，否则不能进行替换操作。每进行一次替换操作，都要执行一次查找操作。那么，如何快速查找指定单词在文档中的位置，就是串的模式匹配算法需要解决的问题了。

设有两个串：目标串 target 和模式串 pattern，在目标串 target 中查找与模式串 pattern 相等的一个子串并确定该子串位置的操作称为串的模式匹配(pattern matching)。两个子串相等指，长度相同且各对应字符相同。匹配有两种结果：如果 target 中存在与 pattern 相等的子串，则匹配成功，得到该子串在 target 中的位置；否则匹配失败，给出失败信息。

4.3.1 Brute-Force 算法

1. Brute-Force 算法描述与实现

已知目标串 target="$t_0t_1\cdots t_{n-1}$"，模式串 pattern="$p_0p_1\cdots p_{m-1}$"，$0<m\leqslant n$，Brute-Force 算法将目标串中每个长度为 m 的子串"$t_0\cdots t_{m-1}$"和"$t_{n-m}\cdots t_{n-1}$"依次与模式串进行匹配操作，匹配过程如图 4-3 所示。设 target="aababcd"，pattern="abcd"，匹配 4 次，匹配成功返回子串序号 3，字符比较 10 次。

Brute-Force 算法的子串匹配过程是将目标串中字符 $t_i(0\leqslant i<n)$与模式串中字符 $p_j(0\leqslant j<m)$进行比较。

（1）若 $t_i=p_j$，继续比较 t_{i+1} 与 p_{j+1}，直到 $j=m-1$，则"$t_{i-m+1}\cdots t_i$"与"$p_0\cdots p_{m-1}$"匹配成功，返回模式串中匹配子串字号 $i-m+1$。

（2）若 $t_i\neq p_j$，表示"$t_{i-j}\cdots t_i\cdots t_{i-j+m-1}$"与"$p_0\cdots p_j\cdots p_{m-1}$"匹配失败；目标串下一个匹配子串是"$t_{i-j+1}\cdots t_{i-j+m}$"，继续比较 t_{i-j+1} 与 p_0。此时，目标串回溯，从 t_i 退回到 t_{i-j+1}。

采用 Brute-Force 模式匹配算法，在当前(目标串 target)中查找与模式串 pattern 匹配的子串。

返回当前串(目标串)中首个与模式串 pattern 匹配的子串序号，匹配失败时返回-1。

下面采用顺序静态存储结构，给出具体的串匹配算法。

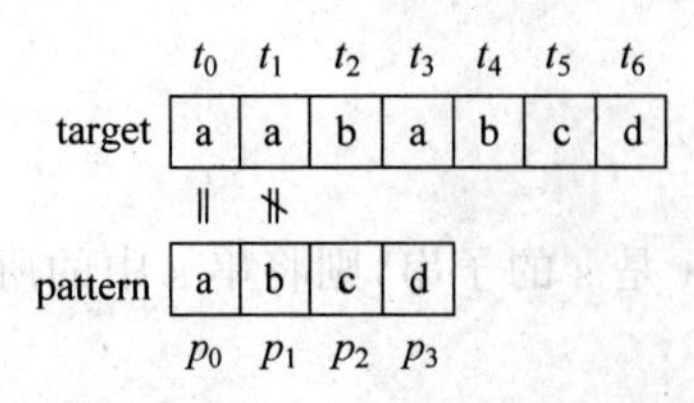

(a) 匹配“$t_0t_1t_3$”,t_0=p_0，失败，字符比较1次

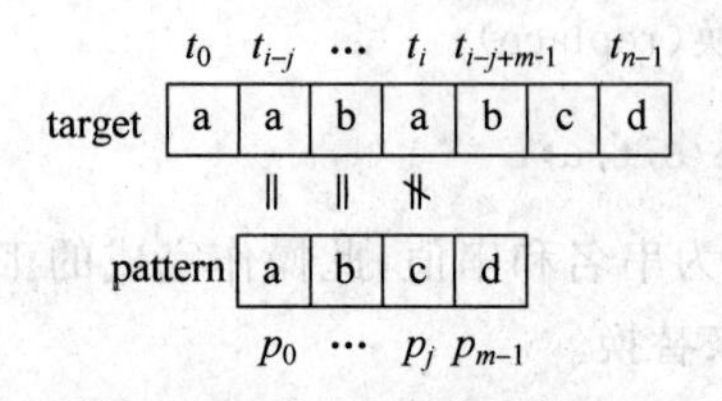

(b) 匹配“$t_1t_2t_3$”，若t_i=p_j，则匹配“$t_{i-j}\cdots t_i\cdots t_{i-j+m-1}$”失败；下次匹配“$t_{i-j+1}\cdots t_{i-j+m-1}$”

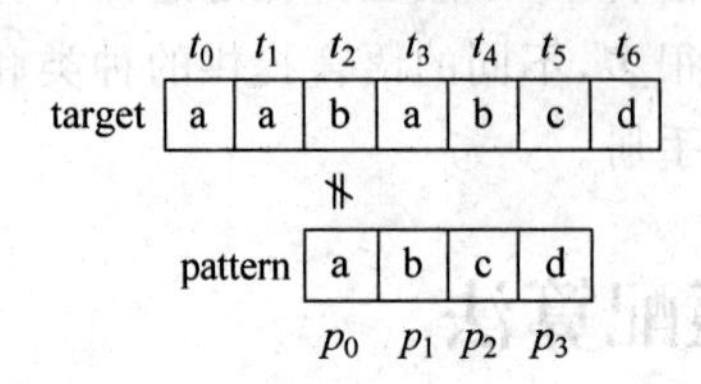

(c) 匹配“$t_2t_3t_4t_5$”,t_2=p_0，失败，字符比较1次

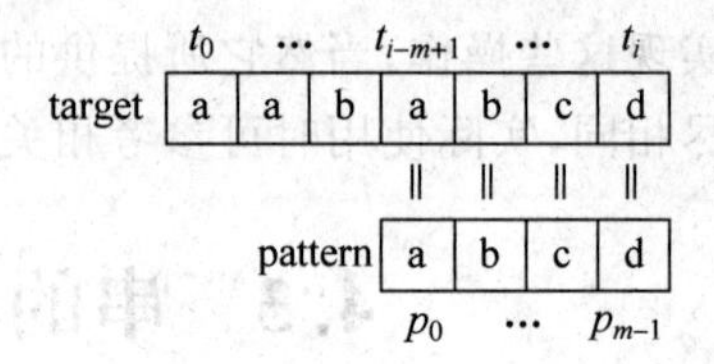

(d) 匹配“$t_{i-m+1}\cdots t_i$”成功，返回序号$i-m+1$，字符比较m次

图 4-3 Brute-Fotc 模式匹配算法描述

算法 4-1 简单的模式匹配。

```
int index(strType t,strType p)
 {
 int i,j;
 int n=t.length;                  /*target 串的长度*/
 int m=p.length;                  /*pattern 串的长度*/
 i=0;j=0;
 while(i<n && j<m)
   { if(t.ch[i]==p.ch[j])         /*相应位置的字符进行比较*/
        {i++;j++;}
     else
        {i=i-j+2;j=1;}
   }                              /*while*/
 if(j>m)
     return i-m;
 else
     return-1;
 }                                /*index*/
```

2. Brute-Force 算法分析

Brute-Force 算法简单,易于理解,但时间效率不高,算法分析如图 4-4 所示。

模式匹配操作花费的时间主要用于比较字符。

(1) 最好情况,第一次匹配即成功,目标串的“$t_0t_1\cdots t_{m-1}$”子串与模式串匹配,比较次数为模式串长度 m,时间复杂度为 $O(m)$。

(2) 最坏情况,每次匹配比较至模式串的最后一个字符,并且比较了目标串中所有长度为 m 的子串,字符比较总数为 $m\times(n-m+1)+m-1$,因 $m\ll n$,时间复杂度为 $O(n\times m)$。例如,target=“aaaaa”、pattern=“aad”,匹配了 4 次,字符比较 11 次。

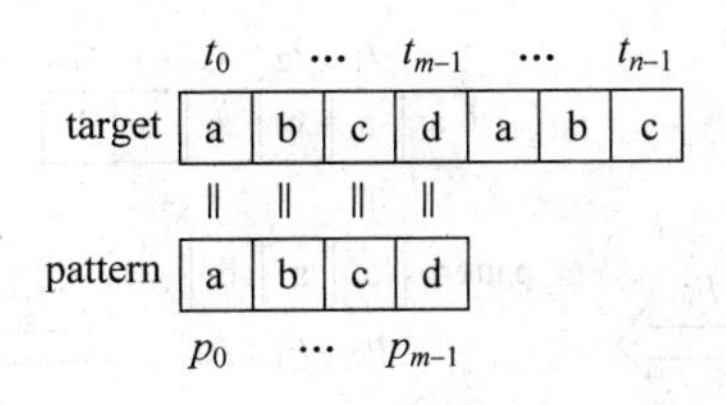

(a) 最好情况，“$t_0t_1\cdots t_{m-1}$”=“$p_0p_1\cdots p_{m-1}$”比较次数为模式串长度m，时间复杂度为$O(m)$

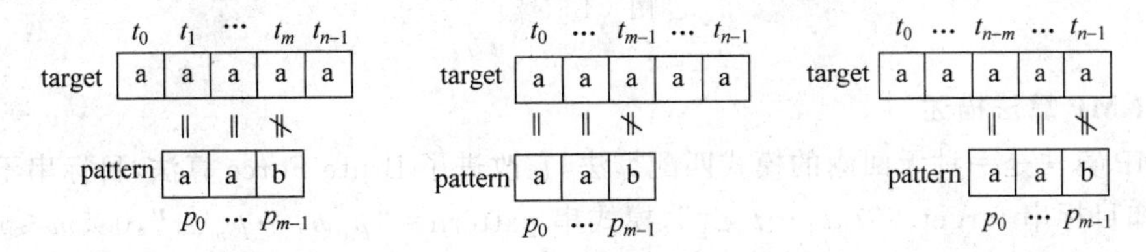

(b) 最坏情况，每次匹配比较m次，匹配$n-m+1$次，时间复杂度为$O(n\times m)$

图 4-4　Brute-Force 算法分析

Brute-Force 算法是一种带回溯的模式匹配算法，它将目标串中所有长度为 m 的子串依次与模式串匹配，这样虽然没有丢失任何匹配可能，但是每次匹配没有利用前一次匹配的比较结果，使算法中存在较多的重复比较，降低了算法效率。

串的模式匹配算法是删除子串和替换子串等操作的基础。要对目标串 target 中与模式串 pattem 匹配的子串进行删除或替换操作，由于不知道 target 是否包含与 pattem 匹配的子串以及子串的位置，所以必须先执行串的模式匹配算法，在 target 串中查找到与 pattem 匹配的子串序号，确定删除或替换操作的起始位置。如果匹配失败，则不进行替换或删除操作。

4.3.2　KMP 算法

1. 目标串不回溯

Brute-Force 算法的目标串存在回溯，两个串逐个比较字符，若 $t_i\neq p_j$ $(0\leqslant i<n, 0\leqslant j<m)$，则下次匹配目标串从 t_i 退回到 t_{i-j+1} 开始与模式串 p_0 比较。实际上，目标串的回溯是不必要的，t_{i-j+1} 与 p_0 的比较结果可由前一次匹配结果得到。如图 4-5 所示，设“$t_0t_1t_2$”与“$p_0p_1p_2$”匹配一次，有 $t_0=p_0, t_1=p_1, t_2\neq p_2$。若 $p_1\neq p_0$，下次匹配从 t_2 与 p_0 开始比较；若 $p_1=p_0$，则 $t_1=p_0$，下次匹配从 t_2 与 p_1 开始比较。

总之，当 $t_2\neq p_2$ 时，无论 p_1 与 p_0 是否相同，目标串下次匹配都是从 t_2 开始比较，不回溯；而模式串要根据 p_1 与 p_0 是否相同，确定从 p_0 或 p_1 开始比较。

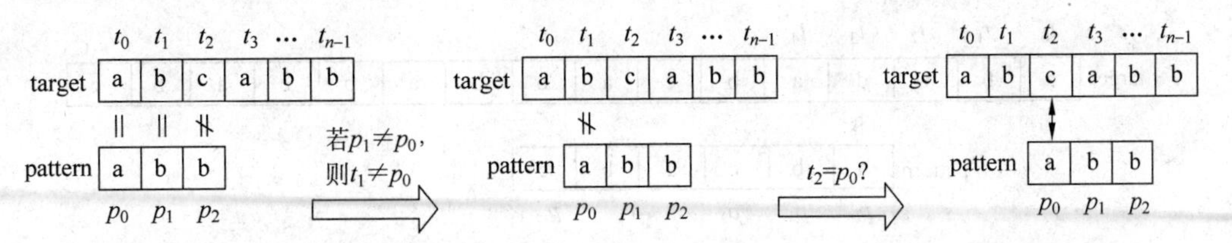

(a)“$t_0t_1t_2$”与“$p_0p_1p_2$”匹配，t_2=p_0，t_1=p_1，$t_2\neq p_2$，若$p_1\neq p_0$，则$t_1\neq p_0$，下次匹配t_2与p_0开始比较

图 4-5　目标串不回溯

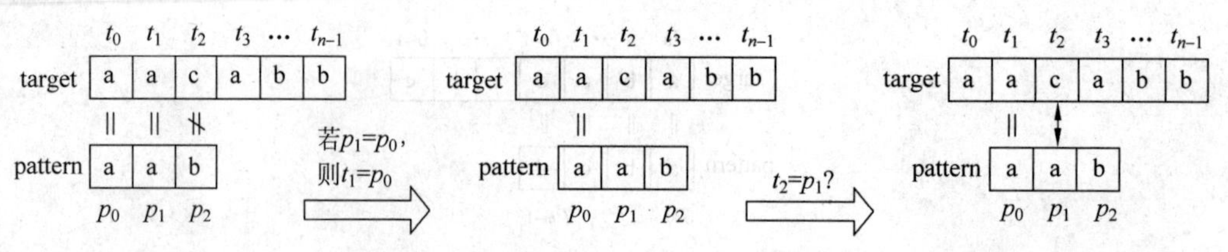

(b) “$t_0t_1t_2$”与“$p_0p_1p_2$”匹配，$t_0=p_0$，$t_1=p_1$，$t_2 \neq p_2$，若$p_1=p_0$，则$t_1=p_0$，下次匹配t_2与p_1开始比较

图 4-5(续)

2. KMP 算法描述

KMP 算法是一种无回溯的模式匹配算法，它改进了 Brute-Force 算法，目标串不回溯。

已知目标串 target＝“$t_0t_1\cdots t_{n-1}$”，模式串 pattern＝“$p_0p_1\cdots p_{m-1}$”，$0<m\leqslant n$，KMP 算法每次匹配依次比较 t_i 与 p_j（$0\leqslant i<n$，$0\leqslant j<m$）。

(1) 若 $t_i=p_j$，继续比较 t_{i+1} 与 p_{j+1}，直到“$t_{i-m+1}\cdots t_i$”＝“$p_0\cdots p_{m+1}$”，则匹配成功，返回模式串在目标串中匹配子串序号 $i-m+1$。

(2) 若 $t_i\neq p_j$，表示“t_{i-j}”与“$p_0\cdots p_j$”匹配失败，目标串不回溯，下次匹配 t_i 与模式串的 p_k（$0\leqslant k<j$）比较。对于每个 p_j，k 取值不同。因此，如何求得这个 k，就成为 KMP 算法的核心问题。

例 4-1 target＝“abaccd”，pattern＝“abab”，画出第 1 次匹配的推导过程，设第 2 次匹配目标串的第 i 个与模式串的第 j 个字符比较。问 i、j 各为多少？

设 target＝“abcdabcabbabcabc”，pattern＝“abcabc”，KMP 模式匹配算法描述如图 4-6 所示。

(1) 有 $t_0=p_0$，$t_1=p_1$，$t_2=p_2$，$t_3\neq p_3$，因 $p_1\neq p_0$，则 $t_1\neq p_0$；因 $p_2\neq p_0$，则 $t_2\neq p_0$；下次匹配 t_3 与 p_0 开始比较，目标串不回溯。

(2) 若 $t_1\neq p_0$，则下次匹配 t_{i+1} 与 p_0 比较。

(3) 若 $t_i\neq p_j$，有“$t_{i-j}\cdots t_{i-1}$”＝“$p_0\cdots p_{j-1}$”；如果“$p_0\cdots p_{k-1}$”和后缀子串“$p_{j-k}\cdots p_{j-1}$”，则下次匹配模式串从 p_k 开始继续与 t_i 比较。

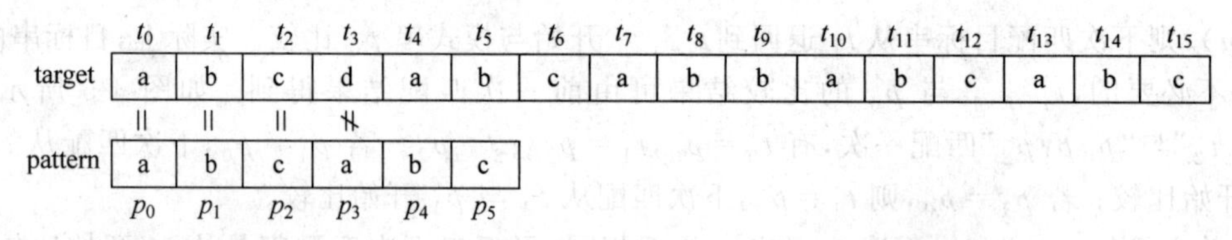

(a) 第1次匹配，$t_0=p_0$，$t_1=p_1$，$t_2=p_2$，$t_3\neq p_3$，因$p_1\neq p_0$，则$t_1\neq p_0$；因$p_2\neq p_0$，则$t_2\neq p_0$；
下次匹配t_3与p_0开始比较，目标串不回溯

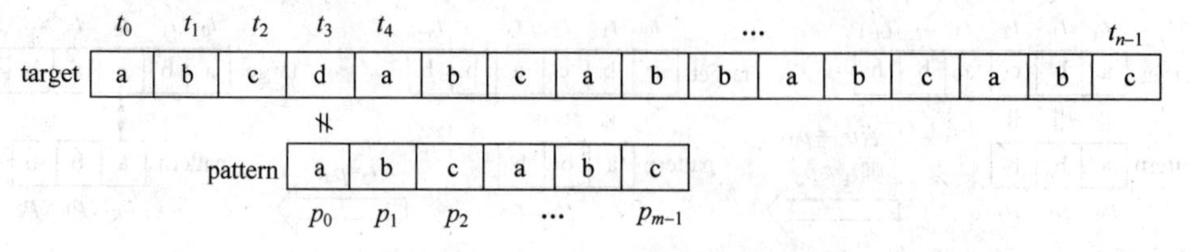

(b) 第2次匹配，$t_3\neq p_0$，下次匹配t_4与p_0开始比较

图 4-6 KMP 模式匹配算法描述

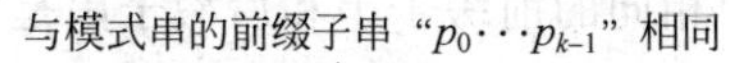

与模式串的前缀子串“$p_0\cdots p_{k-1}$”相同

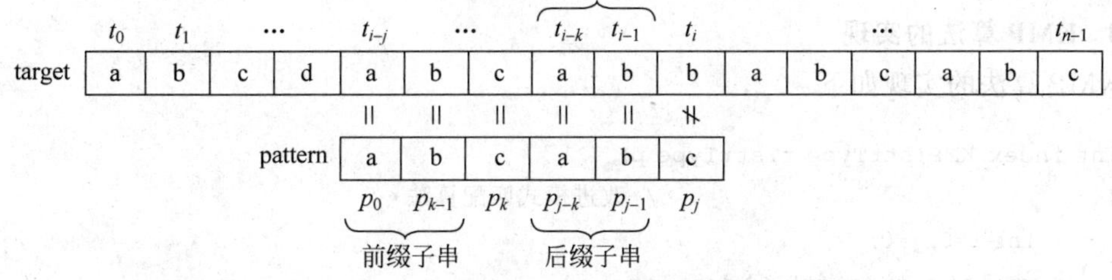

(c) 第3次匹配，当$t_i \neq p_j$时，因“$p_0\cdots p_{k-1}$”=“$p_{j-k}\cdots p_{j-1}$”=“$t_{i-k}\cdots t_{i-1}$”=“ab”，即“$p_0\cdots p_{j-1}$”中存在相同的前缀子串和后缀子串(长度k=2)，则模式串下次匹配从p_k开始比较

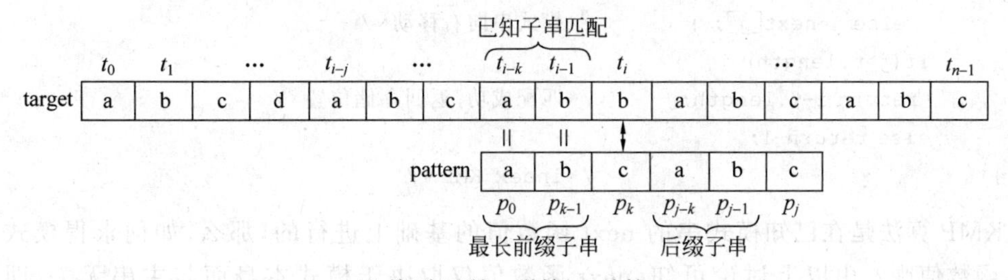

(d) 第4次匹配，t_i继续与p_k比较

图 4-6(续)

至此，问题转化为对模式串中每一个字符 p_j 找出“$p_0\cdots p_{j-1}$”串中相同的最长前缀子串和后缀子串的长度 k，k 取值只与模式串有关，与目标串无关。

3. next 数组定义

由于模式串中每个字符 p_j 的 k 不同，将每个 p_j 对应 k 值保存在一个 next 数组中，根据上述分析，next 数组定义如下：

$$\text{next}[j]=\begin{cases}-1 & j=0\text{ 时}\\ k & 0\leqslant k<j\text{ 时且使“}p_0\cdots p_{k-1}\text{”}=\text{“}p_{j-k}\cdots p_{j-1}\text{”}\end{cases}$$

若 $j=0$，当 $t_i\neq p_0$ 时，接着从 t_{i+1} 与 p_0 开始比较，取 $k=1$，如图 4-6(b)所示。

对模式串中某些字符 p_j，当“$p_0\cdots p_{j-1}$”串中有多个相同的前缀子串和后缀子串时，k 取较大值。例如，模式串“aaab”$j=3$，“aaa”中相同的前缀子串和后缀子串有“a”和“aa”，长度分别为 1 和 2，即当 $t_i\neq p_3$ 时，t_i 可与 p_1 或 p_2 继续比较，k 取较大值 2。

模式串“abcabc”的 next 数组如表 4-2 所示。

表 4-2 模式串“abcabc”的 next 数组

j	0	1	2	3	4	5
模式串	a	b	c	a	b	c
“$p_0p_1\cdots p_{j-1}$”中最长相同前后缀子串的长度 k	−1	0	0	0	1	2

当 $j=0$ 时，next[0]=−1；

当 $j=1,2,3$ 时，“a”“ab”“abca”都没有相同的前缀子串和后缀子串，有 next[j]=k=0；

当 $j=4$ 时，“abca”中相同的前缀子串和后缀子串是“a”，有 next[4]=k=1；

当 $j=5$ 时,“abcab”中相同的前缀子串和后缀子串是“ab”,有 next[5]$=k=2$。

4. KMP 算法的实现

KMP 算法的实现如下:

```
int index_KMP(strType t,strType p)
{                                         /*改进模式匹配算法*/
      int i=0,j=0;
      while( i<t.length && j<p.length )
      { if(j==0||t.ch[i]==p.ch[j])
            { i++; j++; }                 /*继续比较后续字符*/
        else j=next[j]; }                 /*模式串向右移动*/
      if(j>t.length)
       return i-t.length;                 /*匹配成功,返回存储位置*/
      else return-1;
}                                         /*index_KMP */
```

KMP 算法是在已知模式串的 next 函数值的基础上进行的,那么,如何求得模式串的 next 函数值呢?由以上讨论可知,next 函数值仅取决于模式本身而与主串无关,即把求 next 函数值的问题看成是一个模式匹配问题,整个模式串本身既是主串又是模式串。根据 next 函数的定义,仿照 KMP 算法,采用递推的方法可求得 next 函数值。

5. 计算 next 数组

对于任意一个字符串,如何比较其中有没有相同的前缀子串和后缀子串?如果有,长度是多少?如何找出最长的前缀子串和后缀子串?例如,“ab”“abc”“abca”串,通过比较首尾字符 p_0 与 p_{n-1} 是否相等,可知 $k=0$ 或 $k=1$;由“abcab”串和由“a”≠“b”得到 $k=0$,如何知道 p_0 应该与谁比?因此,逐个字符比较的算法行不通。

采用逐个比较前后缀子串的算法,设 $k=1,2,3,\cdots$,可比较串中长度为 k 的前缀子串和后缀子串是否相等,这种方法叫穷举法,也称蛮力法,它的效率较低。

KMP 算法充分利用前一次匹配的比较结果,由 next[j]逐个递推计算得到 next[$j+1$]。说明如下。

(1) 约定 next[0]$=-1$,-1 表示下次匹配从 t_{i+1} 与 p_0 开始比较;有 next[1]$=0$。

(2) 对模式串当前字符序号 $j\,(0\leqslant j\leqslant m)$,设 next[$j$]$=k$,表示在“$p_0\cdots p_{j-1}$”串中存在长度为 k 的相同的前缀子串和后缀子串,即“$p_0\cdots p_{k-1}$”=“$p_{j-k}\cdots p_{j-1}$”,$0\leqslant k<j$ 且 k 取最大值,对 next[$j+1$]而言,求“$p_0\cdots p_{j-1}p_j$”串中相同前后缀子串的长度 k,需要比较前缀子串“$p_{j-k}\cdots p_j$”是否匹配,这又是一个模式匹配问题。

(3) KMP 算法增加一次字符比较,即可确定。此时,已知“$p_0\cdots p_{k-1}$”=“$p_{j-k}\cdots p_{j-1}$”,因此只需要比较 p_k 与 p_j 是否相同,递推方法如下。

① 如果 $p_k=p_j$,即“$p_0\cdots p_{k-1}p_k$”=“$p_{j-k}\cdots p_{j-1}p_j$”,存在相同的前后缀子串,长度为 $k+1$,则下一个字符 p_{j+1} 的 next[$j+1$]$=k+1=$next[j]$+1$。

例如,在表 4-1 中,计算“abcabc”串的 next 数组,递推算法描述如下。

- next[0]$=-1$,next[1]$=0$,next[2]$=0$,next[3]$=0$;
- “abca”,因 $p_3=p_0=$‘a’,则 next[4]$=$next[3]$+1=1$;

• "abcab",因 $p_4=p_1=$'b',即"p_0p_1"="p_3p_4"="ab",则 next[5]=next[4]+1=2。

② 如果 $p_k\neq p_j$,在"$p_0\cdots p_j$"串中寻找较短的相同前后缀子串,较短前后缀子串长度为 next[k],则 $k=$next[k];再比较 p_j 与 p_k,继续执行算法,寻找相同的前后缀子串。

例如,计算模式串"abcabdabcabcaa"的 next 数组如表 4-3 所示。

表 4-3 模式串"abcabdabcabcaa"的 next 数组

j	0	1	2	3	4	5	6	7	8	9	10	11	12	13
模式串	a	b	c	a	b	d	a	b	c	a	b	c	a	a
"$p_0p_1\cdots p_{j-1}$"中最长相同的前后缀子串长度 k	−1	0	0	0	1	2	0	1	2	3	4	5	3	4

当 $j=11,k=-5$ 时,"$p_0\cdots p_{10}$"("abcabdabcab")串中有"$p_0\cdots p_4$"="$p_6\cdots p_{10}$"="abcab",因 $p_{11}\neq p_5$,需要寻找"$p_0\cdots p_{10}$"中是否有较短的相同前后缀子串;而 next[5]=2 表示"abcab"串中有"p_0p_1"="p_3p_4"="ab",导致"p_0p_1"="p_9p_{10}"="ab"表示"$p_0\cdots p_{10}$"中有较短的相同前后缀子串"ab",因此 $k=$next[5]=2,如图 4-7 所示。再比较 $p_{11}=p_2=$"c",表示"$p_0\cdots p_{10}p_{11}$"("abcabdabcabc")串中有"$p_0p_1p_2$"="$p_9p_{10}p_{11}$"="abc",则 next[12]=next[5]+1=3。

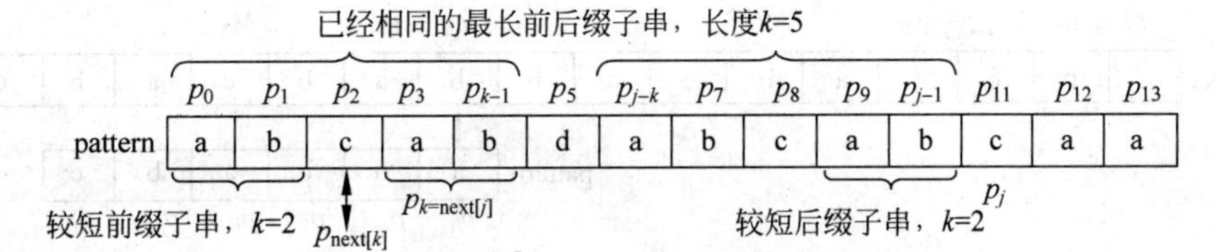

图 4-7 寻找较短的相同前后缀子串

计算 next 数组的 GetNext(p,next)方法实现如下:

```
void GetNext(strType p,int next[])
{                                    /*求模式串 p 的 next 函数值并存入数组 next[]*/
    int i = 0,j = 0;
  next[1]=0;
    while( i < p.length )
  { if( j==0 || p.ch[i]==p.ch[j] )
     {i++; j++;
         next[i]=j;
       }                             /*if*/
     else j=next[j];
    }                                /*while*/
}                                    /*GetNext*/
```

最后,需要说明的是,算法 index 的时间复杂度虽然是 $O(m\times n)$,但在一般情况下其实际执行时间近似于 $O(m+n)$,因此至今仍被采用。index_KMP 算法仅当模式串与主串之间存在许多部分匹配的情况下才显得比算法 index 快得多。index_KMP 算法的最大特点是主串的指示器变量 i 不需要回溯,整个匹配过程只需对主串从头到尾扫描一遍,特别适用于从外设读入庞大的文件,可以边读入边匹配,无须重读。

例如，表 4-2 中，当 $j=1,k=0$ 时，因 $p_1=p_0$，$k=\text{next}[0]=-1$，再次循环，$j++$，$k++$，有 next[1]=0；当 $j=11,k=5$ 时，因 $p_{11}\neq p_5$，$k=\text{next}[5]=2$，再次循环；因 $p_{11}=p_2$，则 $j++$，$k++$，有 next[12]=3。

6. 改进 next 数组

在图 4-6(c)中，当 $t_9\neq p_5$ 时，下次匹配 t_9 与 $p_{k=\text{next}[j]}=p_2$ 比较，见图 4-6(d)；因 $p_5=p_2$，所以 t_9 不必与 p_2 比较，t_9 再与 $p_{\text{next}[2]}=p_0$ 比较，如图 4-8 所示。

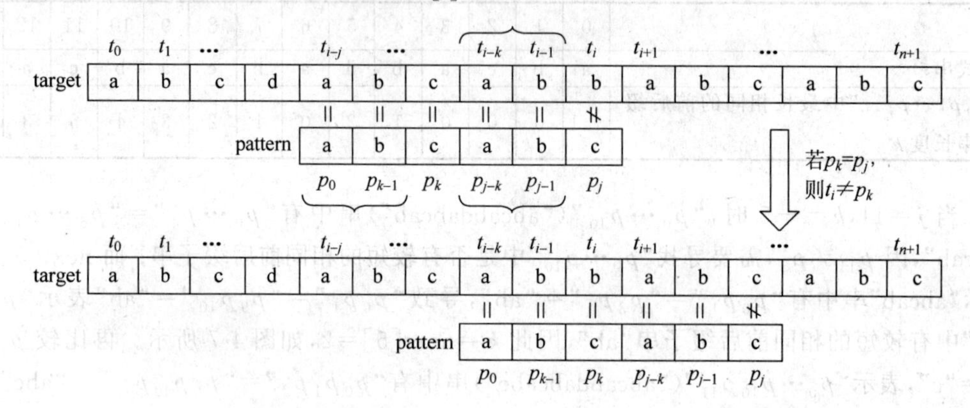

(a) 第3次匹配，当$t_i\neq p_j$时，next[j]=k，若$p_k\neq p_j$，则$t_i\neq p_{k=\text{next}[j]}$

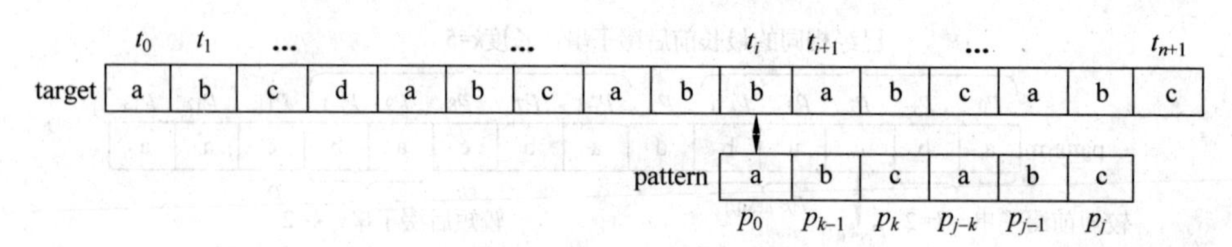

(b) 第4次匹配，t_i与$p_{\text{next}[k]}$比较

图 4-8 KMP 算法的 next 数组可改进

改进 next 数组，再减少一些不必要的比较。当 $t_i\neq p_j$ 时，next[j]=k；若 $p_k=p_j$，可知 $t_i\neq p_k$，则下次匹配模式串从 $p_{\text{next}[k]}$ 开始比较，next[j]=next[k]。显然 next[k]<next[j]，next[j]越小，模式串向右移动的距离越远，比较次数也越少。

模式串“abcabc”改进的 next 数组如表 4-4 所示，因 $p_3=p_0=$'a'，则 next[3]=next[0]=−1。如此求出的 next 数组，不仅 next[0]值为−1，其他元素值也可能为−1。模式串“abcabdabcabcaa”改进的 next 数组如表 4-5 所示。

表 4-4 模式串“abcabc”改进的 next 数组

j	0	1	2	3	4	5
模式串	a	b	c	a	b	c
“$p_0p_1\cdots p_{j-1}$”中最长相同的前后缀子串长度 k	−1	0	0	0	1	2
p_kp_j 比较		≠	≠	=	=	=
改进的 next[j]	−1	0	0	−1	0	0

表 4-5　模式串"abcabdabcabcaa"改进的 next 数组

j	0	1	2	3	4	5	6	7	8	9	10	11	12	13
模式串	a	b	c	a	b	d	a	b	c	a	b	c	a	a
"$p_0p_1\cdots p_{j-1}$"中最长相同的前后缀子串长度 k	−1	0	0	0	1	2	0	1	2	3	4	5	3	4
p_kp_j 比较		≠	≠	=	=	≠	=	=	=	=	=	≠	=	≠
改进的 next[j]	−1	0	0	−1	0	2	−1	0	0	−1	0	5	−1	4

计算改进 next 数组的 GetNext(pattem)方法实现如下：

```
void GetNext(strType p,int next[])          /*返回模式串 p 改进的 next 数组*/
{
    int j=0,k=-1;
    next[0]=-1;
    while(j<p.length)
      If(k==-1||p.ch[j]==p.ch[k])
       { j++
         k++
         if(p.ch[j]!=p.ch[k])   /*改进之处
              Next[j]=k;
         else next[j]=next[k];
       }
       else k=next[k];
}
```

7. KMP 算法分析

KMP 算法的最好情况同 Brute-Force 算法，比较次数为 m；最坏情况下，比较次数是 $n+m$，时间复杂度为 $O(n)$，如图 4-9 所示。设 target＝"aaaaa"，pattern＝"aab"，"aab"的 next 数组如表 4-6 所示。

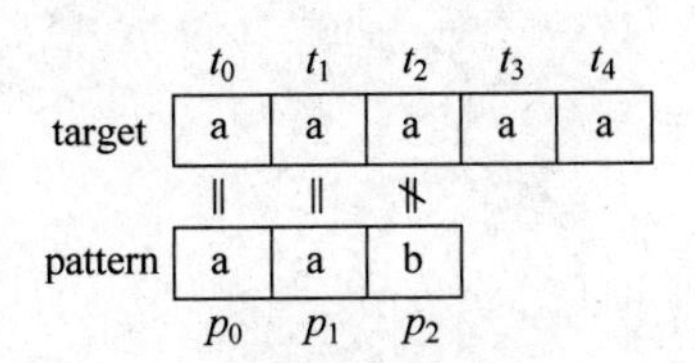

(a) $t_0=p_0$，$t_1=p_1$，$t_2\neq p_2$，比较3次，next[2]=1

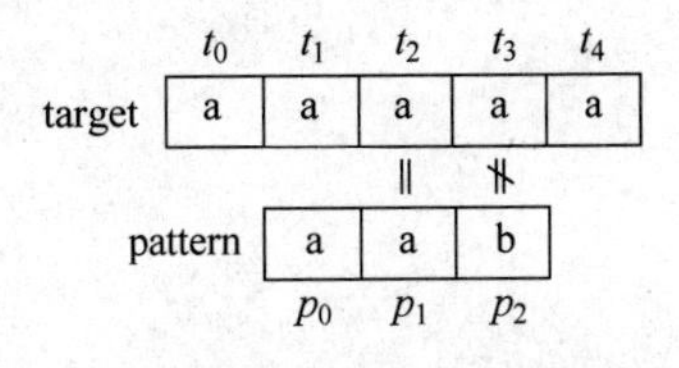

(b) $t_2=p_1$，$t_3\neq p_2$，比较2次，next[2]=1

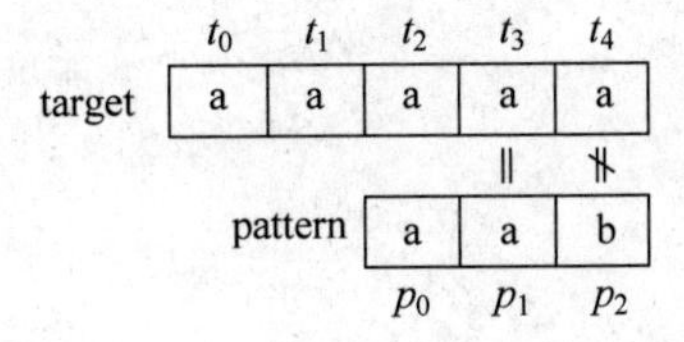

(c) $t_3=p_1$，$t_4\neq p_2$，比较2次，next[2]=1

图 4-9　最坏情况下的 KMP 算法分析

表 4-6 模式串"abb"的 next 数组

j	0	1	2
模式串	a	a	a
"$p_0p_1\cdots p_{j-1}$"中最长相同的前后缀子串长度 k	−1	0	1
p_kp_j 比较		=	≠
next[j]	−1	−1	1

习　题

1. 列举出 3 种初始化 string 对象的方法。

2. 编写一个算法,查找字符串中第一次和最后一次出现数字的位置。

3. 采用熟悉的存储结构,编写一个算法,求字符串 S 和 T 的一个最长公共子串。

4. 在一个字符串中找到第一个只出现过一次的字符。如字符串为"abaccdeff",则输出 b。

5. 输入一个表示证书的字符串,把该字符串转换成整数并输出。例如输入字符串"345",则输出整数 345。

第 5 章

数组和广义表

5.1 数　　组

5.1.1 数组定义

数组是我们十分熟悉的一种数据类型，几乎所有的程序设计语言都把数组作为固有的数据类型。从逻辑结构上看，数组可以看成是线性表的推广。

数组的抽象数据类型定义如下：

```
ADT Array {
数据对象：
    D={a_{j1,j2,…,ji,jn} | ji=0,…,b_{i-1}, i=1,2,..,n,n(>0)是数组的维数,bi 是数组第 i 维的长
度,ji 是数组元素 i 维下标,}
数据关系：
    R={R1,R2,…,Rn}
    Ri={<a_{j1,…ji,…jn}, a_{j1,…ji+1,…jn}> | 0≤jk≤b_{k-1},
        1≤k≤n  且 k≠i,  0≤ji≤b_{i-2},i=2,…,n }
基本操作：
InitArray(A,n,bound1,…,boundn)
操作结果：若维数 n 和各维长度合法，则构造相应的数组 A。
DestroyArray(A)
操作结果：销毁数组 A。
Value(A,e,index1,…,indexn)
操作结果：若下标不越界，则将数组 A 的指定元素值赋给 e。
Assign(A,e,index1,…,indexn)
操作结果：若下标不越界，则将 e 的值赋给数组 A 的指定元素。
} ADT Array
```

可以把二维数组看成一个定长线性表：它的每个数据元素也是一个定长线性表。例如，图 5-1 所示的二维数组，可以把它看成一个线性表：$A=(\alpha_0,\alpha_1,\cdots,\alpha_{n-1})$，其中 $\alpha_j(0\leqslant j\leqslant n-1)$本身也是一个线性表，称为列向量，即 $\alpha_j=(a_{0j},a_{1j},\cdots,a_{m-1,j})$。

$$A_{m\times n}=\begin{bmatrix}\alpha_{00} & \alpha_{01} & \cdots & \alpha_{0,n-1}\\ \alpha_{10} & \alpha_{11} & \cdots & \alpha_{1,n-1}\\ \cdots & \cdots & \cdots & \cdots\\ \alpha_{m-1,0} & \alpha_{m-1,1} & \cdots & \alpha_{m-1,n-1}\end{bmatrix}$$

图 5-1　$A_{m\times n}$ 的二维数组

同样,还可以将数组 A 看成另外一个线性表:$B=(\beta_0,\beta_1,\cdots,\beta_{m-1})$,其中 β_i ($0\leqslant i\leqslant\beta_{m-1}$)本身也是一个线性表,称为行向量,即 $\beta_i=(a_{i0},a_{i1},\cdots,a_{i,n-1})$。

以上以二维数组为例介绍了数组的结构特性,实际上数组是一组有固定数目的元素的集合。也就是说,数组一旦被定义,它的维数和维界就不再改变。因此,对于数组的操作一般只有两类:获得特定位置的元素值和修改特定位置的元素值。

5.1.2 数组的存储结构

从理论上讲,数组结构也可以使用两种存储结构,即顺序存储结构和链式存储结构。一般情况下,使用顺序存储结构更为适宜。

组成数组结构的元素可以是多维的,但存储数据元素的内存单元地址是一维的,因此,在存储数组结构之前,需要解决将多维关系映射到一维关系的问题。数组可以按行的形式进行存放,也可以按列的形式进行存放。如图 5-2 所示,数组 A 可以按行的顺序一行一行地存放在数组中,也可以按列的形式一列一列地存放在数组中。

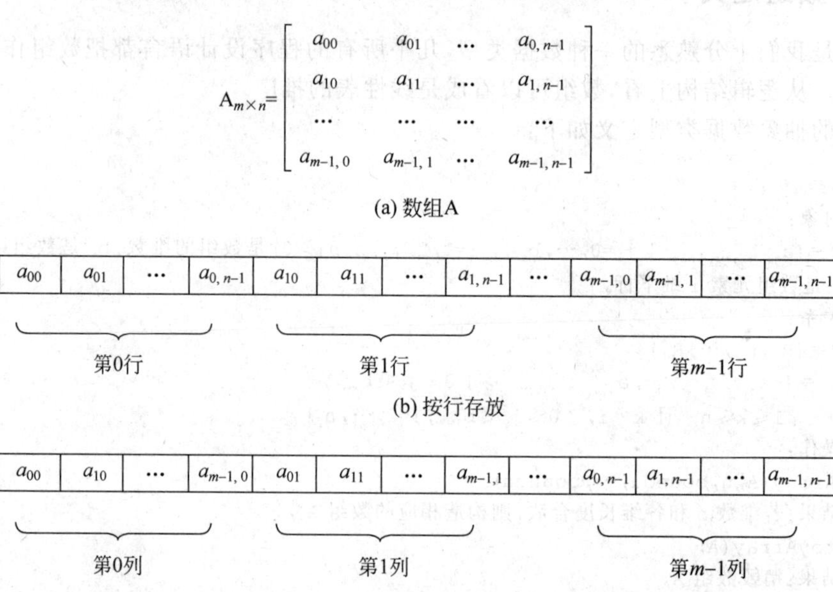

图 5-2 数组的存放

由于数组在内存中是连续存放,因此如果知道了数组的起始地址,就可以很方便地计算出某个元素在内存中的存放位置。如果按行的形式来存放,则元素 $a[i][j]$的地址为

$$\mathrm{LOCG}(i,j)=\mathrm{LOC}(0,0)+(n\times i+j)\times L$$

其中,L 为每个数组元素所占的空间大小。

5.1.3 特殊矩阵的压缩存储

矩阵是在很多科学与工程计算中遇到的数学模型。在数学上,矩阵是这样定义的:它是一个由 $m\times n$ 个元素排成的 m 行(横向)n 列(纵向)的表。图 5-3 就是一个 $m\times n$ 的矩阵。

$$\begin{pmatrix} a_{11} & a_{12} & \cdots & a_{1n} \\ a_{21} & a_{22} & \cdots & a_{2n} \\ \cdots & \cdots & \cdots & \cdots \\ a_{m1} & a_{m2} & \cdots & a_{mn} \end{pmatrix}$$

图 5-3　$m \times n$ 的矩阵

所谓特殊矩阵，是指元素值的排列具有一定规律的矩阵。常见的这类矩阵有对称矩阵、下(上)三角矩阵、对角线矩阵、稀疏矩阵等。对于特殊矩阵，应该充分利用元素值的分布规律，将其进行压缩存储。选择压缩存储的方法应遵循两条原则：一是尽可能地压缩数据量，二是压缩后仍然可以比较容易地进行各项基本操作。下面将介绍各种特殊矩阵的压缩存储及在这种存储下的相关操作。

1. 对称矩阵

对称矩阵的特点是 $a_{ij}=a_{ji}$，比如，图 5-4 就是一个对称矩阵 $\boldsymbol{A}$。

$$\boldsymbol{A}=\begin{pmatrix} 10 & 5 & 3 & 17 \\ 5 & 7 & 12 & 4 \\ 3 & 12 & 20 & 23 \\ 17 & 4 & 23 & 14 \end{pmatrix}$$

图 5-4　对称矩阵 $\boldsymbol{A}$

为节约存储空间，只存对角线及对角线以上的元素，或者只存对角线及对角线以下的元素，称为对称矩阵的压缩存储方式。如图 5-4 所示的 4×4 的对称矩阵 $\boldsymbol{A}$，把它们按行优先顺序存放主对角线以下的元素于一个一维数组 B 中，则

B[0]$=\boldsymbol{A}_{00}=10$

B[1]$=\boldsymbol{A}_{10}=5$

B[2]$=\boldsymbol{A}_{11}=7$

B[3]$=\boldsymbol{A}_{20}=3$

B[4]$=\boldsymbol{A}_{21}=12$

B[5]$=\boldsymbol{A}_{22}=20$

…

B[9]$=\boldsymbol{A}_{33}=14$

数组 B 共有 $4+(4-1)+\cdots+1=4\times(4+1)2=10$ 个元素。扩展到 $n\times n$ 对称矩阵的按行优先顺序存储主对角线以下的元素，如图 5-5 所示。

按 $\boldsymbol{A}_{00},\boldsymbol{A}_{10},\boldsymbol{A}_{11},\boldsymbol{A}_{20},\boldsymbol{A}_{21},\boldsymbol{A}_{22},\cdots,\boldsymbol{A}_{n-1,0},\boldsymbol{A}_{n-1,1},\cdots,\boldsymbol{A}_{n-1,n-1}$ 的顺序存放在一维数组中，元素的总数为 $n(n+1)/2$。

2. 三角矩阵

以主对角线划分，三角矩阵有上三角矩阵和下三角矩阵两种。上三角矩阵如图 5-6(a)所示，它的下三角部分(不包括主角线)中的元素均为常数 c。下三角矩阵与上三角矩阵相反，它的主对角线上方均为常数 c，如图 5-6(b)所示。在多数情况下，三角矩阵的常数 c 为零。

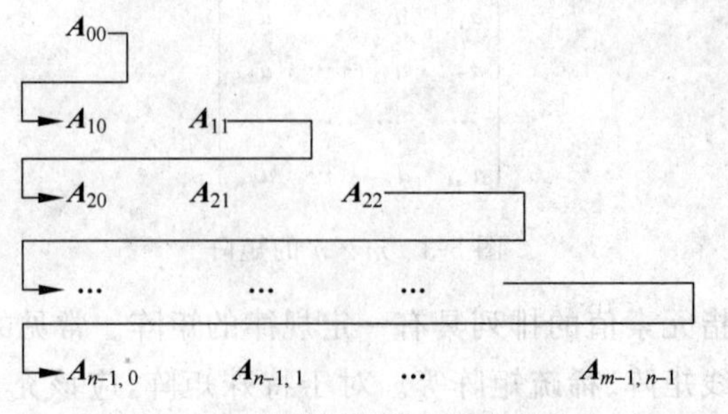

图 5-5 对称矩阵的行优先存放

$$\begin{pmatrix} 29 & 0 & 0 & 0 \\ 6 & 12 & 0 & 0 \\ 8 & 10 & 30 & 0 \\ 13 & 26 & 9 & 20 \end{pmatrix} \qquad \begin{pmatrix} 29 & 11 & 6 & 9 \\ 0 & 12 & 8 & 16 \\ 0 & 0 & 30 & 18 \\ 0 & 0 & 0 & 20 \end{pmatrix}$$

(a) 下三角矩阵　　(b) 上三角矩阵

图 5-6 三角矩阵

三角矩阵中的常数 c 可共享一个存储空间，其余的元素正好有 $n\times(n+1)/2$ 个。因此，三角矩阵可压缩存储到一维数组 B[0…$n(n+1)/2$]中，其中 c 存放在向量的最后一个分量中。

3. 对角矩阵

对角矩阵的特点是所有的非零元素都集中在以主对角线为中心的带状区域中。比如，图 5-7 就是一个三阶对角矩阵。

$$\begin{pmatrix} 3 & 12 & 0 & 0 & 0 \\ 9 & 5 & 20 & 0 & 0 \\ 0 & 30 & 7 & 17 & 0 \\ 0 & 0 & 21 & 9 & -6 \\ 0 & 0 & 0 & 34 & 11 \end{pmatrix}$$

图 5-7 三阶对角矩阵

非零元素仅出现在主对角上(a_{ii}，$0\leqslant i\leqslant n-1$)，紧邻主对角线上面的那条对角线上($a_{i,i+1}$，$0\leqslant i\leqslant n-2$)和紧邻主对角线下面的那条对角线上($a_{i+1,i}$，$0\leqslant i\leqslant n-2$)。当 $|i-j|>1$ 时，元素 $a_{ij}=0$。由此可知，一个 k 对角线矩阵(k 为奇数)A 是满足下述条件的矩阵

$$若|i-j|>(k-1)/2，则元素\ a_{ij}=0$$

对角矩阵可按行优先顺序或对角线的顺序，将其压缩存储到一个向量中。

4. 稀疏矩阵

若一个 $m\times n$ 的矩阵含有 t 个非零元素，且 t 远远小于 $m\times n$，那么将这个矩阵称为稀疏矩阵。例如，图 5-8 所示的是 5×5 的矩阵中只有 6 个非零元素。

$$\begin{pmatrix} -27 & 0 & 0 & 0 & 7 \\ 0 & 0 & -1 & 0 & 0 \\ -1 & -2 & 0 & 0 & 0 \\ 0 & 0 & 0 & 0 & 0 \\ 0 & 0 & 0 & 2 & 0 \end{pmatrix}$$

图 5-8　稀疏矩阵

首先给出稀疏矩阵的 ADT 描述：

```
ADT spmatrix {
    数据对象 D:具有相同类型的数据元素构成的有限集合;
    数据关系 R:D 中的每个元素均位于 2 个向量中,每个元素最多具有 2 个前驱结点和 2 个后继结
点,且 D 中零元素的个数远远大于非零元素的个数;
    基本运算:
        Createspmatrix K(A):创建一个稀疏矩阵。
        Printspmatrix(A):打印输出一个稀疏矩阵。
        Addspmatrix(A,B,C):实现两个稀疏矩阵 A 和 B 的相加,将结果写到 C 中。
        Multspmatrix(A,B,C):实现两个稀疏矩阵 A 和 B 的相乘,将结果写到 C 中
        Transpmatrix(B,C):将稀疏矩阵 B 转置后,将结果写到 C 中。
}
```

可以通过三元组的表示法来实现稀疏矩阵的压缩存储。矩阵中的每个元素都是由行序号和列序号唯一确定的。因此，需要用三项内容表示稀疏矩阵中的每个非零元素，即形式为 (i,j,value)。其中 i 表示非零元素所在的行号，j 表示非零元素所在的列号，value 表示非零元素的值。采用三元组表示法表示一个稀疏矩阵时，首先将它的每一个非零元素表示成上述的三元组形式，然后按行号递增的次序，同一行的非零元素按列号递增的次序将所有非零元素的三元组表示存放到一片连续的存储单元中。例如，图 5-9(a)所示的矩阵可以用图 5-9(b)中的三元组进行表示。

$$\begin{pmatrix} -27 & 0 & 0 & 0 & 7 \\ 0 & 0 & -1 & 0 & 0 \\ -1 & -2 & 0 & 0 & 0 \\ 0 & 0 & 0 & 0 & 0 \\ 0 & 0 & 0 & 2 & 0 \end{pmatrix}$$

(a)

	i	j	value
0	5	5	6
1	0	0	–27
2	0	4	7
3	1	2	–1
4	2	0	–1
5	3	1	–2
6	4	3	2

(b)

图 5-9　稀疏矩阵的存储

其中，$a[0].i=5$，表示该矩阵为 5 行。

$a[0].j=5$，表示该矩阵为 5 列。

$a[0].\text{value}=6$，表示该矩阵有 6 个非零元素。

其余 $a[1]$到 $a[6]$分别存放这 6 个非零元素的行列下标及相应的值。稀疏矩阵可以采用顺序和链式两种存储方式，接下来将采用顺序的存储方式来说明其对应的操作过程。

首先给出稀疏矩阵的 C 语言的数据结构的描述：

```
#define MAX_ TERMS 101                    //最多的非零元素的个数
typedef struct{
            int col;
            int row;
            int value;
            } term;
term a[MAX_TERMS+1]。
```

5.2 广义表

广义表是一种复杂的数据结构，它是线性表的扩展，能够表示树结构和图结构。广义表在文本处理、人工智能和计算机图形学等领域有着广泛的应用。

数据元素都是非结构的原子类型，不可分解。如果放宽对表中元素的限制，允许表中元素自身具有某种结构，这就引入了广义表。

5.2.1 广义表抽象数据类型

1. 广义表的定义

广义表(generalized list)是$n(n\geqslant 0)$个数据元素$a_0, a_1, \cdots, a_{n-1}$组成的有限序列，记为GList=$(a_0, a_1, \cdots, a_{n-1})$，其中，$a_i(0\leqslant i<n)$是原子或子广义表，原子是不可分解的数据元素。

广义表的元素个数n称为广义表长度，当$n=0$时，为空表。广义表的深度(depth)是指表中所含括号的层数，原子的深度为0，空表的深度为1。如果广义表作为自身的一个元素，则称该广义表为递归表。递归表的深度是无穷值，长度是有限值。

为了区分原子和表，约定大写字母表示表，小写字母表示原子。例如：

```
L=(a,b)                                  //线性表,长度为 2,深度为 1
T=(c,L)=(c,(a,b))                        //L 为 T 的子表,T 的长度为 2,深度为 2
G=(d,L,T)=(d,(a,b),(a,b)))               //L、T 为 G 的子表,G 的长度为 3,深度为 3
S=0                                      //空表,长度为 0,深度为 1
S1=(S)=(())                              //非空表,元素是一个空表,长度为 1,深度为 2
Z=(e,Z)=(e,(e(e,(...))))                 //递归表,Z 的长度为 2,深度无穷
```

也可约定每个广义表都是有名称的，称为有名表，将表名写在表组成的括号前，则上述的各表又可以写成如下形式：

```
L(a,b)
T(c,L(a,b))
G(d,L(a,b),T(c,L(a,b))),
S()
S1(())
Z(e,Z(e,Z(...)))
```

广义表语法图如图 5-10 所示，其中“()”是广义表开始和结束标记，“,”是原子或子表的分隔符。广义表是一种递归定义的数据结构。这种递归定义能够简洁地描述复杂的数据结构。

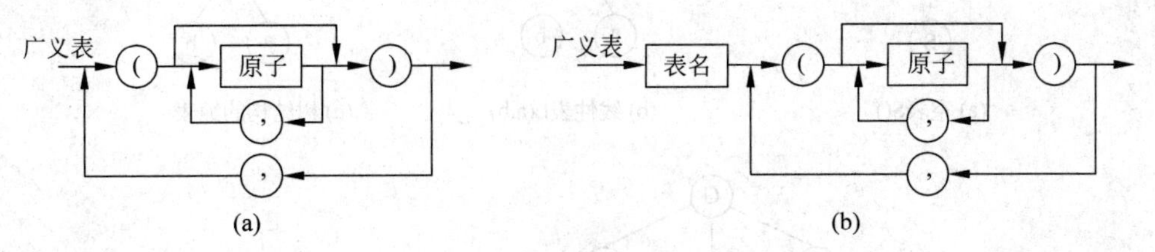

图 5-10　广义表语法图

例如，使用广义表（有名表）表示省市间的隶属关系如下：

```
中国(北京,上海,江苏(南京,苏州),浙江(杭州))          //表示树结构的广义表,长度为 4,深度为 2
```

2. 广义表的特征

广义表具有如下特性。

(1) 线性结构。广义表是一种线性结构，数据元素之间是线性关系。广义表是线性表的扩展，线性表是广义表的特例，仅当广义表的元素全部是原子时，该广义表为线性表。例如广义表 L(a,b)就是线性表。

(2) 多层次结构，有深度。当广义表包含子表时，它是多层次结构。广义表也是树的扩展。当限制表中成分不能共享和递归时，该广义表就是树，树中的叶子结点对应广义表中原子，非叶结点对应子表。例如 T(c,L(a,b))表示树结构。

(3) 可共享。一个广义表可作为其他广义表的子表，多个广义表可共享一些广义表。例如上述广义表 L 同时作为广义表 T 和 G 的子表。在 T 和 G 中不必列出子表的值，通过子表名来引用。

(4) 可递归。广义表是一个递归表，当广义表中有共享或递归成分的子表时可构成图结构，与有根、有序的有向图对应。图中的结点入度可能大于 1，并且可能出现自身环。

通常，将与树对应的广义表称为纯表，将允许元素共享的广义表称为再入表，将允许递归的广义表称为递归表，它们之间的关系满足：递归表⊇再入表⊇纯表⊇线性表。

3. 广义表的图形表示

用广义表表示线件表、树和图等基本的数据结构，如图 5-11 所示。

(1) 当 S()没有数据元素时，S 为空广义表。

(2) 当 L(a,b)的数据元素全部是原子时，L 为线性结构的线性表。

(3) 当 T(c,L)的数据元素中有子表，但没有共享和递归成分时，T 为树结构的纯表。

(4) 当 G(d,L,T)的数据元素中有子表，并且有共享成分时，G 为图结构的再入表。

(5) 当 Z(e,Z)的数据元素中有子表且有递归成分时，Z 为图结构的递归表。

4. 广义表的抽象数据类型

广义表的抽象数据类型定义如下：

```
ADT Glist {
```

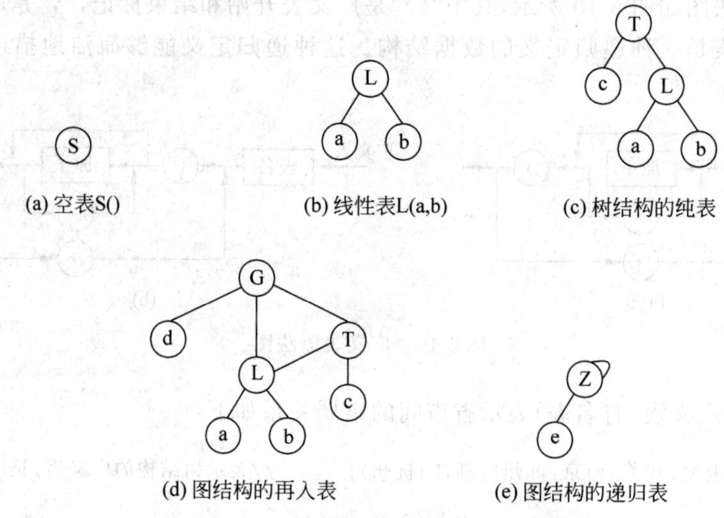

(a) 空表S()
(b) 线性表L(a,b)
(c) 树结构的纯表
(d) 图结构的再入表
(e) 图结构的递归表

图 5-11 广义表表示的多种结构对应的图形

数据对象：

D={e_i|i=1,2,…,n;n≥0;e_i∈AtomSet 或 e_i∈GList,AtomSet 为某个数据对象}

数据关系：

R1={<e_{i-1},e_i>| e_{i-1},e_i∈D,2≤i≤n}

基本操作：

InitGList(&L)

操作结果：创建空的广义表 L。

DestroyGList(&L)

操作结果：销毁一个已经存在的广义表 L。

GListLength(L)

操作结果：求广义表 L 的长度。

GListDepth(L)

操作结果：求广义表 L 的深度。

GListEmpty(L)

操作结果：判断广义表 L 是否为空。

GetHead(L)

操作结果：求广义表 L 的表头。

GetTail(L)

操作结果：求广义表 L 的表尾。

} ADT Glist

显然，广义表的定义是递归的，因为在定义广义表时又用到了广义表的概念。

例 5-1 广义表 A、B、C、D、E。

(1) A=()。其中，A 是一个空表，其长度为 0。

(2) B=(z)。其中，B 是长度为 1 的广义表，它的元素是一个原子 z。

(3) C=(w,(x,y,z))。其中，C 是长度为 2 的广义表，第一个元素是原子 w，第二个元素是子表(x,y,z)。

(4) D=(A,B,C)。其中，D 是长度为 3 的广义表，3 个元素都是子表。

(5) E=(y,E)。其中,E的长度为2,第一个元素是原子,第二个元素是E自身,展开后它是一个无限的广义表。

从上面的例子可以看出:

(1) 广义表的元素可以是子表,而子表的元素还可以是子表……由此,广义表是一个多层次的结构。

(2) 广义表还可以为其他表所共享。例如表A、B、C是表D的共享子表。

(3) 广义表可以是递归的表,即可以是其自身的子表。例如表E就是一个递归的表。

广义表有两个特殊的基本操作,即GetHead和GetTail。

根据前面对广义表的表头、表尾的定义可知:任意一个非空广义表其表头是表中第一个元素,可能是原子也可能是列表,而表尾必为列表。例如:

$$\mathrm{GetHead}(B)=\mathrm{z},\quad \mathrm{GetTail}(B)=(),$$
$$\mathrm{GetHead}(D)=A,\quad \mathrm{GetTail}(D)=(B,C),$$
$$\mathrm{GetHead}(E)=\mathrm{y},\quad \mathrm{GetTail}(E)=(E)。$$

值得注意的是,广义表()和(())是不同的。前者是长度为0的空表;后者是长度为1的非空表,对其可以作取表头和取表尾的操作的,得到的结果均是空表,即()。

5.2.2 广义表的存储结构

1. 广义表的双链存储结构

由于广义表中可以包含子表,所以不能用顺序存储结构表示,通常采用链式存储结构。一个结点表示一个元素,既要有指向后继结点的链,也要有指向子表的链,结构如下:

```
广义表结点(data 数据域,child 子表地址域,next 后继结点地址域)
```

将原子结点的child域值设置为NULL。因此,child域是否为NULL成为区分原子和子表的标志。前述再入表G和递归表Z的双链表示如图5-12所示。当广义表中有共享成分时,共享结点将重复出现。例如,再入表G中有子表L,T中也有子表L,子表L就是共享成分,而结点L只出现两次。

广义表的双链表示必须带头结点。因为如果没有头结点,对共享子表进行头插入和头删除操作将产生错误。例如,前述再入表G的不带头结点的双链表示如图5-13(a)所示。通过表G访问子表L并删除L的第一个结点a后,表G中L结点的child指向原a结点的后继结点b;而这样的删除操并没有影响表T中L结点的child域,它仍然指向原L的第一个结点a,如图5-13(b)所示。

由于L是共享子表,这样的操作结果显然是错误的。类似地,如果将共享子表L删除至空表,或对共享子表进行头插入操作,也会存在同样错误。因此,广义表的双链表示必须带头结点。由于child域指向的是子表的头结点,当对共享子表进行头插入或头删除操作时,头结点的地址并没有改变,因此对其他多个指向该子表的链没有影响。

2. *m*元多项式的广义表表示

二元多项式可以表示成以y为变量的一元多项式,而y各项的系数是以x为变量的一

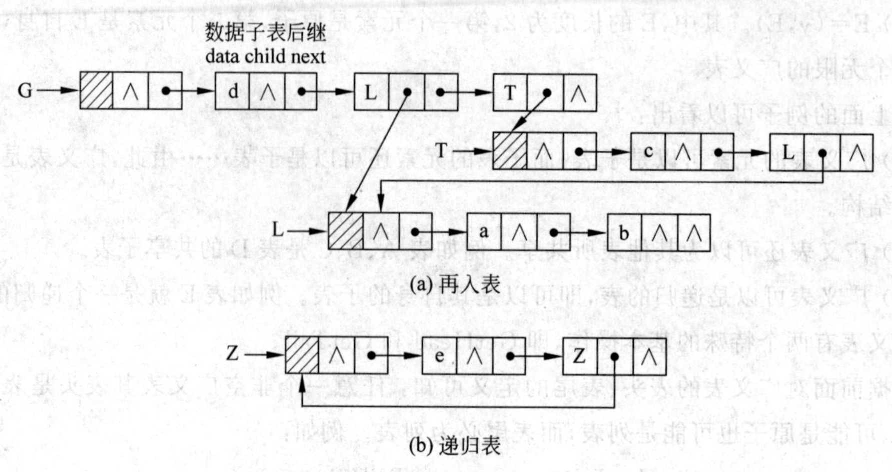

图 5-12 广义表的双链存储结构

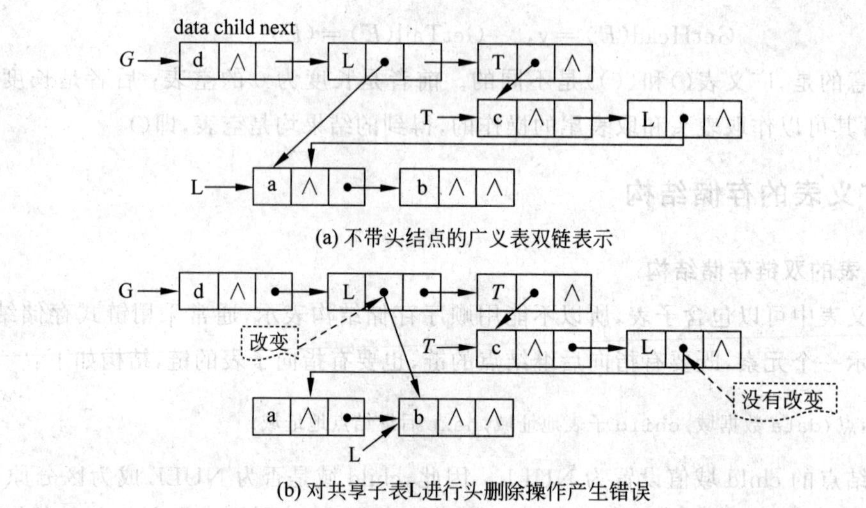

图 5-13 不带头结点的广义表双链表示对共享子表 L 进行头删除操作产生的错误

元多项式。二元多项式的广义表存储结构如图 5-14 所示。

$$P(x,y)=15-3x^4+2x^3y+2x^3y^3-6x^2y-6x^2y^3+8y^5$$
$$=(15-3x^4)y^0+(-6x^2+2x^3)y+(-6x^2+2x^3)y^3+8y^5$$

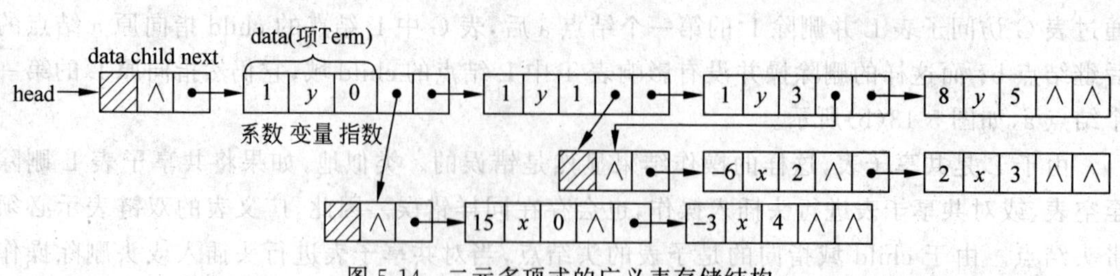

图 5-14 二元多项式的广义表存储结构

三元多项式类似，m 元多项式以此类推。

习　题

1. 什么是数组？数组的特点？
2. 什么是广义表？说明广义表与线性表、树、图的关系。
3. 递归定义的广义表都是递归表吗？
4. 广义表的双链表示为什么要带头结点？

第 6 章

树和二叉树

树结构是一类重要的非线性数据结构，使用这种结构可以有效地解决许多算法问题。如在编译系统中用树型结构来表示源程序的语法结构，在计算机图形学中用树型结构来表示图像之间的关系等。

6.1 树

6.1.1 树的定义

树(tree)是 $n(n>=0)$ 个结点组成的有限集合。如 $n=0$ 称为空树；否则：

(1) 有且仅有一个特定的结点称为根(root)的结点。

(2) 其余的结点可分为 $m(m>=0)$ 个互不相交的子集 $T_1,T_2,T_3,\cdots,T_m$，其中每个子集又是一棵树，并称其为子树(subtree)。

如图 6-1(a)是只有一个根结点的树。图 6-1(b)是有 10 个结点的树，其中 A 是根结点，其余结点分成三个互不相交的子集：$T_1=\{B,E,F,H,I\}$，$T_2=\{C\}$，$T_3=\{D,G,J\}$。T_1、T_2、T_3 都是根的子树，它们本身也是一棵树。如图 6-1(c)所示，由于根结点 A 的两个集合之间存在交集，结点 E 既属于集合 T_1 又属于集合 T_2，所以不是树。

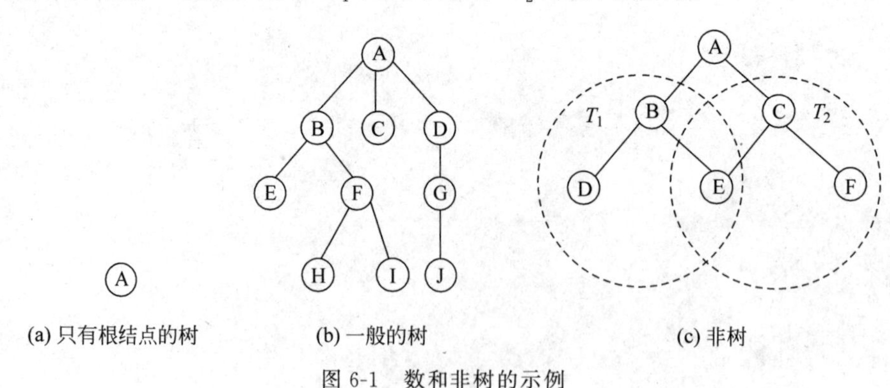

图 6-1　数和非树的示例

6.1.2 基本术语

(1) 结点(node)。结点包含数据项及指向其他结点的分支。图 6-1(b)中的树共有 10 个结点。

(2) 结点的度(degree)。结点的度是结点所拥有的子树个数。例如，在图 6-1(b)中的结点 A、B、H 的度分别为 3、2、0。

(3) 叶子结点或终端结点。度为 0 的结点称为叶子结点或终端结点。如图 6-1(b)所示，结点 E、H、I、C、J 均为叶子结点。

(4) 非终端结点或分支结点。度不为 0 的结点称为非终端结点或分支结点。除根结点外，分支结点也称为内部结点。

(5) 树的度。树的度是树内各结点的度的最大值。图 6-1(b)中的树的度为 3。

(6) 孩子、双亲、兄弟、祖先、子孙。结点的子树的根称为该结点的孩子，相应的，该结点称为孩子的双亲。同一个双亲的孩子之间互称兄弟，结点的祖先是从根到该结点所经分支上的所有结点，以某结点为根的子树中的任一结点都称为该结点的子孙。图 6-1(b)中的 B、C、D 互为兄弟，它们都是 A 的孩子，而 A 是它们的双亲。

(7) 结点的层次(level)。结点的层次即从根到该结点所经路径上的分支条数。图 6-1(b)中的根结点在第 0 层，它的子女在第一层。树中任一结点的层次都是它的双亲结点的层次加一。其双亲在同一层的结点互为堂兄弟。

(8) 树的深度。树中结点的最大层次称为树的深度或高度。图 6-1(b)中的树的深度为 3。

(9) 树的度。树中结点的度的最大值称为树的度。图 6-1(b)中树的度为 3。

(10) 有序树和无序树。如果将树中结点的各子树看成从左至右是有次序的(即不能互换)，则称该树为有序树，否则称为无序树。在有序树中最左边的子树的根称为第一个孩子，最右边的称为最后一个孩子。

(11) 森林。森林是 $m(m\geqslant 0)$ 棵互不相交的树的集合。对树中每个结点而言，其子树的集合称为森林。

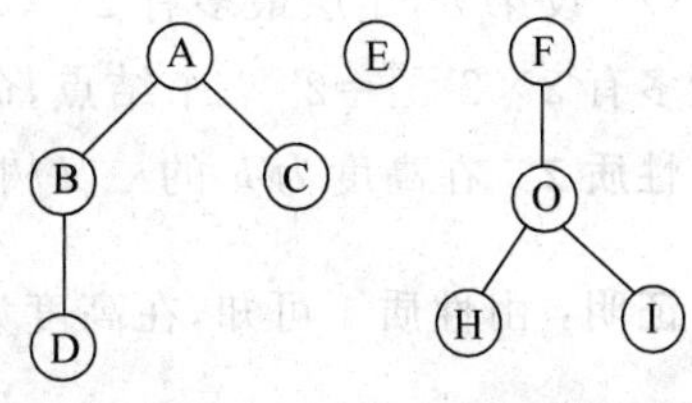

图 6-2　森林示例

如图 6-2 所示就是一个森林的示意图。

对树而言，删去其根结点，就得到一个森林。对森林而言，加上一个结点作为根，就变为一棵树。

6.2　二　叉　树

6.2.1　二叉树的定义

二叉树(binary tree)是 $n(n\geqslant 0)$ 个结点组成的有限集合。$n=0$ 时称为空二叉树；$n>0$ 的二叉树由一个根结点和两棵互不相交的、分别称为左子树和右子树的子二叉树构成。二叉树也是通过递归定义的，在树中定义的度、层次等术语也适用于二叉树。

二叉树有 5 种基本形态，如图 6-3 所示。

∧

(a) 0个结点空二叉树

根

(b) 1个结点，根结点

(c) 由根结点和左子树组成，根的右子树为空

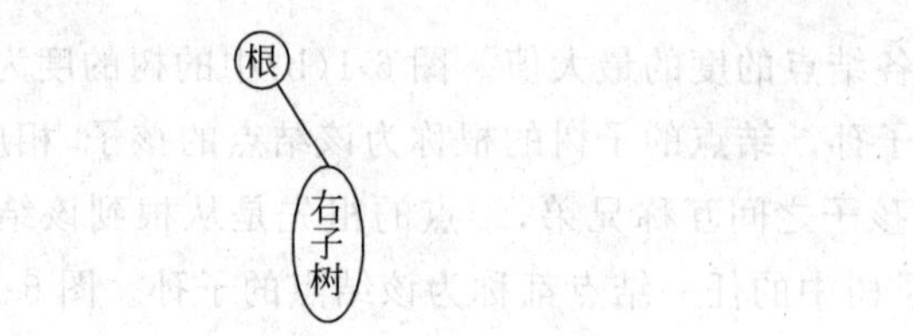

(d) 由根结点和右子树组成，根的左子树为空

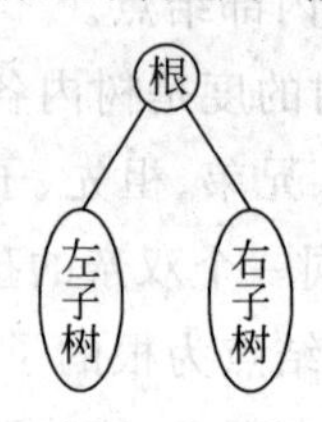

(e) 由根结点、左子树和右子树组成

图 6-3　二叉树的 5 种基本形态

6.2.2　二叉树的性质

性质 1　若根结点的层次为 1,则二叉树第 i 层最多有 $2^{i-1}(i\geqslant 1)$个结点。

证明:(归纳法)

(1) 根是 $i=1$ 层上的唯一结点,故 $2^{i-1}=20=1$,命题成立;

(2) 设第 $i-1$ 层最多有 2^{i-2} 个结点,由于二叉树中每个结点的度最多为 2,所以第 i 层最多有 $2\times 2^{i-2}=2^{i-1}$ 个结点,命题成立。

性质 2　在高度为 h 的二叉树中,最多有 2^{h-1} 个结点$(h\geqslant 0)$。

证明:由性质 1 可知,在高度为 h 的二叉树中,结点数最多为 $\sum_{i=1}^{h}2^{i-1}=2^h-1$。

性质 3　设一棵二叉树的叶子结点数为 n_0,2 度结点数为 n_2,则有 $n=n_0+n_1+n_2$。

证明:

(1) 设二叉树结点数为 n,1 度结点数为 n_1,则有 $n=n_0+n_1+n_2$。

(2) 因 1 度结点有 1 个孩子,2 度结点有 2 个孩子,叶子结点没有孩子,根结点不是任何结点的孩子,则有 $n=0\times n_0+1\times n_1+2\times n_2+1$。

综合上述两式,可得 $n_0=n_2+1$。

满二叉树和完全二叉树是两种特殊形态的二叉树。

一棵高度为 h 的满二叉树(full binary tree)是具有 $2^{h-1}(h\geqslant 0)$个结点的二叉树。从定义可知,满二叉树中每一层的结点数目都达到最大值。对满二叉树的结点进行连续编号,约定根结点的序号为 0,从根结点开始,自上而下,每层从左到右编号,如图 6-4 所示。

一棵具有 n 个结点高度为 h 的二叉树,如果它的每个结点都与高度为 h 的满二叉树中序号为 $0\sim n-1$ 一一对应,则称这棵二叉树为完全二叉树(complete binary tree),如图 6-4(b)所示。

满二叉树是完全二叉树,而完全二叉树不一定是满二叉树。完全二叉树的第 $1\sim h-1$ 层是满二叉树,第 h 层不满,并且该层所有结点都必须集中在该层左边的若干位置上。

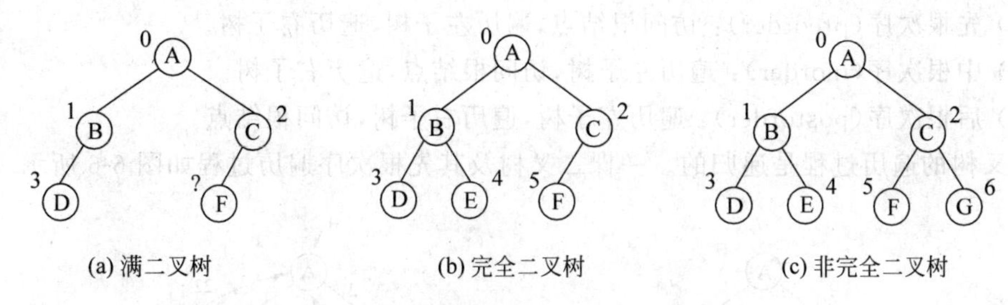

图 6-4　满二叉树与完全二叉树

图 6-4(c)不是一棵完全二叉树。

性质 4　一棵具有 n 个结点的完全二叉树，其高度为$\lfloor \log_2 n \rfloor+1$。

证明：对于一棵有 n 个结点高度为 h 的完全二叉树，有 $2^{h-1}-1<n^2\leqslant 2^h-1$，对不等式移项并求对数，有 $h-1<\log_2(n+1)\leqslant h$，由于二叉树的高度只能是整数，所以取 $h=\lfloor \log_2 n \rfloor+1$。

性质 5　一棵具有 n 个结点的完全二叉树，对序号为 $i(0\leqslant i<n)$的结点，有

(1) 若 $i=0$，则 i 为根结点，无父母结点；若 $i>0$，则 i 的父母结点序号为$\lfloor (i-1)/2 \rfloor$。

(2) 若 $2i+1<n$，则 i 的左孩子结点序号为 $2i+1$；否则 i 无左孩子。

(3) 若 $2i+2<n$，则 i 的右孩子结点序号为 $2i+2$；否则 i 无右孩子。

例如，在图 6-4(b)中，$i=0$ 时为根结点 A，其左孩子结点 B 的序号为 $2i+1=1$，右孩子结点 C 的序号为 $2i+2=2$。

6.2.3　二叉树的遍历规则

二叉树的遍历是按照一定规则和次序访问二叉树中的所有结点，并且每个结点仅被访问一次。虽然二叉树是非线性结构，但遍历二叉树访问结点的次序是线性的，而且访问的规则和次序不止一种。二叉树的遍历规则有孩子优先和兄弟优先。

1. 孩子优先的遍历规则

已知 3 个元素共有 6 种排列，由 3 个元素 A、B、C 构成的一棵二叉树，如图 6-5 所示，其所有遍历序列有 6 种：ABC、BAC、BCA、CBA、CAB、ACB。

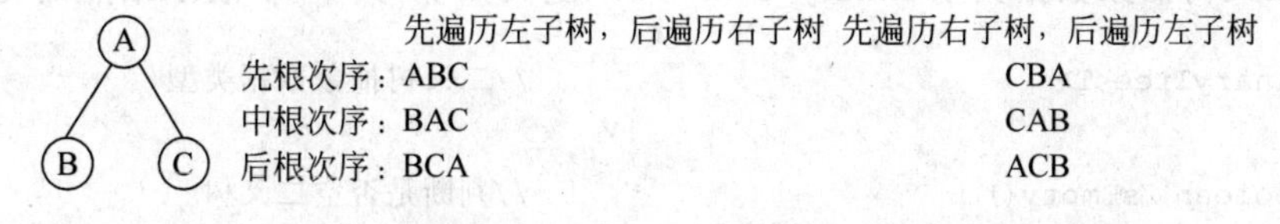

图 6-5　二叉树的遍历规则

观察上述序列可知，后 3 个序列分别与前 3 个序列的次序相反。前 3 个序列的共同特点是，B 在 C 之前，即先遍历左子树，后遍历右子树。由于先遍历左子树还是右子树在算法设计上没有本质区别，因此约定遍历子树的次序是先左后右。二叉树孩子优先的遍历次序有 3 种，遍历规则也是递归的，先遍历左子树，再遍历右子树，三者之间的差别仅在于访问结点的时机不同。说明如下。

(1) 先根次序(preorder)：访问根结点，遍历左子树，遍历右子树。

(2) 中根次序(inorder)：遍历左子树，访问根结点，遍历右子树。

(3) 后根次序(postorder)：遍历左子树，遍历右子树，访问根结点。

二叉树的遍历过程是递归的。一棵二叉树及其先根次序遍历过程如图 6-6 所示。

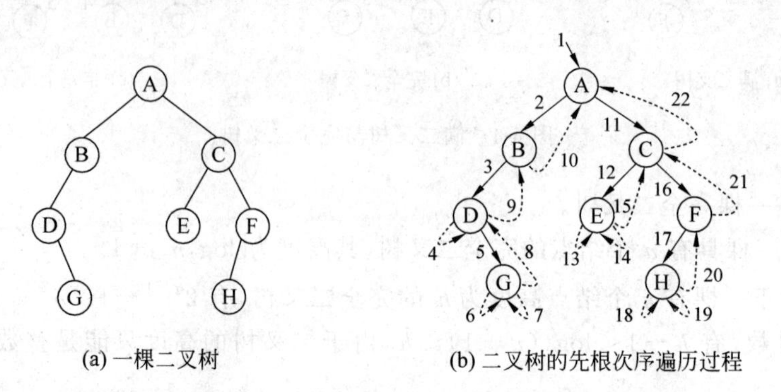

(a) 一棵二叉树
(b) 二叉树的先根次序遍历过程

图 6-6　二叉树及其先根次序遍历过程

图 6-6(a)中二叉树的 3 种遍历序列及特点如下。

(1) 先根次序遍历序列 ABDGCEFH：最先访问跟结点 A，再访问 A 的孩子 B。

(2) 中根次序遍历序列 DGBAECHEF：左/右子树上的所有结点分别在根结点 A 之前/后访问。

(3) 后根次序遍历序列：GDBEHFA：最后访问根结点 A。

2. 兄弟优先的遍历规则

二叉树的层次遍历是按层次次序进行的，遍历过程从根结点开始，逐层深入，从左至右依次访问完当前层的所有结点，再访问下一层。图 6-6(a)中的二叉树的层次遍历序列为 ABCDEFGH。二叉树层次遍历的特点是兄弟优先。对于任意一个结点(如 B)，其兄弟结点(C)在其孩子结点(D)之前访问。

6.2.4　二叉树抽象数据类型

二叉树的操作主要有：创建二叉树、获得父母或孩子结点、遍历、插入和删除等。

声明二叉树抽象数据类型 Binary Tree<T>定义如下，其中，T 表示结点的元素类型。

```
ADT BinaryTree<T>                                        //二叉树抽象数据类型
{
    boolean isEmpty()                                    //判断是否空二叉树
    int size()                                           //返回二叉树的结点个数
    int height                                           //输出先根次序遍历序列
    void inorder                                         //输出后根次序遍历序列
    void postorder()                                     //输出层次遍历序列
    binaryNode<T>insert(T x)                             //插入元素 x 作为根结点并返回
    binaryNode<T>insert(BinaryNode<T>p,T x,boolean leftChild)
                                                         //插入 x 作为 p 的左/右孩子
    void remove(BinaryNode<T>parent,boolean leftChild)
```

```
                                        //删除 parent 结点的左或右子树
    void clear()                        //删除二叉树的所有结点
    binaryNode<T>search(T key)          //查找并返回关键字为 key 的结点
    boolean contains(T key)             //判断是否包含关键字为 key 元素
    int level(T key)                    //返回关键字为 key 结点所在的层次
}
```

6.2.5　二叉树的存储结构

二叉树主要采用链式存储结构，顺序存储结构仅适用于完全二叉树(满二叉树)。

1. 二叉树的顺序存储结构

将一棵完全二叉树的所有结点按结点序号进行顺序存储，根据二叉树的性质 5，由结点序号 i 可知其父母结点、左孩子结点和右孩子结点的序号。一棵 n 个结点的完全二叉树及其顺序存储结构如图 6-7 所示。

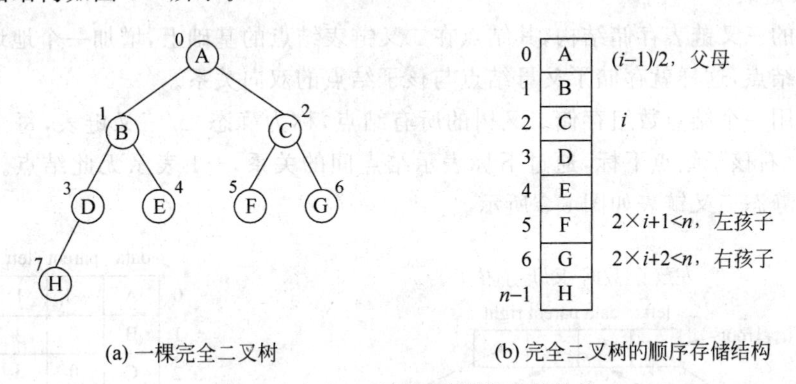

图 6-7　完全二叉树及其顺序存储结构

将完全二叉树的结点按次序进行编号，实际上是对完全二叉树的一次层次遍历。由于具有 n 个结点的完全二叉树只有一种形态，因此，一棵完全二叉树与其层次遍历(结点序号)是一对一的映射，二叉树的性质 5 将完全二叉树的层次遍历序列所表达的线性关系映射到树结构的层次关系，完全二叉树的层次遍历序列能够唯一确定一棵完全二叉树。完全二叉树能够采用顺序存储结构存储，依靠数组元素的相邻位置反映完全二叉树的逻辑结构。

由于顺序存储结构没有特别存储元素间的关系，不存在一棵二叉树与一种线性序列是一对一的映射，所以非完全二叉树不能采用顺序存储结构存储。

2. 二叉树的链式存储结构

二叉树通常采用链式存储结构，每个结点至少要有两条链分别连接左、右孩子结点，才能表达二叉树的层次关系。二叉树的链式存储结构主要有二叉链表和三叉链表。

1) 二叉链表

二叉树的二叉链表存储结构，除了数据域之外，采用两个地址域分别指向左、右孩子结点。一棵二叉树的二叉链表存储结构如图 6-8 所示，采用根指针 root 指向二叉树的根结点。

采用二叉链表存储二叉树，每个结点只存储了到其孩子结点的单向关系，没有存储到其父母结点的关系，因此，要获得父母结点将花费较多时间，需要从根结点开始在二叉树中进

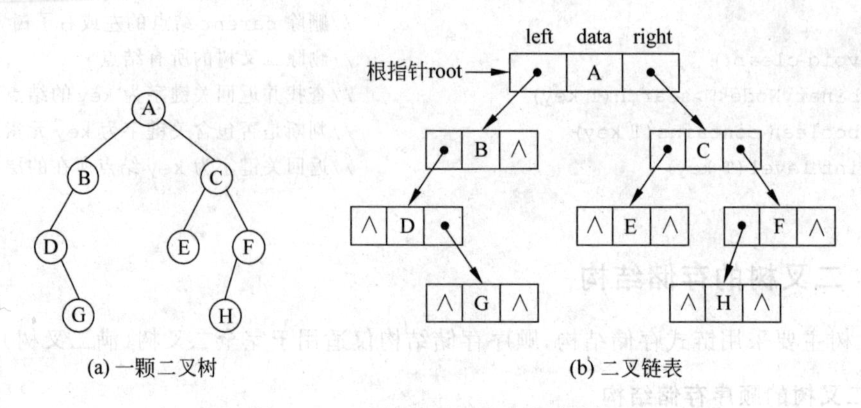

图 6-8 二叉树的二叉链表存储结构

行查找，所花费的时间是遍历部分二叉树的时间，且与查找结点所处位置有关。

2）三叉链表

二叉树的三叉链表存储结构，其结点在二叉链表结点的基础上，增加一个地址域 parent 指向其父母结点，这样就存储了父母结点与孩子结点的双向关系。

也可采用一个结点数组存储二叉树的所有结点，称为静态二/三叉链表，每个结点存储其(父母)左、右孩子结点下标，通过下标表示结点间的关系，−1 表示无此结点。二叉树的三叉链表和静态三叉链表如图 6-9 所示。

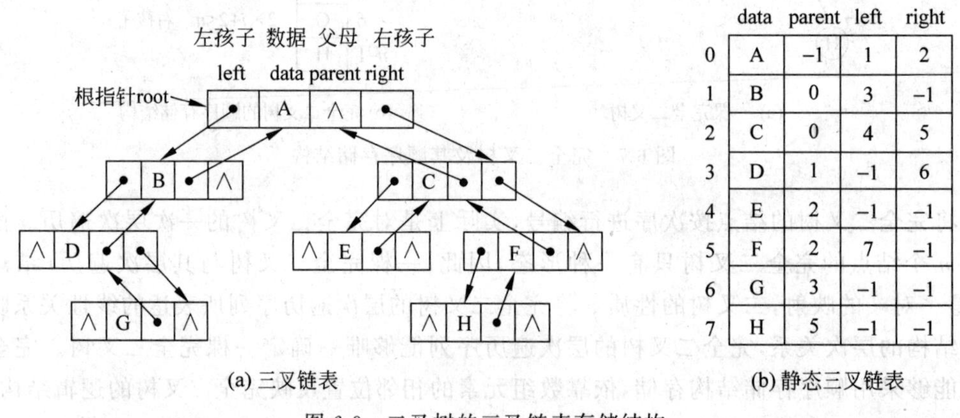

	data	parent	left	right
0	A	−1	1	2
1	B	0	3	−1
2	C	0	4	5
3	D	1	−1	6
4	E	2	−1	−1
5	F	2	7	−1
6	G	3	−1	−1
7	H	5	−1	−1

(b) 静态三叉链表

图 6-9 二叉树的三叉链表存储结构

6.3 遍历二叉树

遍历是二叉树最重要的运算之一，二叉树的遍历算法也是树形结构中其他运算的基础。在遍历过程中，对结点的访问是根据实际问题的需要来确定的。它可以是输出各结点的数据，也可以是对结点做其他的处理。在下面的遍历算法中，访问结点仅对结点的数据进行输出。此外，二叉树均以二叉链表表示法作为存储结构。

6.3.1 遍历二叉树的非递归算法

栈是实现递归最常用的数据结构，而二叉树恰是递归定义的数据结构，因此对于递归定义的二叉树进行遍历运算，最自然的实现方式是使用栈保存在遍历过程中所遇到的当前结点(子树的根)的地址，以便以后从它的子树回来(上升)时能够找到它，继续进行下一步的操作。

1. 前序遍历二叉树的非递归算法

前序遍历二叉树的非递归算法的基本思想是：从二叉树的根结点出发，沿左子树一直走到末端为止，在沿左链下降的过程中访问所遇的结点，并依次把所遇结点的地址推入栈中；当左子树中的结点全部处理完后，栈顶元素恰是当前子树的根地址，这个根的左子树已遍历完成，因此，从栈顶退出当前子树的根地址，并通过这个当前子树的根的右指针进入它的右子树；再按照上述过程遍历它的右子树，如此重复直到栈空为止。

前序遍历二叉树的非递归算法如下：

```
const int MaxSize=100;
typedef char detype;
typedef struct node {
          detatype data                        //数据减
          struct node *lchild, *rchild;        //指向左、右子女的指针
   }BTnode, *BinTree;
   typedef Struct }
       BTnode *S[MaxSize];
       int top;
   }SeqStack;
   BinTree root
       BTnode *p;
       SeqStack ST;
```

进入算法时，二叉树已用二叉链表表示法存储，root 指向根。表目类型为指针的顺序栈(为初态，即栈为空)。算法结束时，前序遍历完成(输出了前序序列的结点数据)。

算法 6-1 前序遍历二叉树的非递归算法。

```
void preOderf (BinTree root){
BTnode *p;
SeqStack ST;
ClearStack(ST)
p=root
while((p!=NULL)||(!StackEmpty(ST))
    if(p!=NULL){
        cout<<p->data
        push(ST,p);p=p->lchild;
    }
    else{
      pop(ST,p);p->rchild
```

```
    }
}
```

2. 中序遍历二叉树的非递归算法

使用栈实现中序遍历二叉树的基本思想与前序遍历类似，也是从二叉树的根结点出发，沿左子树一直走到末端为止，只是在沿左链下降的过程中，依次把所遇结点的地址推入栈中，但不访问所遇到的结点；当左子树中的结点全部处理完后，这时会弹出栈顶元素，然后访问当前子树的根，通过这个子树的根的右指针进入它的右子树；再按照上述过程遍历它的右子树，如此重复直到栈空为止。中序遍历二叉树的非递归算法如下。

存储结构的说明与算法 6-1 相同。

算法 6-2 中序遍历二叉树的非递归算法。

```
void inOrderf (BinTree root) {
    BTnode *p;
    SeqStaCk ST;
    ClearStack(ST);
    p=root
    while((p!=NULL)||(!Stac kEmpty(ST)) )
    If (p!=NULL) {
    push(ST,p); p=p->lchild;
    }
else {
        pop(ST,p);
        cout<<p->data;
        p=p->rchild;
    }
}
```

进入算法时，二叉树已用二叉链表表示法存储，root 指向根。表目为指针类型的顺序栈(为初态，即栈为空)。算法结束时，中序遍历完成(这里是输出了中序序列的结点数据)。

请注意分析前序遍历与中序遍历两个算法之间的差别之处。

3. 后序遍历二叉树的非递归算法

使用栈实现后序遍历二叉树的算法要比前序和中序遍历复杂一些。在后序遍历中，遇到一个结点，把它推入栈中，去遍历它的左子树；遍历完它的左子树后，还不能马上访问处于栈顶的该结点，而是要按照它的右指针指示的地址去遍历该结点的右子树；遍历完它的右子树后才能从栈顶访问结点。因此，需要给栈中的每个元素加上一个特征位，以便从栈顶弹出一个表目时，可以区别是从栈顶元素的左子树回来(则要继续遍历右子树)的还是从右子树回来的(该结点的左、右子树均已遍历，可以访问该结点)。沿左链下降时，特征位置为 L(或 0)，表示进入该结点的左子树，将从左边回来；沿右链下降时，特征位置为 R(或 1)，表示进入该结点的右子树，将从右边回来。上升(即从栈顶弹出一个表目)时，若特征为 L(左子树回来)，则将特征改为 R，再入栈，然后进入右子树；若特征为 R(从右子树回来)，则此时可以访问该结点。

存储结构说明如下：

```
const int MaxSize=100;
typedef char datatype;
typedef struct node{
    datatype data;                        //数据域
    Struct node *lchild, *rchild;         //指向左、右子女的指针
}BTnode, *BinTree;

typedef struct {
    enum {L,R} tag
    BTnode *ptr
}element;
typedef struct {
    element S[MaxSize]
    int top
}  SeqStack;

BinaTree root
BTnode *p
SeqStack ST
element w;
```

进入算法时，二叉树已用二叉链表表示法存储，root 指向根。表目类型为 element 的顺序栈(为初态，即栈为空)。算法结束时，后序遍历完成(输出了后序序列的结点数据)。

后序遍历二叉树的非递归算法如下。

算法 6-3　后序遍历二叉树的非递归算法。

```
void postOrderf(BinTree root) {
    BTnode *p
    SeqStack ST
    element w
    ClearStack(ST)
    p=root;
    while(p!=NULL) || (!StackEmpty(ST))
        if (p!=NULL){
        w.ptr=p; w.tag=L
        push(ST,w);p=p-lchild
        }
        else {
            pop(ST,w);p=w.ptr;
            if (w.tag==L){
            w.tag=R; push(ST,w)
            }
             else {
            cout<<p-data;
```

```
            p=NULL
            }
}
```

6.3.2 遍历二叉树的递归算法

由于二叉树是由根、左子树和右子树 3 部分所组成的，而且二叉树与遍历算法均是递归定义的，因此，很容易写出它们的递归算法。

1. 前序遍历

前序遍历二叉树的递归算法如下。

算法 6-4 前序遍历二叉树的递归算法。

```
void preOrder(BTnode *p){
    If (p!=NULL){
        Cout<<p-data
        preOrder (p-lchild);
        preOrder (p-lchild);
    }
}
```

2. 中序遍历

中序遍历二叉树递归算法如下。

算法 6-5 中序遍历二叉树递归算法。

```
void inOrder(BTnode *p) {
    If(p!=NULL) {
    inOrder(p-lchild);
    Cout<<p-data;
    inOrder(p-rchild);
    }
}
```

3. 后续遍历

后续遍历二叉树的递归算法如下。

算法 6-6 后序遍历二叉树的递归算法。

```
void postOrder (BTnode *p ) {
    if ( p!=NULL) {
    postOrder (p->lchild);
    postOrder (p->rchild );
    cout<<p->data;
    }
}
```

6.3.3　二叉树遍历的应用举例

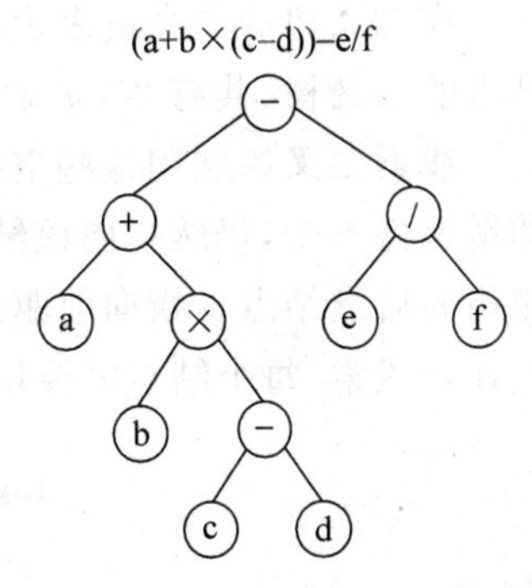

图 6-10　表达式的二叉树表示

利用二叉树的遍历可以实现许多有关二叉树的运算，例如计算二叉树的结点数目、求二叉树的高度、二叉树的复制等。二叉树的遍历还经常用来解决实际问题。例如，可以把任意一个算术表达式用一棵二叉树来表示，表达式的二叉树表示如图 6-10 所示。

在表达式的二叉树表示中，每个叶结点表示一个操作数（操作对象），每个分支结点表示一个运算符，而且它的左、右子树分别是它的两个操作数。对该二叉树分别进行前序、中序和后序遍历，可以得到结点的前序、中序和后序 3 种序列，也是表达式的 3 种不同表示形式，分别被称为前缀表达式、中缀表达式和后缀表达式。

（1）结点的前序序列（前缀表达式）：－＋a×b－cd/ef；

（2）结点的中序序列（中缀表达式）：a＋b×c－d－e/f；

（3）结点的后序序列（后缀表达式）：abcd－×＋ef/－。

这 3 种形式的表达式的共同特点是表达式中不再出现括号。虽然中缀表达式与人们所使用的表达式类似，但是由于中缀表达式中没有括号使其不能正确反映运算的实际顺序，所以用途不大。前缀表达式首先由波兰的逻辑学家 J. 卢卡西维兹（J. Lukasiewicz）发现，因此，前缀表达式也称为波兰表达式，而后缀表达式称为逆波兰表达式。它们在编译系统中起着非常重要的作用。特别是后缀表达式（逆波兰表达式），因为它的符号（从前向后）出现的次序与表达式的计算次序一致，所以实际中使用最多的是后缀表达式（逆波兰表达式）。

在遍历二叉树时，无论采用哪一种方式进行遍历，其基本操作都是访问结点，即每个结点都需要处理一次，因此，对于具有几个结点的二叉树，遍历运算的时间复杂度均为 $O(n)$。在前序、中序和后序遍历二叉树的过程中，递归时栈所需的空间至多等于二叉树的深度办乘以栈元素所需的空间，在最坏情况下，二叉树的深度等于结点的数目，因此空间复杂度为 $O(n)$。

6.4　线索二叉树

对一棵二叉树进行遍历操作，所访问的结点构成一个线性序列。根据线性序列，可以获得一个结点的前驱结点和后继结点信息。

在二叉树的链式存储结构中，每个结点存储了指向其左、右孩子结点的链，而没有存储指向某种线性次序下的前驱或后继结点的链。当需要获得结点在一种遍历序列中的前驱或后继结点时，有以下两种解决办法。

（1）再进行一次遍历，寻找前驱或后继结点，这需要花费较多时间，效率较低。

（2）采用多重链表结构，每个结点增加两条链，分别指向前驱和后继结点，这需要花费较多的存储空间。

下面介绍线索二叉树，这是一种较好地解决上述问题的方案。建立线索二叉树的目的是为了直接找到某结点在某种遍历次序下的前驱或后继结点，而不必再次遍历二叉树。

6.4.1 线索二叉树的定义

在二叉树的二叉链表表示中，若结点的子树为空，则指向孩子的链为空值。具有 n 个结点的二叉树，共有 $2\times n$ 条链，其中 $n-1$ 条链表示各结点间的关系，$n+1$ 条链为空。

线索二叉树利用这些空链存储结点在某种遍历次序下的前驱和后继关系，即原有非空的链保持不变，仍然指向该结点的左、右孩子结点；使空的 left 域指向前驱结点，空的 right 域指向后继结点。指向前驱或后继结点的链称为线索。为了区别每条链到底是指向孩子结点还是线索，每个结点需要增加两个链标记 ltag 和 rtag，定义如下：

$$\text{ltag}=\begin{cases}0 & \text{left 域指向右孩子}\\1 & \text{left 域为线索，指向前驱结点}\end{cases}$$

$$\text{tag}=\begin{cases}0 & \text{right 域指向右孩子}\\1 & \text{right 域为线索，指向前驱结点}\end{cases}$$

线索二叉树的结点结构如图 6-11 所示，由 5 个域组成。

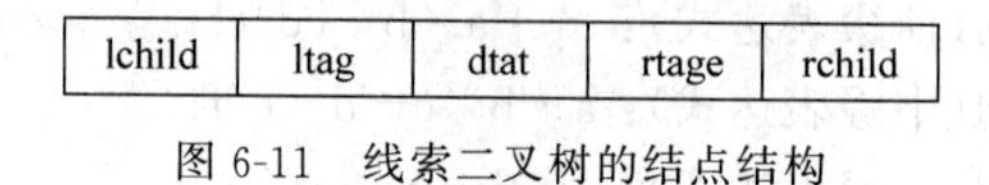

lchild	ltag	dtat	rtage	rchild

图 6-11 线索二叉树的结点结构

其中，ltag=0 时，lchild 为左指针，指向左孩子；

ltag=1 时，lchild 为左线索，指向前驱；

rtag=0 时，rchild 为右指针，指向右孩子；

rtag=1 时，rchild 为右线索，指向后继。

以这种结点结构构成的二叉链表作为二叉树的存储结构，称为线索链表，其说明如下：

```
/*------二叉树的线索链表存储结构------*/
    typedef char DataType;
    typedef struct ThreadTNode{
        int ltag,rtag;                              /*左右标志域*/
        DataType data;                              /*数据域*/
        struct ThreadTNode *lchild,*rchild;         /*左右孩子指针域*/
    }ThreadTNode,*ThreadTree;
```

对二叉树以某种次序进行遍历并加上线索的过程称为线索化。按先/中/后根遍历次序进行线索化的二叉树分别称为先/中/后序线索二叉树(preorder/inorder/postorder thread binary tree)。

一棵中序线索二叉树及其二叉链表存储结构如图 6-12 所示，图中虚线则表示线索。其中，root 指向根结点，D 没有前驱，D 的 left 域为空，约定 ltag=1；K 没有后继，K 的 right 域为空，约定 rtag=1。

6.4.2 二叉树的线索化

加上线索的二叉树称为线索二叉树(threaded binary tree)。对二叉树以某种遍历方式使其加上线索的过程称为线索化。

对一棵给定的二叉树，按不同的遍历规则进行线索化所得到的线索树是不同的。分别

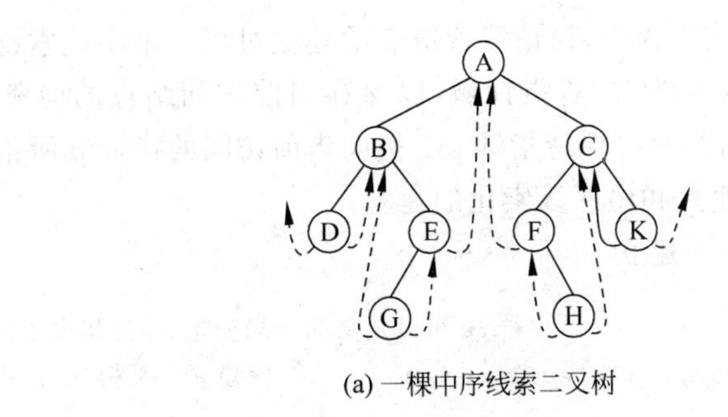

(a) 一棵中序线索二叉树

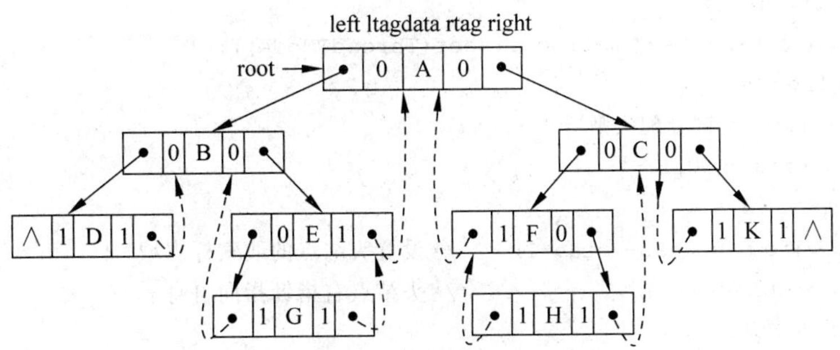

(b) 中序线索二叉树的二叉链表存储结构

图 6-12　中序线索二叉树及其二叉链表存储结构

用 3 种遍历方式对给定二叉树进行线索化从而得到的二叉树，分别称为先序线索树、中序线索树和后序线索树。如图 6-10 所示的二叉树，其对应的中序线索二叉树如图 6-12(a)所示，其中实线为指针(指向左、右孩子)，虚线为线索(指向前驱和后继)。

为了操作方便，在中序线索链表(图 6-13(a))上添加一个头结点，该结点的指针 lchild 指向二叉树的根结点，左标志 ltag=0，指针 rchild 指向中序遍历序列的最后一个结点，右标志 rtag=1，同时也让中序遍历序列中第一个结点的左线索和最后一个结点的右线索指向头结点，这样线索链表就构成了一个双向循环链表，如图 6-13(b)所示为带头结点 head 的线索链表。

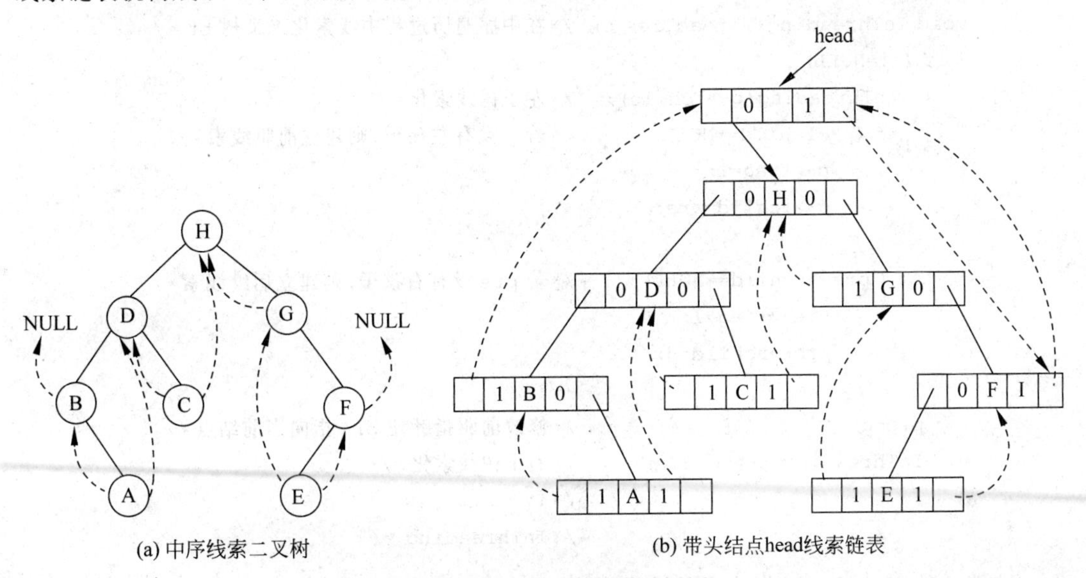

图 6-13　线索二叉树及其存储结构

下面以中序线索链表的建立为例，讨论线索链表的建立过程。中序线索链表的建立，即在中序遍历的过程中，修改结点的左、右指针域，以保存当前访问结点的前驱和后继信息。遍历过程中，需附设指针 pre，并始终保持指针 pre 指向当前访问的指针 p 所指结点的前驱。算法 6-7 实现了“头结点”的建立和中序线索化的建立。

算法 6-7 中序线索链表的建立。

```
ThreadTree pre;                              /*pre 可以定义为全局变量，始终指向当前结点的前驱*/
ThreadTree InOrderThreading(ThreadTree bt)            /*建立二叉树 bt 的中序线索链表*/
{ ThreadTree Head;
    Head=( ThreadTree )malloc(sizeof(ThreadTNode));                          /*生成头结点*/
    if ( !Head)
        { printf ("分配失败\n");
          return NULL;
        }
    Head->ltag=0; Head->rtag=1;     /*设置头结点的线索标志域*/
    Head->rchild=Head;              /*头结点右指针指向自身*/
    if (bt==NULL)
        Head->lchild=Head;          /*若二叉树 bt 为空，则左线索指向自身*/
    else {
            Head->lchild= bt;       /*若二叉树非空，则左线索指向二叉树根结点 bt */
    pre =Head;                      /*pre 指向当前结点的前驱*/
    InThreading(bt);                /*中序遍历进行中序线索化*/
    pre->rchild=Head;               /*最后一个结点右线索化*/
    pre->rtag=1;                    /*最后一个结点标志域置为线索*/
    Head->rchild=pre;               /*头结点的右指针指向最后一个结点*/
   }                                /*else */
   return Head;
  }                                 /* InOrderThreading */
  void InThreading(ThreadTree p)    /*在中序遍历过程中线索化二叉树 bt */
  { if (p!=NULL)
      {  InThreading(p->lchild);    /*左子树线索化*/
         if (p->lchild==NULL)       /*若 p 没有左孩子，则建立前驱线索*/
            {  p->ltag=1;
               p->lchild=pre;
            }                       /*if */
      if ( pre->rchild==NULL)       /*若 pre 没有右孩子，则建立后继线索*/
            {  pre->rtag=1;
               pre->rchild=p;
            }                       /*if */
      pre=p;                        /*修改前驱指针使 pre 指向当前结点*/
      InThreading(p->rchild);       /*右子树线索化*/
      }                             /*if */
}                                   /* InThreading */
```

该算法给出的是二叉树中序线索化算法，对于前序和后序的线索化算法与该算法大致相同，这里留给读者作为练习。

6.4.3　线索二叉树遍历

在二叉树进行线索化后，实现二叉树的运算就会变得很简单，不需要递归，也不需要设栈，可以很容易地找到结点的前驱点或后继结点。在此仍以中序线索二叉树为例，来说明线索二叉树的遍历过程。

线索二叉树的遍历过程实际上就是一个不断寻找结点后继的过程。在一个线索二叉树上寻找结点的后继有以下两种情况。

(1) 如果该结点的右标志域 rtag＝1，表明该结点没有右孩子，则右链域 p－＞rchild 为线索，直接指示结点的后继。

(2) 如果该结点的右标志域 rtag＝0，表明该结点有右孩子，所以无法直接找到其后继结点。但根据中序遍历的规律可知，结点的后继点应是遍历其右子树时访问的第一个结点，即右子树中最左下的结点。这只需要沿着其右子树的左指针链一直向下查找，直到当某结点的左标志域 ltag＝1 时，就是所要找的后继结点。

对带头结点的线索链表进行中序遍历的算法如算法 6-8 所示。

算法 6-8　中序遍历带头结点的线索链表。

```
void InOrder_Thr(ThreadTree Head)                    /*中序遍历中序线索二叉树*/
{ ThreadTree p;
   p=Head->lchild;
  while (p !=Head)
   { while (p->ltag ==0)                             /*找左子树上第一个访问结点*/
          p=p->lchild;
   printf("%c",p->data);                             /*访问第一个结点*/
   while (p->rtag==1 && p->rchild!=Head)             /*访问每个结点的后继结点*/
        { p=p->rchild;
         printf("%c",p->data);
        }                                            /*while*/
   p=p->rchild;                                      /*转到右子树*/
   }                                                 /*while*/
}                                                    /*InOrder_Thr*/
```

由算法 6-8 可以看出，中序遍历线索二叉树，其时间复杂度为 $O(n)$，n 为二叉树的结点数。线索链表由于充分利用了空指针域的空间（节省了空间），又保证了创建时的一次遍历就可以终生受用的前驱和后继信息（节省了时间），所以在实际问题中，如果所用的二叉树需经常进行遍历，或者查找结点时需要某种遍历序列中的前驱和后继，则应采用线索链表作存储结构。线索化是提高重复性访问非线性结构效率的重要手段之一。

按中根次序遍历一棵中序线索二叉树的方法声明如下：算法首先寻找第一个访问结点，即根的左子树上最左边的一个后代结点，此后，反复求得当前访问结点的后继结点，即可遍历整棵二叉树。

6.5 哈夫曼树及其应用

6.5.1 基本概念

从树中的一个结点到另一个结点之间的分支构成这两个结点之间的路径，而路径上的分支数目称为两个结点之间的路径长度。

树的路径长度是指从该树的根到每个结点的路径长度之和。

有时对叶子结点赋予的一个有意义的数值量，称为叶子结点的权值。因此，称结点到根结点之间的路径长度与结点的权的乘积为结点的带权路径长度。

设二叉树具有 n 个带权值的叶结点，那么从根结点到各个叶结点的路径长度与相应结点权值的乘积之和叫作二叉树的带权路径长度，记为

$$\mathrm{WPL}=\sum_{k=1}^{n} W_k \cdot L_k$$

其中，W_k 为第 k 个叶结点的权值；L_k 为第 k 个叶结点的路径长度。

哈夫曼树又称为最优二叉树，是指假设有 n 个权值 $\{W_1, W_2, \cdots, W_n\}$，在以这些权值为叶子结点权值所构造的所有二叉树中，带权路径长度 WPL 最小的二叉树。

例如，给出 4 个叶结点，设其权值分别为 1、3、5、7，则可以构造出形状不同的多个二叉树，这些形状不同的二叉树的带权路径长度将各不相同，如图 6-14 所示。

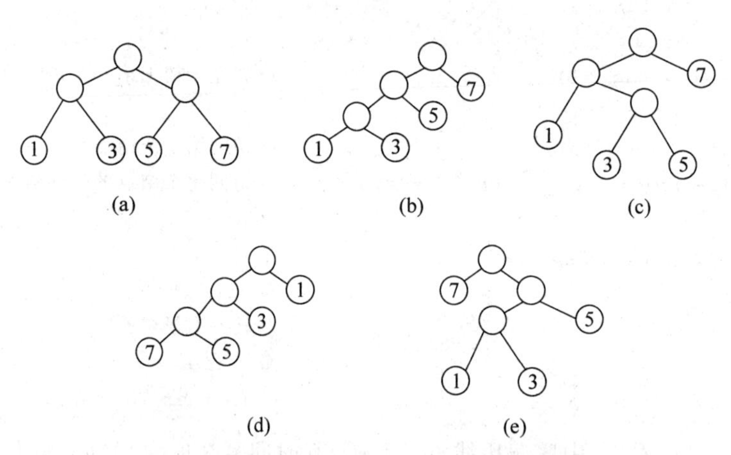

图 6-14　具有相同叶子结点和不同带权路径长度的二叉树

5 棵树的带权路径长度分别为

$$\mathrm{WPL}=1\times2+3\times2+5\times2+7\times2=32$$
$$\mathrm{WPL}=1\times3+3\times3+5\times2+7\times1=29$$
$$\mathrm{WPL}=1\times2+3\times3+5\times3+7\times1=33$$
$$\mathrm{WPL}=7\times3+5\times3+3\times2+1\times1=43$$
$$\mathrm{WPL}=7\times1+5\times2+3\times3+1\times3=29$$

6.5.2　哈夫曼算法

根据哈夫曼树的定义，一棵二叉树要使其 WPL 值最小，必须使权值越大的叶结点越靠近根结点，而权值越小的叶结点越远离根结点。哈夫曼（Haffman）依据这一特点提出了一种方法，这种方法的基本思想如下。

(1) 由给定的 n 个权值 $\{W_1, W_2, \cdots, W_n\}$ 构造 n 棵只有一个叶结点的二叉树，从而得到一个二叉树的集合 $F=\{T_1, T_2, \cdots, T_n\}$。

(2) 在 F 中选取根结点的权值最小和次小的两棵二叉树作为左、右子树构造一棵新的二叉树，这棵新的二叉树根结点的权值为其左、右子树根结点权值之和。

(3) 在集合 F 中删除作为左、右子树的两棵二叉树，并将新建立的二叉树加入到集合 F 中。

(4) 重复(2)和(3)两步，当 F 中只剩下一棵二叉树时，这棵二叉树就是所要建立的哈夫曼树。

图 6-15 给出了前面提到的叶结点权值集合为 $W=\{1,3,5,7\}$ 的哈夫曼树的构造过程，可以计算出其带权路径长度为 29。由此可见，对于同一组给定叶结点所构造的哈夫曼树，树的形状可能不同，但带权路径长度值是相同的则一定是最小的。

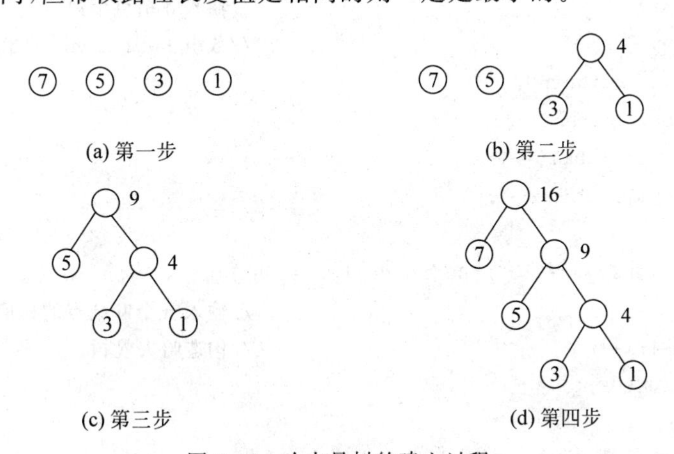

图 6-15　哈夫曼树的建立过程

在构造哈夫曼树时，可以设置一个结构数组 HuffNode 保存哈夫曼树中各结点的信息，根据二叉树的性质可知，具有 n 个叶子结点的哈夫曼树共有 $2n-1$ 个结点，所以数组 HuffNode 的大小设置为 $2n-1$，数组元素的结构形式如图 6-16 所示。

weight	lchild	rchild	parent

图 6-16　HuffNode 数组元素的结构形式

其中，weight 域保存结点的权值，lchild 和 rchild 域分别保存该结点的左、右孩子结点在数组 HuffNode 中的序号，从而建立起结点之间的关系。为了判定一个结点是否已加入要建立的哈夫曼树中，可通过 parent 域的值来确定。初始时 parent 的值为 −1，当结点加入哈夫曼树中时，该结点 parent 的值为其双亲结点在数组 HuffNode 中的序号就不会是 −1 了。

构造哈夫曼树时，首先将由 n 个字符形成的 n 个叶结点存放到数组 HuffNode 的前 n 个分量中，然后根据前面介绍的哈夫曼方法的基本思想，不断将两个小子树合并为一个较大的子树，每次将构成的新子树的根结点顺序放到 Huffnode 数组中的前 n 个分量的后面。哈夫曼树构造算法如下：

```
#define MAXVALUE 10000                              //定义最大权值
#define MAXLEAF 30                                  //定义哈夫曼树中叶结点个数
#define MAXNODE MAXLEAF *2-1
typedef struct{
    int weight;
    int parent;
    int lchild
    int rchild
}HNode Type;
void Haffman Tree(HNode Type HuffNode[ ])
{                                                   //哈夫曼树的构造算法
int i,j,ml,m2,xl,x2,n;
scanf("%d",&n);                                     //输入叶结点个数
for(i=0;i<2*n-1;i++)                                //数组 Huffnode[]初始化
  {HuffNode[i] weight=0;
    HuffNode[i] parent=-1;
    HuffNode[i].lchild=-1;
    HuffNode[il.rchild=-1;
    }
for(i=0;<n;i++) scanf("%d",&HuffNode[i].weight);
                                                    //输入 n 个叶结点的权值
for(i=0;i<n-1;i++)                                  //构造哈夫曼树
  {ml=m2=MAXVALUE;
    x1=x2=0;
    for(j=0;j<n+i;j++)
      if(HuffNode[j].weight<ml &.& HuffNode[j].parent= =-1)
        {m2=ml;x2=x1;
          ml=HuffNode[j].weight; x1=j;
          }
        else if(HuffNode[j].weight<m2&&HuffNode[j]. parent= =-1)
          {m2=HuffNode[j] weight;
            x2=j;
            }
    }
//将找出的两棵子树合并为一棵子树
HuffNode[x1].parent=n+i; HuffNode[x2].parent=n+i;
HuffNode[n+i].weight=HuffNode[x1].weight+HuffNode[x2].weight;
HuffNode[n+i].lchild=x1;Huffnode[n+i].rchild=x2;
```

6.5.3　哈夫曼编码

在数据通信中，经常需要将传送的文字转换成由二进制字符 0、1 组成的二进制串，这个过程称为编码。

哈夫曼树可用于构造使电文的编码总长最短的编码方案。具体做法如下：设需要编码的字符集合为$\{d_1, d_2, \cdots, d_n\}$，它们在电文中出现的次数或频率集合为$\{w_1, w_2, \cdots, w_n\}$，以 d_1、d_2、…、d_n 作为叶结点，w_1、w_2、…、w_n 作为它们的权值，构造一棵哈夫曼树。规定哈夫曼树中的左分支代表 0，右分支代表 1，则从根结点到每个叶结点所经过的路径分支组成的 0 和 1 的序列便为该结点对应字符的编码，称为哈夫曼编码。

下面讨论实现哈夫曼编码的算法。实现哈夫曼编码的算法可分为两大部分：①构造哈夫曼树；②在哈夫曼树上求叶结点的编码。

求哈夫曼编码，实质上就是在已建立的哈夫曼树中，从叶结点开始，沿结点的双亲链域回退到根结点，每回退一步，就走过哈夫曼树的一个分支，从而得到一个哈夫曼码值。由于一个字符的哈夫曼编码是从根结点到相应叶结点所经过的路径上各分支所组成的 0、1 序列，因此先得到的分支代码为所求编码的低位码，后得到的分支代码为所求编码的高位码。

例如，假设要传送的电文为 AUAXXZA，电文中只含有 A、U、X、Z 四种字符，若这四种字符采用表 6-1(a)所示的编码，则电文的代码为 000010001001001110000，长度为 21。在传送电文时，我们总是希望传送时间尽可能短，这就要求电文代码尽可能短，显然，这种编码方案产生的电文代码不够短。如表 6-1(b)所示为另一种编码方案，用此编码对上述电文进行编码所建立的代码为 00010010101100，长度为 14。在这种编码方案中，四种字符的编码均为两位，是一种等长编码。如果在编码时考虑字符出现的频率，让出现频率高的字符采用尽可能短的编码，让出现频率低的字符采用稍长的编码，构造一种不等长编码，则电文的代码就可能更短。如当字符 A、B、C、D 采用如表 6-1(c)所示的编码时，上述电文的代码为 0110010101110，长度仅为 13。

如果要设计长短不等的字符编码，则必须保证任何一个字符的编码都不是另一个字符的编码的前缀，这样才能保证译码的唯一性，因此将这样的编码称为前缀编码。

例如表 6-1(d)的编码方案，字符 A 的编码 01 是字符 B 的编码 010 的前缀部分，这样对于代码串 0101001，既是 AAC 的代码，也是 ABD 和 BDA 的代码。因此，这样的编码不能保证译码的唯一性，称为具有二义性的译码。然而，采用哈夫曼树进行编码，则不会产生上述二义性问题。因为，在哈夫曼树中，每个字符结点都是叶结点，它们不可能在根结点到其他字符结点的路径上，所以一个字符的哈夫曼编码不可能是另一个字符的哈夫曼编码的前缀，从而保证了译码的非二义性。

表 6-1　字符的四种不同的编码方案

编码方案 1		编码方案 2		编码方案 3		编码方案 4	
字符	编码	字符	编码	字符	编码	字符	编码
A	00	A	000	A	0	A	01
U	01	U	010	U	110	U	010
X	10	X	100	X	10	X	001
Z	11	Z	111	Z	111	Z	10

求哈夫曼编码，实质上就是在已建立的哈夫曼树中，从叶结点开始，沿结点的双亲链域回退到根结点，每回退一步，就走过了哈夫曼树的一个分支，从而得到一位哈夫曼码值。由于一个字符的哈夫曼编码是从根结点到相应叶结点所经过的路径上各分支所组成的 0、1 序列，因此先得到的分支代码为所求编码的低位码，后得到的分支代码为所求编码的高位码。

可以设置一个结构数组 HuffCode 用来存放各字符的哈夫曼编码信息，数组元素的结构如图 6-17 所示。

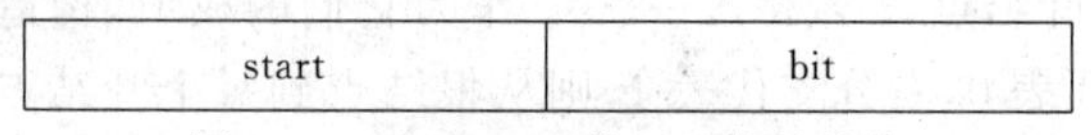

图 6-17 HuffCode 数组元素的结构

其中，分量 bit 为一维数组，用来保存字符的哈夫曼编码，start 表示该编码在数组 bit 中的开始位置。所以，对于第 *i* 个字符，它的哈夫曼编码存放在 HuffCode[i]. bit 中的从 HuffCode[i]. start 到 *n* 的分量上。

哈夫曼编码算法描述如下。

```
#define MAXBIT 10                                   //定义哈夫曼编码的最大长度
typedef struct {
    int bit [MAXBIT];
    int start;
    }H Code Type;
void haffman code() {                               //生成哈夫曼编码
HNode Type HuffNode[MAXNODE];
H CodeType HuffCode[MAXLEAF],cd;
int i,j,c,p;
Huffman Tree(HuffNode);                             //建立哈夫曼树
  for(i=0;i<n;i++)                                  //求每个叶子结点的哈夫曼编码
    }cd. start=n-1;c=i
     p=HuffNode[c].parent
     while(p!=0)                                    //由叶结点向上直到树根
    {if(HuffNode[p].lchild= =c)cd.bit[cd.start]=0
          else cd. bit[cd.start]=1;
          cd.start——;c=p;
          p=HuffNode[c].parent;
          }
  for(j=cd.start+1;j<n;j++)                         //保存求出的每个叶结点的哈夫曼编码和编
                                                      码的起始位
    HuffCode[i].bit[j]=cd.bit[j];
  HuffCode[i].start=cd.start;
  }
for(i=0;i<n;i++)                                    //输出每个叶结点的哈夫曼编码
  {for(j=HuffCode[i].start+1;j<n;j++)
      printf("%1d",HuffCode[i].bi[j]);
  printf("\n");
  }
}
```

习　题

1. 什么是树？树结构与线性结构的区别是什么？树与线性表有什么关联？

2. 什么是有序数？什么是无序树？

3. 树有哪几种表示方法？各有什么特点？

4. 什么是二叉树？二叉树是不是度为 2 的数？二叉树是不是度为 2 的有序树？为什么？

5. 一颗二叉树，如果所有分支结点都存在左子树和右子树，并且所有叶子结点都在同一层上，这是什么二叉树？

第 7 章

图

图是一种数据元素之间具有多对多关系的非线性数据结构。图中的每个元素可以有多个前驱元素和多个后继元素，任意两个元素都可以相邻，图结构比线性表和树更复杂。

在离散数学中，图论（graphic theory）研究图的纯数学性质；在数据结构中，图结构研究在计算机中如何存储图及如何实现图的操作和应用。

图是刻画离散结构的一种有力工具。在运筹规划、网络研究和计算机程序流程分析中都存在图的应用问题。在生活中，人们经常以图和表来表达文字难以描述的信息，比如城市交通图、线路图和网络图等。

7.1 图及其抽象数据类型

7.1.1 图的基本概念

1. 图的定义和术语

图（graph）是由顶点（vertex）集合及顶点间的关系集合所组成的一种数据结构。顶点之间的关系称为边（edge）。一个图 G 记为 $G=(V,E)$，V 是顶点 v_i 的有限集合，n 为顶点数，E 是边的有限集合，即

$V=\{v_i \mid v_i \in$ 某个数据元素集合$\}$， $0 \leqslant i < n, 0 < n$

$E=\{(v_i v_j) \mid v_i, v_j \in V\}$ 或 $E=\{\langle v_i, v_j \rangle \in V\}$， $0 \leqslant i, j < n, i \neq j$

1) 无向图

无向图（undirected graph）中的边没有方向，每条边用两个顶点的无序对表示，如 (v_i, v_j) 表示连接顶点 v_i 和 v_j 之间的一条边，(v_i, v_j) 和 (v_j, v_i) 表示同一条边，如图 7-1(a) 和图 7-1(b) 所示。

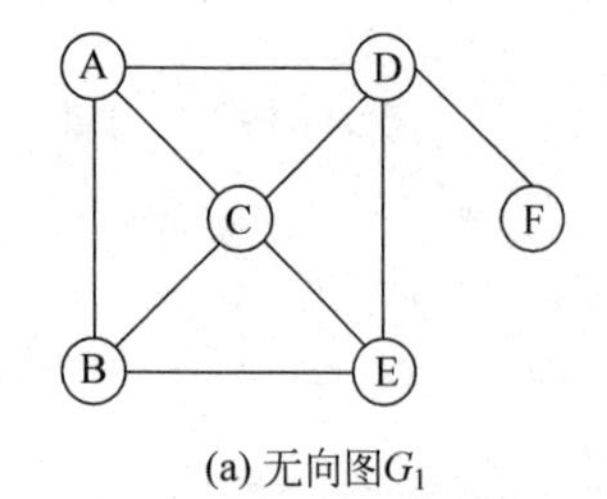

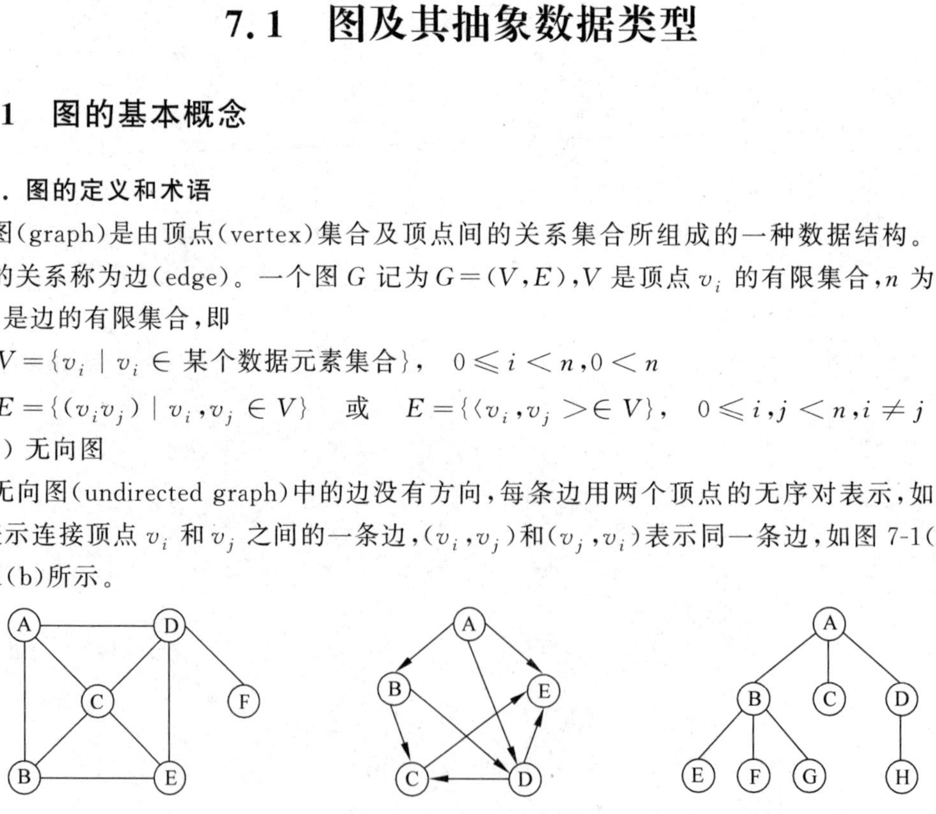

(a) 无向图G_1

(b) 树是连通的无回路的无向图G_2

(c) 有向图G_3

图 7-1 无向图与有向图

无向图 G_1 的顶点集合 V 和边集合 E 分别为

$$V(G_1)=\{A,B,C,D,E,F\}$$

$$E(G_1)=\{(A,B)(A,C)(A,D)(B,C)(B,F)(C,D)(C,E)(D,E)(D,F)\}$$

2) 有向图

有向图(directed graph)中的边有方向，每条边用两个顶点的有序对表示，如 $\langle v_i,v_j\rangle$ 表示从顶点 v_i 到 v_j 的一条有向边，v_i 是边的起点，v_j 是边的终点。因此，$\langle v_i,v_j\rangle$ 和 $\langle v_j,v_i\rangle$ 表示方向不同的两条边。有向图 G_2 见图 7-1(b)，图中箭头表示边的方向，箭头从起点指向终点。

G_2 的顶点集合 V 和边集合 E 分别为

$$V(G_2)=\{A,B,C,D,E,F\}$$

$$E(G_2)=\{\langle A,B\rangle,\langle A,E\rangle,\langle B,C\rangle\langle B,D\rangle,\langle C,E\rangle,\langle D,C\rangle\langle D,E\rangle\}$$

数据结构中讨论的是简单图，不讨论图论中的多重图和带自身环的图。多重图指图中两个顶点间有重复的边，如图 7-2(a)所示，顶点 A 和 C 之间有两条边 $b_1=(C,A)$，$b_2=(C,A)$，称 b_1 和 b_2 为重边。自身环(self loop)指起点和终点相同的边，形如 (v_i,v_i) 或 $\langle v_i,v_i\rangle$ 如图 7-2(b)所示，$\langle C,C\rangle$ 是自身环。

3) 完全图

完全图(complete graph)是指图的边数达到最大值。n 个顶点的完全图记为 G_n。无向完全图 G_n 的边数为 $n\times(n-1)/2$，有向完全图 G_n 的边数为 $n\times(n-1)$。无向完全图 G_5 和有向完全图 G_3 如图 7-3 所示。

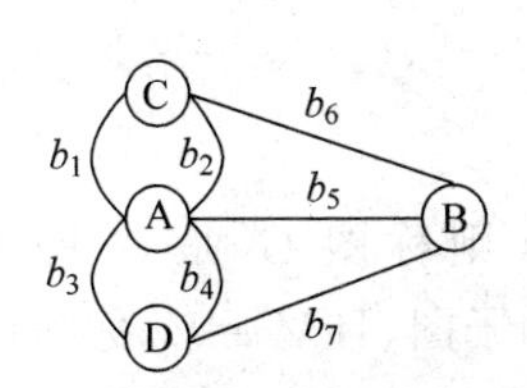

(a) 哥尼斯堡七桥，多重图

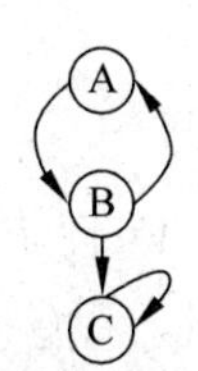

(b) 带自身环的图

图 7-2　多重图和带自身环的图

(a) 无向完全图 G_5

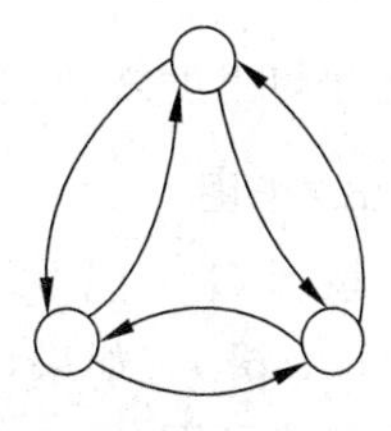

(b) 有向完全图 G_3

图 7-3　完全图

4) 带权图

带权图(weihted graph)是指图中的边具有权(weight)值。在不同的应用中，权值有不同的含义。例如，如果顶点表示城市，则两个顶点之间边的权值可以表示两个城市间的距离、从一个城市到另一个城市所需的时间或所花费的代价等。带权图也称为网络(network)。带权图如图 7-4 所示，边上标出的实数为权值。

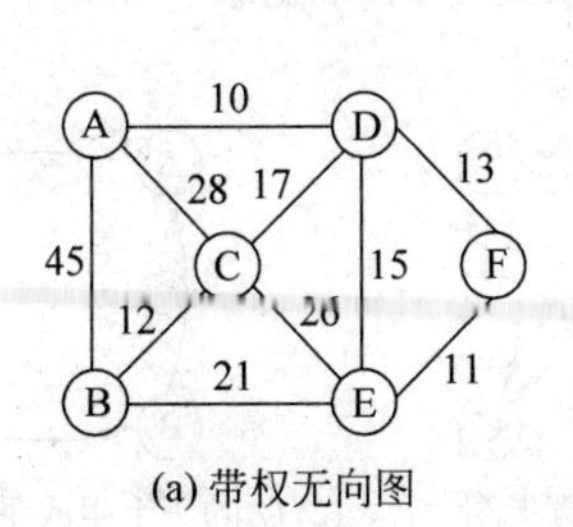

(a) 带权无向图

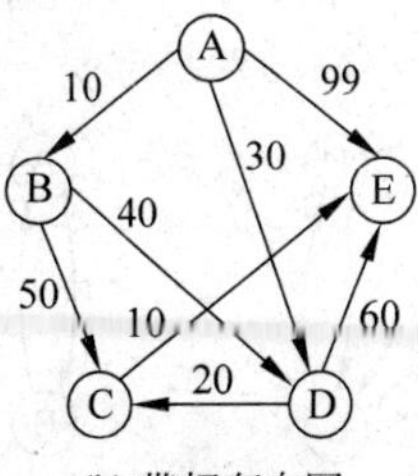

(b) 带权有向图

图 7-4　带权图

5）邻接顶点

若(v_i, v_j)是无向图$E(G)$中的一条边，则称v_i，和v_j互为邻接顶点(adjacent vertex)，且边v_i和v_j依附于顶点v_i和v_j，或者说边(v_i, v_j)与顶点v_i和v_j相关联。

若$\langle v_i, v_j \rangle$是有向图$E(G)$中的一条边，则称顶点v_i，邻接到顶点v_j，顶点v_j邻接自顶点v_i，边$\langle v_i, v_j \rangle$与顶点v_i和v_j相关联。

2. 顶点的度

顶点的度(degree)是指与顶点v_i关联的边数，记为degree(v_i)。度为0的顶点称为孤立点，度为1的顶点称为悬挂点(pendant node)。G_1中顶点B的度degree(B)=3。

在有向图中，以v_i为终点的边数称为v_i的入度，记作indegree(v_i)；以v_i为起点的边数称为v_i的出度，记作outdegree(v_i)。顶点的度是入度与出度之和，即degree(v_i)=indegree(v_i)+outdegree(v_i)。G_2中顶点B的入度indegree(B)=1，出度outdegree(B)=3，degree(B)=3。

设图G有n个顶点和e条边，无向图的边数与顶点度的关系与有向图不同。若G是无向图，则$e=\frac{1}{2}\sum_{i=1}^{n}\text{degree}(v_i)$，意为边数是所有顶点度之和的一半；若$G$是有向图，则$\sum_{i=1}^{n}\text{indegree}(v_i)=\sum_{i=1}^{n}\text{outdegree}(v_i)=e$，意为所有顶点入度之和与出度之和相等，值是边数；$\sum_{i=1}^{n}\text{degree}(v_i)=\sum_{i=1}^{n}\text{indegree}(v_i)+\sum_{i=1}^{n}\text{outdegree}(v_i)=2e$，意为所有顶点度之和是入度之和与出度之和相加，其结果值是边数的2倍。

3. 子图

设图$G=(V,E)$，$G'=(V',E')$，若$V' \subseteq V$且$E' \subseteq E$，则称图G'是G的子图(suabgraph)。如果$G' \neq G$，称图G'是G的真子图。若G'是G的子图，且$V'=V$，称图G'是G的生成子图(spanning subgraph)。无向和有向完全图G_4及其真子图和生成子图如图7-5和图7-6所示。

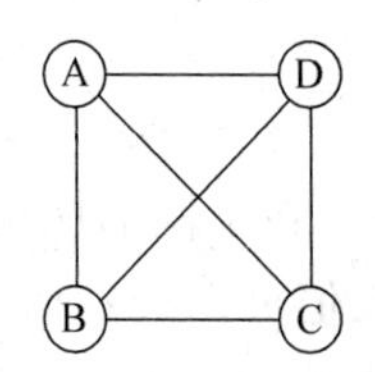

(a) 无向完全图G_4，连通图

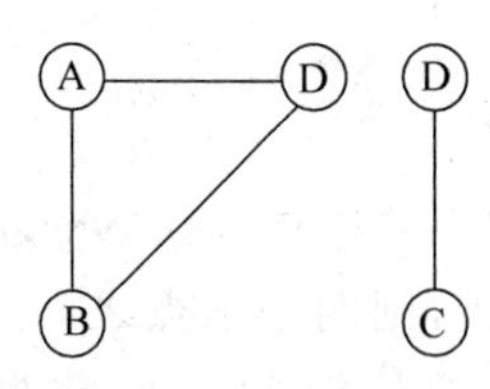

(b) G_4的两个真子图

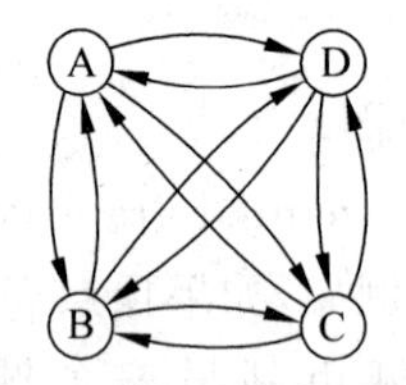

(c) G_4的一个生成子图

图7-5　无向完全图G_4及其真子图和生成子图

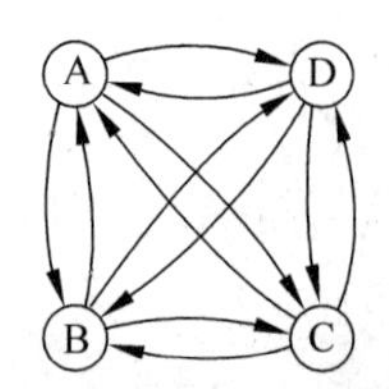

(a) 有向完全图G_4，强连通图

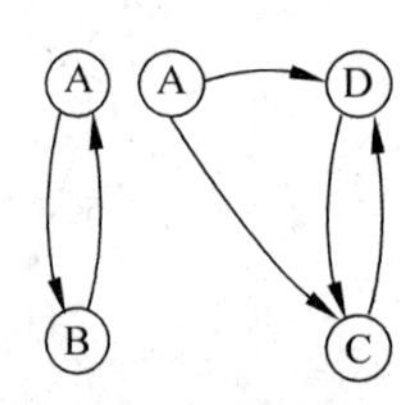

(b) G_4的两个真子图

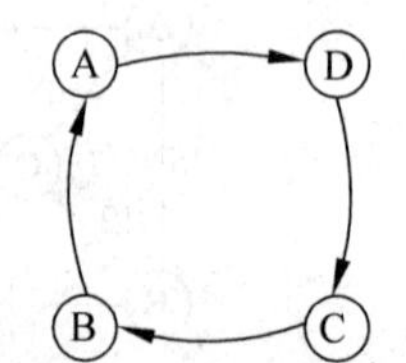

(c) G_4的一个生成子图，强连通图

图7-6　有向完全图G_4及其真子图和生成子图

4. 路径

一个有 n 个顶点的图 $G=(V,E)$，若 (v_i,v_{p_1})、(v_{p_1},v_{p_2})、…、(v_{p_m},v_j) $(0\leqslant p_1,p_2,\cdots,p_1<n)$ 都是 $E(G)$ 的边，则称顶点序列 $(v_i,v_{p_1},v_{p_2},\cdots,v_{p_m},v_j)$ 是一条路径(path)。若 G 是有向图，则路径 $\langle v_i,v_{p_1},v_{p_2},\cdots,v_{p_m},v_j\rangle$ 也是有向的，v_i 为路径起点，v_j 为路径终点。例如，在图 7-5 中，从顶点 A 到 C 有多条路径，即(A,B,C)、(A,C)、(A,B,D,C)等。

简单路径(simple path)是指路径 $(v_1,v_2,\cdots,v_m)$ $(0\leqslant m<n)$ 上各顶点互不重复。回路(cycle path)是指起点和终点相同且长度大于 1 的简单路径，回路又称为环。在图 7-7 中，(A,B,D,C)是一条简单路径，(A,B,C,A)是一条回路。

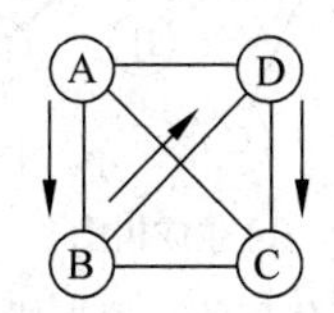

(a) 简单路径(A，B，D，C)，路径长度为3

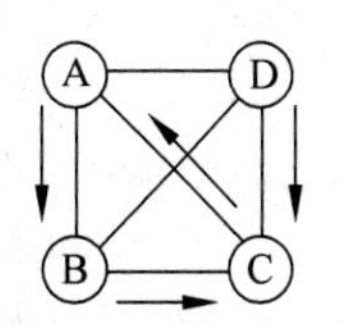

(b) 回路(A，B，C，A)

图 7-7　简单路径与回路

对于不带权图，路径长度(path length)指该路径上的边数；对于带权图，路径长度指该路径上各条边的权值之和。例如在图 7-7(a)中，(A,B,D,C)的路径长度为 3；在图 7-4(a)中，(A,B,C)的路径长度为 45+12=57。

一个有向图 G 中，若存在一个顶点 v_0，从 v_0 有路径可以到达图 G 中其他所有顶点，则称此有向图为有向树，称 v_0 为图 G 的根。

5. 连通性

1) 连通图和连通分量

在无向图 G 中，若从顶点 v_i 到 v_j $(v_i\neq v_j)$ 有路径，则称 v_i 和 v_j 是连通的。若图 G 中任意一对顶点 v_i 和 v_j 都是连通的，则称 G 为连通图(connected graph)。非连通图的极大连通子图称为该图的连通分量(connected component)。例如，图 7-5(a)无向完全图 G_4 是连通图；图 7-8(a)是非连通图，它由两个连通分量组成。

2) 强连通图和强连通分量

在有向图中，若在每一对顶点 v_i 和 v_j $(v_i\neq v_j)$ 之间都存在一条从 v_i 到 v_j 的路径，同时也存在一条从 v_j 到 v_i 的路径，则称该图是强连通图(strongly connected graph)。非强连通图的极大强连通子图称为该图的强连通分量。例如，图 7-6(a)和图 7-6(c)是强连通图；在图 7-6(c)中，顶点 A 和 B 之间的两条路径是⟨A,D,C,B⟩和⟨B,A⟩。图 7-8(b)是非强连通图，因为从顶点 A 到 C 没有路径；图 7-8(b)的两个强连通分量如图 7-8(c)所示。

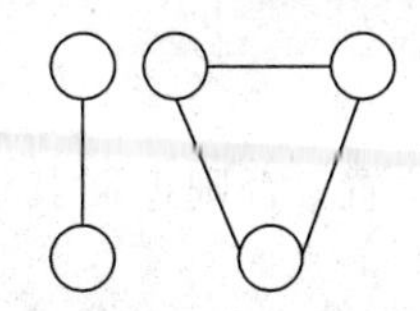

(a) 非连通图由多个连通分量组成

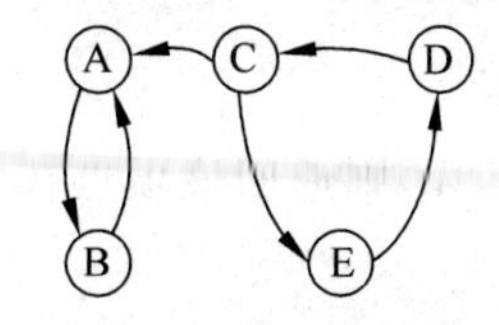

(b) 非强连通图

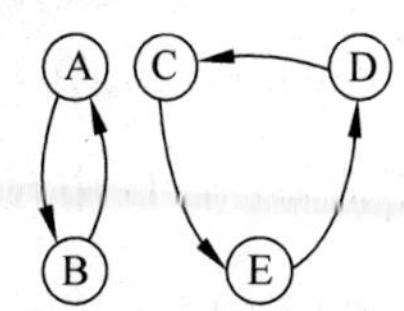

(b) 两个强连通分量

图 7-8　非连通图由多个连通分量组成

6. 生成树和生成森林

一个连通图的生成树是一个极小连通子图，它含有图中全部顶点，但只有足以构成一棵树的 $n-1$ 条边。图 7-9 是无向图 G_5 中最大连通分量的一棵生成树。如果在一棵生成树上添加一条边，必定构成一个环，因为这条边使它依附的那两个顶点之间有了第二条路径。如果在生成树中减少任意一条边，则必然成为非连通的。生成树极小是指连通所有顶点的边数最少。如果它多于 $n-1$ 条边，则一定有环。但是，有 $n-1$ 条边的图不一定是生成树。

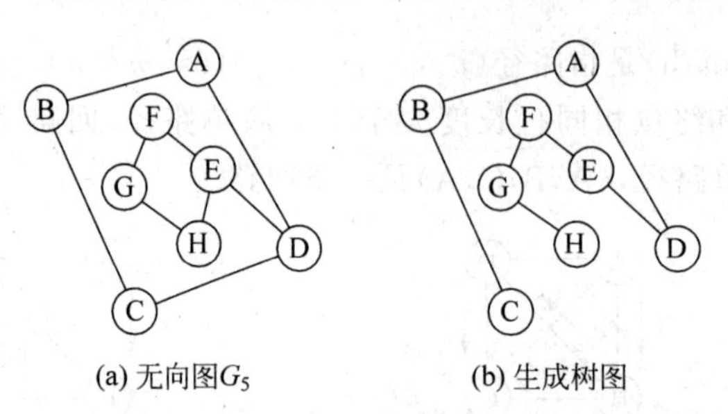

图 7-9 无向图 G_5 中最大连通分量的一棵生成树

如果一个有向图恰有一个顶点的入度为 0，其余顶点的入度均为 1，则是一棵有向树。一个有向图的生成森林由若干棵有向树组成，它含有图中全部顶点，但只有足以构成若干棵不相交的有向树的弧。

7.1.2 图抽象数据类型

抽象数据类型图的定义如下。

```
ADT Graph {
```

数据对象 V：V 具有相同特性的数据元素的集合，称为顶点集。

数据关系 R：

```
R={VR}
VR={〈v,w〉| v,w∈V 且 P(v,w),〈v,w〉表示从 v 到 w 的弧,谓词 P(v,w)定义了弧〈v,w〉的意义或信息 }
```

基本操作 P：

```
CreateGraph(&G,V,VR);
```

操作结果：按图的顶点集 V 和图中弧的集合 VR 的定义构造图。

```
DestroyGraph(&G);
```

操作结果：销毁已存在的图。

```
LocateVex(G,u);
```

操作结果：若 G 中存在顶点 u，则返回该顶点在图中的位置；否则返回其他信息。

```
GetVex(G,v);
```

操作结果：返回图 G 中某个顶点 v 的值。

```
PutVex(&G,v,value);
```

操作结果：对图 G 中某个顶点 v 赋值 value。

```
FirstAdjVex(G,v);
```

操作结果：返回图 G 中某个顶点 v 的第一个邻接顶点，若顶点在 G 中无邻接顶点，则返回“空”。

```
NextAdjVex(G,v,w);
```

操作结果：返回图 G 中某个顶点 v 的(相对于 w 的)下一个邻接顶点。若 w 是 v 的最后一个邻接点，则返回“空”。

```
InsertVex(&G,v);
```

操作结果：在图 G 中增添新顶点 v。

```
DeleteVex(&G,v);
```

操作结果：删除 G 中顶点 v 及其相关的弧。

```
InsertArc(G,v,w);
```

操作结果：在 G 中增添弧〈v,w〉，若 G 是无向的，则还增添对称弧〈w,v〉。

```
DeleteArc(G,v,w);
```

操作结果：在 G 中删除弧〈v,w〉，若 G 是无向的，则还删除对称弧〈w,v〉。

```
DFSTraverse(G,v);
```

操作结果：从顶点 v 出发对图进行深度优先遍历。

```
BFS Traverse(G,v);
```

操作结果：从顶点 v 出发对图进行广度优先遍历。

```
}ADT Graph
```

7.2　图的存储结构

图是一种复杂的数据结构，不仅各个顶点的度可以千差万别，而且顶点之间的逻辑关系也错综复杂，即任何两个顶点之间都可能存在联系，因此无法用数据元素在存储区中的物理位置来表示元素之间的关系，即图没有顺序映像的存储结构，但可以借助数组的数据类型来表示元素之间的关系。另外从图的定义可知，一个图的信息包括两部分，即图中顶点的信息及描述顶点之间的关系——边或者弧的信息。因此，无论采用什么方法建立图的存储结构，都要完整、准确地反映这两方面的信息。常用的存储方式有邻接矩阵、邻接表、邻接多重表和十字链表，下面将分别进行讨论。

7.2.1　邻接矩阵

邻接矩阵(adjacency matrix)存储结构是用一维数组存储图中顶点的信息，用矩阵表示图中各顶点之间的邻接关系。假设图 $G=(V,E)$ 有 n 个确定的顶点，即 $V=\{v_0,v_1,\cdots,v_{n-1}\}$，则可以用一个 $n\times n$ 的矩阵来表示 G 中各顶点的相邻关系，矩阵元素为

$$\boldsymbol{A}[i][j]=\begin{cases}1 & 若\ v_i\ 和\ v_j\ 之间存在边(或弧)\\ 0 & 若\ v_i\ 和\ v_j\ 之间不存在边(或弧)\end{cases}$$

无向图及其邻接矩阵如图 7-10 所示。

有向图及其邻接矩阵如图 7-11 所示。

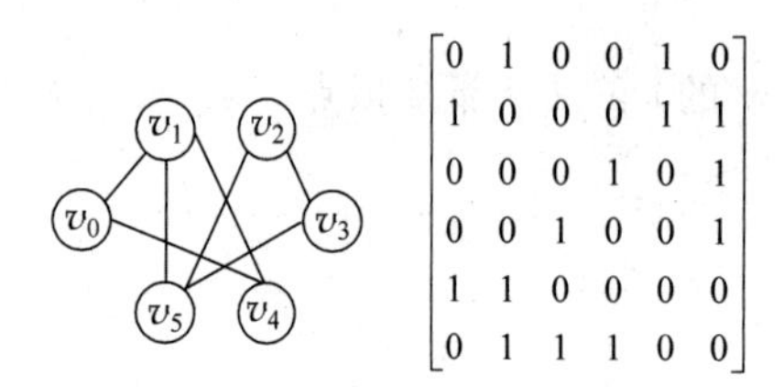

图 7-10　无向图及其邻接矩阵

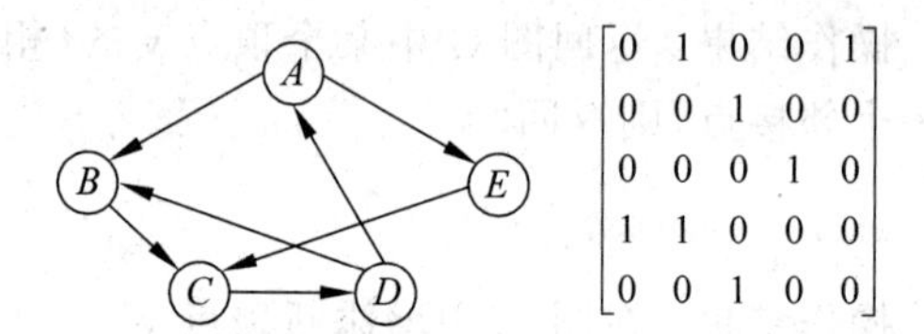

图 7-11　有向图及其邻接矩阵

图的邻接矩阵是唯一的，它的大小只与顶点的个数有关，与边数无关，是一个 N 阶方阵。无向图的邻接矩阵是一个对称矩阵，因此可以考虑采用压缩存储的方式只存入矩阵的上三角(或下三角)元素。

借助于邻接矩阵可以很容易判断两个顶点之间是否有边(或弧)相连，也很容易求出每个顶点的度。对于无向图，顶点 v_i 的度是邻接矩阵中第 i 行(或第 i 列)的非 0 元素个数之和，即

$$\mathrm{TD}(v_i)=\sum_{j=0}^{n-1}A[i][j]\,(n=\mathrm{Max\_Vertex\_Num})$$

对于有向图，第 i 行的非 0 元素个数之和为顶点 v_i 的出度 $\mathrm{OD}(v_i)$；第 j 列的非 0 元素个数之和为顶点 v_j 的入度 $\mathrm{ID}(v_j)$。

若 G 是图，则邻接矩阵可定义为

$$\boldsymbol{A}[i][j]=\begin{cases}w_{i,j} & 若(v_i,v_j)\ 或\langle v_i,v_j\rangle\in \mathrm{VR}\\ \infty & 反之\end{cases}$$

其中，$w_{i,j}$ 为边 (v_i,v_j) 或 $\langle v_i,v_j\rangle$ 上的权值；∞ 为一个计算机允许的、大于所有边上权值的值。

图 7-12 列出了一个有向图和它的邻接矩阵。

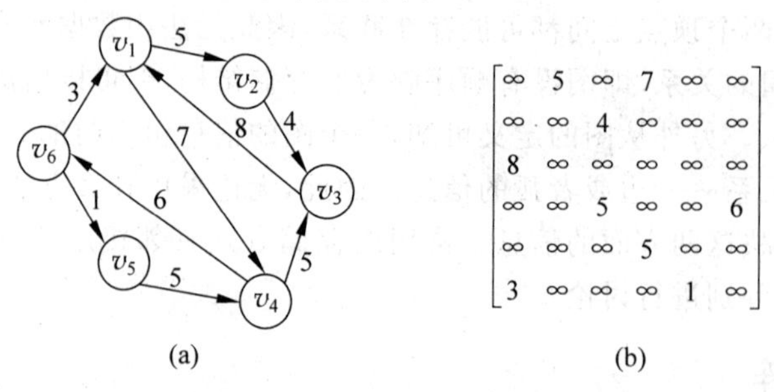

图 7-12　有向图及其邻接矩阵

在实际应用邻接矩阵存储图时，除了用一个一维数组存储顶点，一个二维数组存储用于表示顶点间相邻关系的邻接矩阵外，还要存储图的顶点数和边数。故可用 C 语言将其形式描述如下。

```
/*---图的邻接矩阵存储结构---*/
#define Max_Vertex_Num 100                        /*最大顶点数设为 100*/
Typedef struct
{ char vexs[Max_Vertex_Num];                      /*顶点向量*/
  int arcs[Max_Vertex_Num][ Max_Vertex_Num];      /*邻接矩阵*/
  int vexnum,arcnum;                              /*顶点数和边数*/
}Mgraph;
```

Mgraph 就是所定义的邻接矩阵类型，下面给出了利用邻接矩阵构造无向图的算法。

算法 7-1　无向网的邻接矩阵的建立算法。

```
void CreateMGraph(MGraph *G)
  {                                               /*采用邻接矩阵表示法,构造无向网 G*/
      int i,j,k,w;
      char v1,v2;                                 /*表示顶点*/
      printf("请输入顶点数和边数\n");
      scanf("%d,%d",&(G->vexnum),&(G->arcnum));/*输入顶点数和边数*/
      printf("请输入顶点信息:\n");
      for (i=0;i<G->vexnum;i++)
      scanf("%c",&(G->vexs[i]));                  /*输入顶点信息,构造顶点向量*/
      for(i=0;i<G->vexnum;i++)
      for (j=0;j<G->vexnum;j++)
          G->arcs[i][j]=0;                        /*初始化邻接矩阵*/
      printf ("请输入每条边对应的两个顶点及权值 w:\n");
      for (k=0;k<G->arcnum;k++)
      {scanf ("%c,%c,%d",&v1,&v2,&w);             /*输入 arcnum 条边建立邻接矩阵*/
      i=LocateVex(G,v1);
      j=LocateVex(G,v2);      /*查找顶点 v1 和 v2 在图中的位置(即在顶点向量中的下标)*/
      if((i==-1)||(j==-1)) printf("该边不存在,请重新输入\n");
      else G->arcs[i][j]=w; G->arcs[j][i]=w;      /*赋权值*/
    }                                             /*for*/
    }                                             /*CreateMGraph*/
 int LocateVex(Mgraph G,char u)                   /*返回顶点 u 在图中的位置(下标),如不
                                                    存在则返回-1*/
   { int i;
     for(i=0;i<G.vexnum;++i)                      /*用循环查找该结点*/
     if(G.vexs[i]= =u)
       return i;
     else return-1;
 }                                                /*LocateVex*/
```

7.2.2 邻接表

邻接表(adjacency list)是图的一种顺序存储与链式存储相结合的存储方法。邻接表表示法类似于树的孩子链表表示法,对于图 G 中的每个顶点建立一个单链表,第 i 个单链表中的结点表示依附于顶点 v_i 的边(对于有向图是以顶点 v_i 为尾的弧)。每个链表附设一个表头结点,在表头结点中,除了设有链域(firstarc)指向链表中的第一个结点外,还设有存储顶点 v_i 的数据域(vertex)。所有表头结点存储在一个一维数组中,以便于随机访问任一顶点的链表,这两部分就构成了图的邻接表。在邻接表表示中有两种结点结构,如图 7-13 所示。

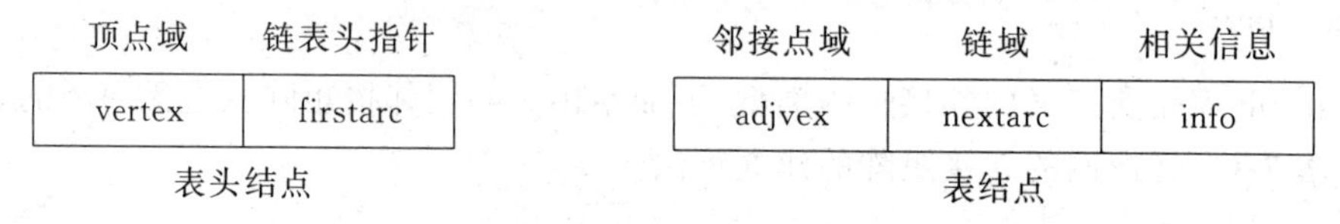

图 7-13 在邻接表中的两种结点结构

其中,表头结点中有 2 个域:顶点域(vertex)和指向第一条邻接边的指针域(firstarc)。表结点中有 3 个域:邻接点域(adjvex)指示与顶点 v_i 邻接的点在图中的位置;链域(nextarc)指示下一条边或弧的结点;数据域(info)存储和边或弧相关的信息,如权值等。邻接表存储表示的形式描述如下。

```
/*---图的邻接表存储结构---*/
#define Max_Vertex_Num 100                    /*假设图中最大顶点数为 100*/
typedef struct ArcNode{                       /*表结点*/
      int adjvex;                             /*该弧所指向的顶点编号*/
      struct ArcNode *nextarc;                /*指向下一条弧的指针*/
      int weight                              /*若 G 为网,则 weight 表示边上权值*/
  }ArcNode;
typedef struct V Node{                        /*表头结点*/
        char vertex;                          /*顶点信息*/
        ArcNode *firstarc;                    /*指向第一条依附于该顶点的弧的指针*/
  }VNode;
typedef VNode AdjList [Max_Vertex_Num];       /*表头向量*/
typedef struct {
AdjList adjlist;                              /*邻接表*/
int vexnum,arcnum;                            /*顶点数和边数*/
}ALGraph;                                     /*ALGraph 为邻接表类型*/
```

如图 7-14 所示为无向图对应的邻接表表示。

若无向图中有 n 个顶点、e 条边,则它的邻接表需要 n 个首结点和 $2e$ 个表结点。显然,在边稀疏($e \leqslant n(n-1)/2$)的情况下,用邻接表表示图比用邻接矩阵表示图更节省存储空间,当与边相关的信息较多时则更是如此。

在无向图的邻接表中,顶点 v_i 的度恰为第 i 个链表中的结点数;而在有向图中,第 i 个链表中的结点个数只是顶点 v_i 的出度,为求入度,就必须遍历整个邻接表。在所有链表中,

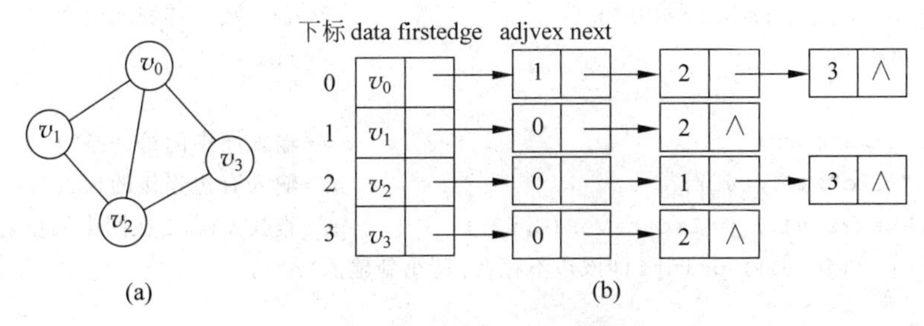

图 7-14　无向图及其邻接表表示

其邻接点域的值为 i 的结点的个数是顶点 v_i 的入度。有时，为了便于确定顶点的入度或以顶点 v_i 为弧头的弧，则可以建立有向图的逆邻接表，即对每个顶点 v_i 建立一个链接以 v_i 为弧头的弧的链表，例如图 7-15(a)和图 7-15(b)所示分别为有向图 G_2 的邻接表和逆邻接表。算法 7-2 为无向图的邻接表建立算法。

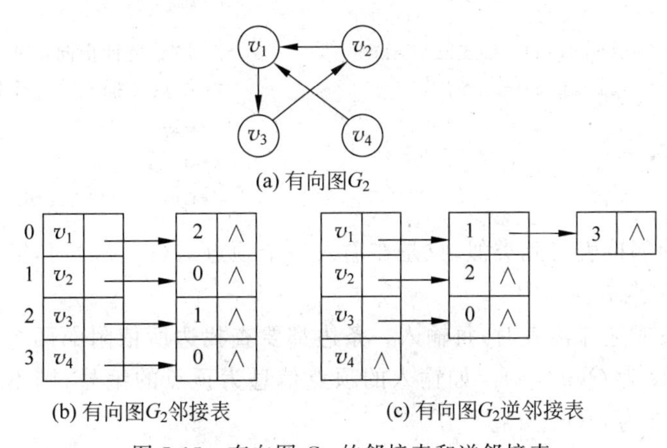

图 7-15　有向图 G_2 的邻接表和逆邻接表

算法 7-2　无向图的邻接表建立算法。

```
int LocateVex(ALGraph *G,char u)
{ /*返回顶点 u 在邻接表存储的无向图 G 中的位置(下标),如不存在则返回-1*/
    int i;
    for(i=0;i<G->vexnum;++i)                                /*用循环查找该结点*/
    if(G->adjlist[i].vertex==u)
        return i;
    else return-1;
}                                                            /*LocateVex*/

void CreateALGraph(ALGraph *G)
{ArcNode *p;
 int i,j,k;
 char v1,v2;
 scanf("%d%d",&G-> vexnum,&G-> arcnum);                     /*输入顶点数和边数*/
 for(k=0;k< G->vexnum;k++)
{scanf("%c",&G->adjlist[k]. vertex);                        /*输入表头数组数据域的值*/
```

```
G->adjlist[k]. firstarc=NULL;                    /*表头数组链域的值为空*/
}                                                /*for */
k=0;
while(k<G->arcnum)                               /*输入图中的每一条边*/
{scanf("%c%c", &v1, &v2);                        /*输入有边连接的顶点对*/
i=LocateVex(G,v1); j= LocateVex(G,v2);           /*查找 v1、v2 在图中的位置*/
if((i==-1)||(j==-1)) printf("该边不存在,请重新输入\n");
else
 {k++;                                           /*边计数*/
 p=( ArcNode *)malloc(sizeof(ArcNode));          /*申请空间,生成表结点*/
 p->adjvex=j;
 p->nextarc= G->adjlist[i]. firstarc;            /*将 p 指针指向当前顶点指向的结点*/
 G->adjlist[i]. firstarc=p;                      /*结点 j 插入第 i 个链表中*/
 p=( ArcNode *)malloc(sizeof(ArcNode));          /*申请空间,生成表结点*/
 p->adjvex=i;
 p->nextarc= G->adjlist[j]. firstarc;            /*将 p 指针指向当前顶点指向的结点*/
 G->adjlist[i]. firstarc=p;                      /*结点 i 插入第 j 个链表中*/
}                                                /*else */
}                                                /*while */
}                                                /*Create ALGraph */
```

建立有向图的邻接表与此类似,只是在输入每个顶点对$\langle v_i, v_j \rangle$时,需要动态生成一个结点 j,并插入到顶点 i 链表中。

在建立邻接表或逆邻接表时,每输入一条边都要查找边所依附的两个顶点在图中的位置,因此时间复杂度为 $O(n\times e)$。如输入的顶点信息为顶点的编号,则不需要查找顶点的位置,则时间复杂度为 $O(n+e)$。

在邻接表上容易找到任一顶点的第一个邻接点和下一个邻接点,但要判定任意两个顶点(v_i 和 v_j)之间是否有边或弧相连,则需搜索第 i 个或第 j 个链表,因此不如邻接矩阵方便。

7.2.3 有向图的十字接表

对于有向图来说邻接表是有缺陷的,它只关心出度问题,若想了解入度就必须要遍历整个链表才能知道;反之,逆邻接表解决了入度却不了解出度的情况。十字链表(orthogonal list)是有向图的另一种存储结构。它可以看成是将有向图的邻接表和逆邻接表结合起来得到的一种链表。在十字链表中,对应于有向图中每一条弧有一个结点,对应于每个顶点也有一个结点,这些结点的结构如图 7-16 所示。

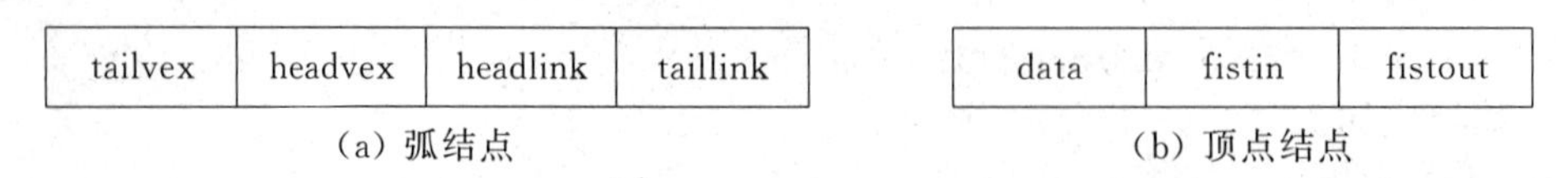

(a) 弧结点　　(b) 顶点结点

图 7-16　十字链表结点结构

在弧结点中有 4 个域:其中尾域(tailvex)和头域(headvex)分别指向弧尾和弧头这两个顶点在图中的位置,链域(headlink)指向弧头相同的下一条弧,而链域(taillink)则指向弧尾相同的下一条弧。

弧头相同的弧在同一链表上，弧尾相同的弧也在同一链表上。它们的头结点即为顶点结点，它由3个域所组成：其中 data 域存储和顶点相关的信息，如顶点的名称等；firstin 和 firstout 为两个链域，分别指向以该顶点为弧头或弧尾的第一个弧结点。

图7-17(a)中图的十字链表如图7-17(b)所示。

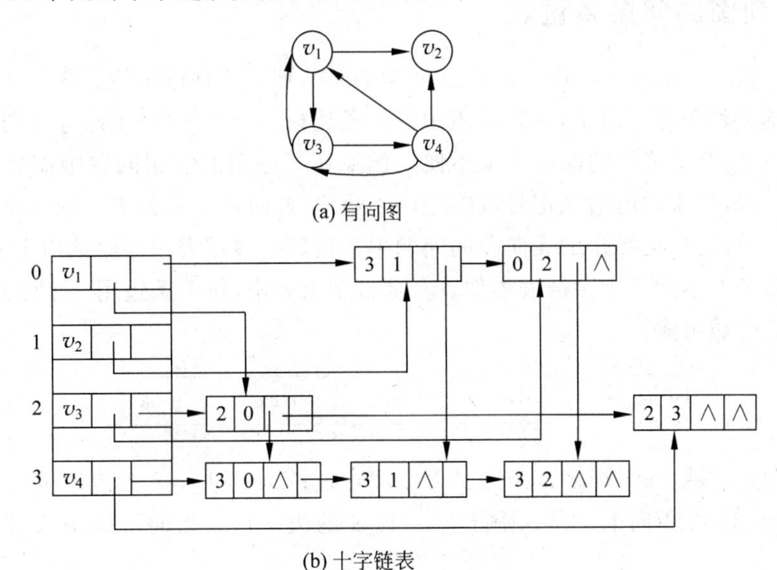

图7-17 有向图的十字链表

若将有向图的邻接矩阵看成是稀疏矩阵的话，则十字链表也可以看成是邻接矩阵的链表存储结构，只是在图的十字链表中，弧结点所在的链表非循环链表，结点之间的相对位置自然形成，不一定按顶点序号有序排列，表头结点即为顶点结点，它们之间非链相接，而是顺序存储。十字链表存储表示的形式描述如下。

```
/*---图的十字链表存储结构---*/
#define Max_Vertex_Num 20
Typedef struct ArcBox {                 /*弧结点*/
      int tailvex,headvex;              /*该弧的尾和头顶点的位置*/
      struct ArcBox *hlink,*tlink;      /*分别为弧头相同的弧和弧尾相同的弧的链域*/
      } ArcBox;
Typedef struct VexNode {                /*顶点结点*/
      char data;                        /*用字符类型表示顶点信息*/
      ArcBox *firstin,firstout;         /*分别指向该顶点第一条入弧和第一条出弧*/
      } VexNode;
Typedef struct {                        /*图的结构*/
      VexNode xlist[Max_Vertex_Num];/*表头向量*/
      Int vexnum,arcnum;                /*有向图的顶点数和弧数*/
      }OLGraph;
```

OLGraph 为所定义的十字链表类型。只要输入 n 个顶点的信息和 e 条弧的信息，便可建立该有向图的十字链表。

十字链表的优点就是因为把邻接表和逆邻接表整和在一起，这样既容易找到以 v_i 为尾的弧，也容易找到以 v_i 为头的弧，因而容易求得顶点的出度和入度。而且它除了结构复杂一点外，其实创建图算法的时间复杂度与邻接表相同，因此，在有向图的应用中，十字链表是非常好的数据结构模型。

7.2.4 无向图的邻接多重表

邻接多重表(adjacency multilist)是无向图的另一种链式存储结构。在邻接表中容易求得顶点和边的各种信息。但是，在邻接表中每一条边(v_i，v_j)有两个结点，分别在第 i 个和第 j 个链表中，这给某些图的操作带来不便。例如在某些图的应用问题中需要对边进行某种操作，如对已被搜索过的边做记号或删除一条边等，此时需要找到表示同一条边的两个结点。因此，在进行这一类操作的无向图的问题中采用邻接多重表作存储结构更为适宜。

邻接多重表的结构和十字链表类似。在邻接多重表中，每一条边用一个结点表示，它由如下所示的 5 个域组成：

mark	ivex	ilink	jvex	jlink

其中，mark 为标志域，用来标记该条边是否被搜索过；ivex 和 jvex 为该边依附的两个顶点在图中的位置；ilink 指向下一条依附于顶点 ivex 的边；jlink 指向下一条依附于顶点 jvex 的边。

每一个顶点也用一个结点表示，它由存储与该顶点相关信息的域 data 和指示第一条依附于该顶点的边的域 firstedge 组成，表示如下：

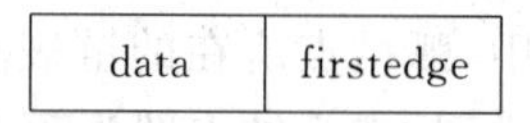

邻接多重表的存储表示的形式描述如下：

```
/*---图的邻接多重表存储结构---*/
  #define Max_Vertex_Num 20
  Typedef struct Ebox {                      /*边结点*/
        int mark,                            /*访问标记*/
        int ivex,jvex;                       /*该边依附的两个顶点的位置*/
        struct Ebox *ilink,*jlink;           /*分别指向依附于顶点 ivex 和 jvex 的
                                               下一条边*/
     } Ebox
  Typedef struct VexBox {                    /*顶点结点*/
        char data;                           /*顶点信息*/
        Ebox *firstedge;                     /*指向第一条依附于该顶点的边*/
     } VexBox;
  Typedef struct {                           /*图的结构*/
        VexBox adjmulist[Max_Vertex_Num];    /*n个顶点存放于一维数组*/
       int vexnum,edgenum;                   /*顶点数与边数*/
     }AMLGraph;                              /*AMLGraph 为邻接多重表类型*/
```

图 7-18 给出了无向图和它的邻接多重表。

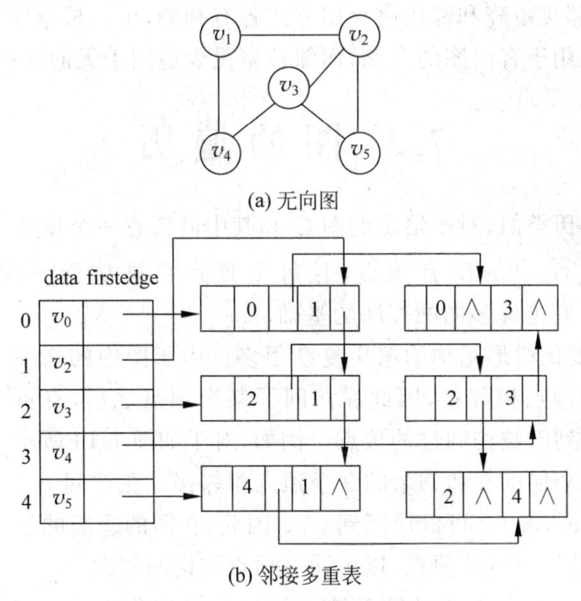

图 7-18　无向图和它的邻接多重表

如果用邻接多重表存储一个无向网，则增加一个数据域，用于存储边上的权值。由此可见，对于无向图和无向网而言，其邻接多重表和邻接表的差别仅在于同一条边在邻接表中用两个结点而在邻接多重表中只用一个结点。除了在边结点中增加一个标志域外，邻接多重表所需的存储量和邻接表相同。在邻接多重表中，各种基本操作的实现也和邻接表相似。

对图的几种存储结构总结如下。

邻接矩阵和邻接表是图的两种最常用的存储结构，适用于各种图的存储，那么该如何来选择呢？所以从以下几个方面来进行比较选择。

1. 存储表示的唯一性

在图中每个顶点的序号确定后，邻接矩阵的表示法将是唯一的；而邻接表的表示法则不是唯一的，因为各边表结点的链接次序取决于建立邻接表的算法和边的输入次序。

2. 空间复杂度

设图中顶点个数为 n，边的数量为 e，那么邻接矩阵的空间复杂度为 $O(n^2)$，适合边相对较多的稠密图；因为在邻接表中针对边和顶点要附加链域，所以边较多时应取邻接矩阵表示为宜；邻接表的空间复杂度为 $O(n+e)$，适合边相对较少的稀疏图，用邻接表表示比用邻接矩阵表示更节省存储空间。

3. 时间复杂度

如果要求边的数目，则在邻接矩阵存储方式下必须检测整个矩阵，时间复杂度为 $O(n^2)$；邻接表存储方式下只要对每个边表的结点个数计数即可求得 e，时间复杂度为 $O(e+n)$，当 $e \leqslant n^2$ 时，采用邻接表表示更节省时间。

如果要判定 (v_i, v_j)（或 $\langle v_i, v_j \rangle$）是否是图的一条边（或弧），则邻接矩阵存储方式下只需判定矩阵中的第 i 行第 j 列上的那个元素是否为零即可，可直接定位，时间复杂度为

$O(1)$；邻接表存储方式下需扫描第 i 个边表，最坏情况下的时间复杂度为 $O(n)$。

综上所述，图的邻接矩阵和邻接表存储方式各有利弊，可以根据实际问题的具体情况再做选择。十字链表适用于有向图的存储，而邻接多重表适用于无向图的存储。

7.3 图的遍历

与树形结构的遍历类似，对于给定的图 G 和其中的任意一个顶点 v_0，从 v_0 出发按一定的次序系统地访问 G 中的所有顶点，且每个顶点只被访问一次，就叫作图的遍历(traversing graph)。它是许多图的算法的基础。

然而，图的遍历要比树形结构的遍历复杂很多。由于图中的任一顶点都可能与其余的顶点相邻接，因此在访问了某个顶点之后，有可能顺着某条边又访问到已被访问过的顶点。例如，对于如图 7-19 所示的无向图 G_1，它的每个顶点都和其余的 3 个顶点相邻接。在访问 v_0、v_1、v_2 之后，顺着边(v_2,v_0)又可以访问到 v_0。因此，在图的遍历的过程中，必须记下每个被访问过的顶点，以免同一顶点被访问多次。

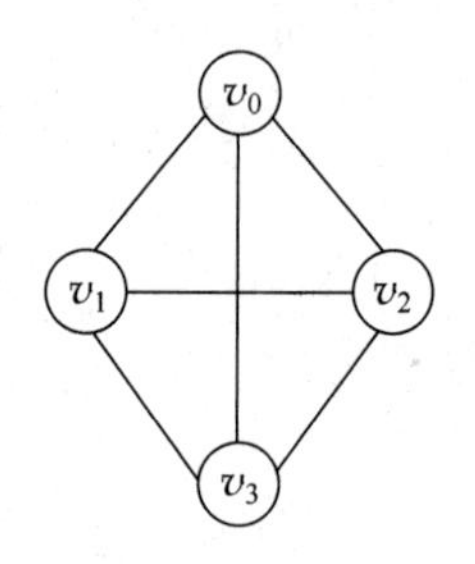

图 7-19　无向图 G_1

在算法中可设置一个标志顶点是否被访问过的辅助数组 visited[0..$n-1$]，它的初始状态为 0(false)，一旦某个顶点 v_i 被访问，便将 visited[v_i]置为 1(true)。当然也可以直接在顶点表中增加 mark 字段来取代辅助数组 visited。

对于图的遍历主要有两种方法：第一种是深度优先遍历，也称为深度优先搜索(depth first search，DFS)；第二种是广度优先遍历，也称为广度优先搜索(breadth first search，BFS)。

它们对无向图和有向图均适用。下面分别讨论这两种遍历方法。

7.3.1 深度优先遍历

图的深度优先遍历类似于树的先根遍历。它的遍历方法是：先访问顶点 v_0，然后选择一个 v_0 邻接到的且未被访问过的顶点，再从 v_1 出发进行深度优先遍历；当遇到一个所有邻接于它的顶点都已被访问过了的顶点 v_t 时，则返回到已访问的顶点序列中最后一个拥有未被访问的相邻顶点的顶点 v_s，再从 v_s 出发继续深度优先遍历；当 v_0 可达的顶点都已被访问过时，以 v_0 为出发点的遍历完成。若这时图中还有未被访问的顶点，则从中再选一个未被访问的顶点作为出发点，重复上述的过程，直到图 G 中的所有顶点都已被访问过为止。

上述的遍历定义是递归的，且是针对有向图来叙述的，但对无向图也完全适用，只需把定义中的“邻接到”“邻接于”换成“邻接”即可。图 7-20(b)给出了对有向图(从顶点 a 出发)进行深度优先遍历的示例；图 7-21(b)给出了对无向图(从顶点 v_0 出发)进行深度优先遍历的示例。

对图进行深度优先遍历时，首先访问的顶点称为出发点，又称为源点。按访问顶点的先后次序得到的顶点序列称为该图顶点的深度优先遍历序列，简称为顶点的 DFS 序列。一个图顶点的 DFS 序列不一定是唯一的，这是由于有时符合条件的顶点可能有多个。这里约定：当可供选择的顶点有多个时，序号较小的顶点优先。在邻接表的边表的表目也是按顶

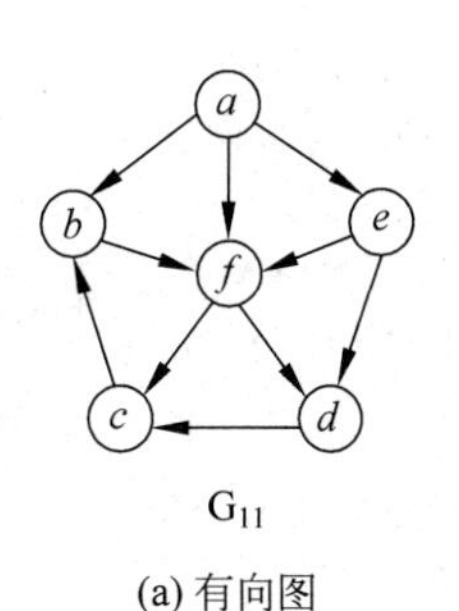

G_{11}

(a) 有向图

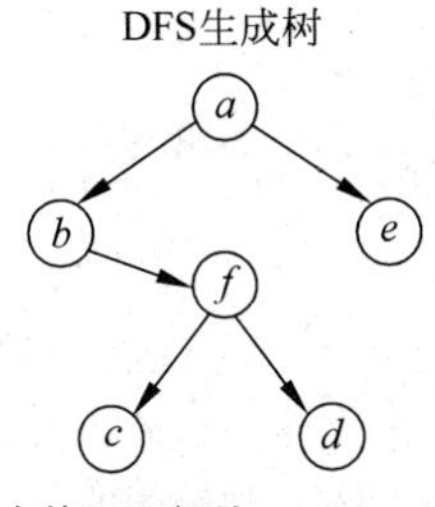

顶点的DFS序列：a, b, c, d, f, e

(b) 深度优先遍历

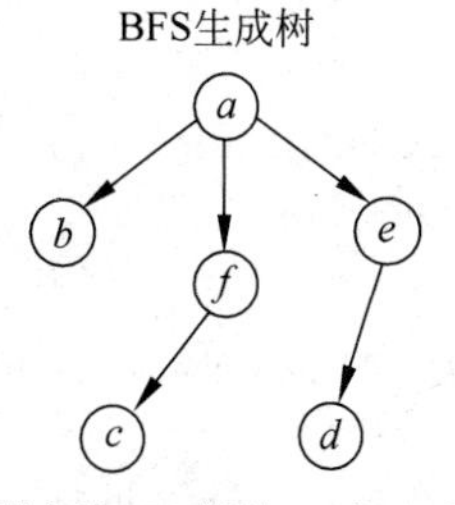

顶点的BFS序列：a, b, e, f, d, c

(c) 广度优先遍历

图 7-20　有向图遍历的示例

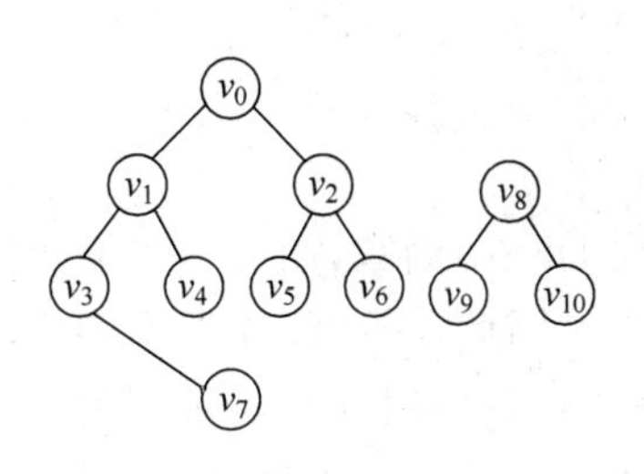

G_{12}

(a) 无向图

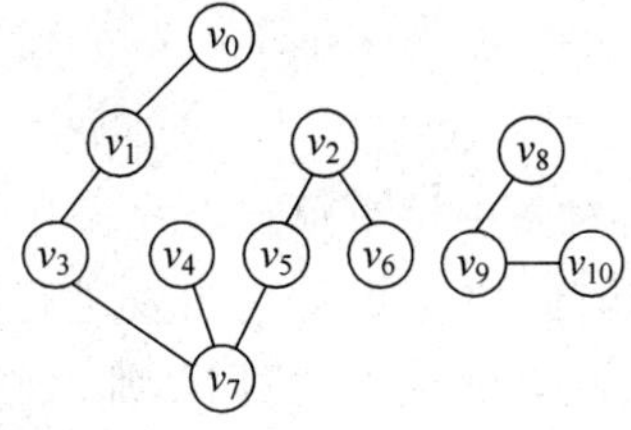

顶点的DFS序列：$v_0, v_1, v_3, v_7, v_4, v_5, v_2, v_6, v_8, v_9, v_{10}$

(b) 深度优先遍历

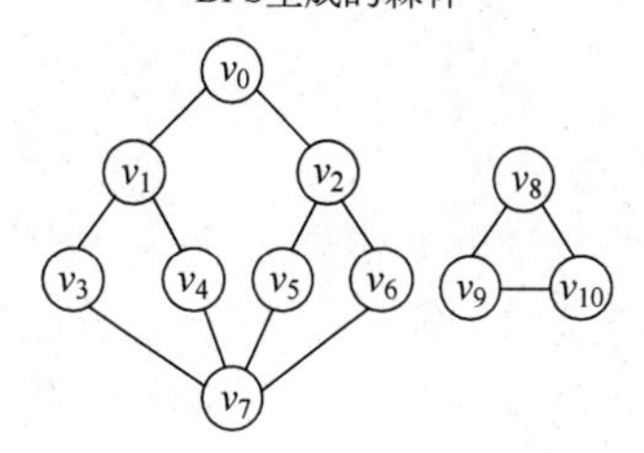

顶点的BFS序列：$v_0, v_1, v_2, v_3, v_4, v_5, v_6, v_7, v_8, v_9, v_{10}$

(c) 广度优先遍历

图 7-21　无向图遍历的示例

点序号的递增顺序进行排列。

在上述规定下，只要给定了出发点，遍历后得到的结果就是唯一的。

若图是连通的无向图或强连通的有向图，则从图的任何一个顶点出发都可以系统地访问所有顶点；若图是有根的有向图，则从根出发也可以系统地访问所有顶点。在这些情况下，图的所有顶点加上遍历时所经过的边所构成的子图称作图的生成树。图 7-19(b)就是对有向图 G,(从顶点 a 出发)进行深度优先遍历后得到的一棵生成树。

对于不连通的无向图和非强连通的有向图，从任意顶点出发一般不能系统地访问所有的顶点，而只能得到以此顶点为根的连通分支的生成树。要访问其他顶点则需要在没有访问过的顶点中找一个顶点作为出发点然后再进行遍历，这样最后得到的则是生成森林，如图 7-20 所示。

下面给出深度优先遍历的算法，图用邻接表法来表示。

算法 7-3　深度优先遍历算法。

```
void DFSTraverse(ALGraph *G,int n)/*深度优先遍历以邻接表存储的含有 n 个顶点的图 G */
{ int v;
int visited[n];                      /*定义访问标志数组*/
for(v=0;v<G->Vexnum;v++)
    visited[v]=0;                    /*访问标志向量初始化*/
for(v=0;v<G->Vexnum;v++)             /*检查图中每一个顶点看是否被访问过*/
    if(visited[v]==0) DFS(G,v,visited);   /*v 未被访问过,从 v 开始进行 DFS 搜索*/
```

```
}/*DFSTraverse*/

void DFS(ALGraph *G,int v,visited) /*以 v 为出发点对邻接表存储的图 G 进行 DFS 搜索*/
{ ArcNode *p;
int w;
   printf("访问顶点:%c\n",G->adjlist[v].vertex);      /*访问顶点 v*/
   visited[v]=1;                                /*标记 v 已被访问过*/
   p= G->adjlist[v].firstarc;                   /*取 v 边链表的头指针*/
   while(p)                                     /*依次查找 v 的邻接点 w*/
    { w= p->adjvex;
      if(visited[w]==0)                         /*若 w 尚未访问,则以 w 为出发点纵深搜索*/
        DFS(G,w,visited);                       /*递归调用函数 DFS 进行深度优先遍历*/
      p=p->nextarc;                             /*找 w 的下一个邻接点*/
    }                                           /*while*/
  }                                             /*DFS*/
```

分析上述算法,在遍历图时,对图中每个顶点至多调用一次 DFS()函数,因为一旦某个顶点的 visited[i]被标志成已被访问,将不再从它出发进行搜索。因此,深度优先搜索图的过程实质上是对图中每个顶点查找其邻接点的过程,那么该操作耗费的时间与所采用的存储结构相关。当用邻接矩阵来存储图时,查找每个顶点的邻接点的时间复杂度为 $O(n^2)$,其中 n 为图中顶点数。当以邻接表来存储图时,查找每个顶点的邻接点的时间复杂度为 $O(e)$,其中 e 为无向图中边的数量或有向图中弧的数量,找到每个顶点的时间复杂度为 $O(n)$,其总的时间复杂度则为 $O(n+e)$。

7.3.2 广度优先遍历

图的广度优先遍历(breadth first traversal)类似于树的层次遍历。它的遍历方法是:访问顶点 v_0,然后依次访问 v_0 邻接到的所有未被访问过的顶点 $v_1,v_2,\cdots,v_t$ 再依次访问 $v_1,v_2,\cdots,v_t$ 邻接到的所有未被访问过的顶点,如此进行下去,当 v_0 可达的顶点都已被访问过时,以 v_0 为出发点的遍历完成。若此时图中还有未被访问的顶点,则从中再选一个未被访问的顶点作为出发点,重复上述的过程,直到图 G 中的所有顶点都已被访问过为止。

上述的遍历定义也是针对有向图来叙述的,对于无向图,只需把定义中的"邻接到""邻接于"换成"邻接"即可。与深度优先遍历类似,为了避免顶点重复被访问,同样在遍历的过程中设置一个访问标志数组 visited[0..$n-1$]。并且,为了依次访问路径长度为 1,2,3,…的顶点,体现出这种"先进先出"的思想,设计一个队列来存储已被访问的路径长度为 1,2,3,…的顶点。

下面给出了对以邻接矩阵为存储结构的图 G 进行广度优先遍历的算法。

算法 7-4 广度优先遍历算法。

```
Void BFSTraverse(MGraph *G,int n) /*广度优先遍历以邻接矩阵存储的含有 n 个顶点的图 G*/
{ int v,w,u;
  int Q[n+1],r,f;                  /*Q 数组为循环队列,f 和 r 分别为队头和队尾指针*/
  int visited[n];                  /*定义访问标志数组*/
  for(v=0;v<G->Vexnum;v++)
```

```
    visited[v]=0;                    /*访问标志向量初始化*/
  f=0; r=0;                          /*初始化队列*/
  for(v=0;v<G->Vexnum;v++)
    { if(!visited[v]) ;              /*v未被访问过,从v开始进行BFS搜索*/
      { visited[v] =1;
        printf("%c",G->vexs[v]);           /*输出顶点v*/
        Q[r]=v; r=(r+1)%(n+1);             /*假设队列不满,将已被访问过的顶点v入队列*/
        While(f<>r)                        /*当队列不空时*/
         {u=Q[f];f=(f+1)% (n+1);           /*删除对头元素并置为u*/
           for( w=0;w<G->vexnum;w++)       /*找顶点u的没有被访问的邻接点*/
             { if(G.[u][w]==1&& visited[w]==0 )
                { visited[w]=1;
                  printf("%c",G->vexs[w]); /*输出邻接点vj*/
                  Q[r]=w;r=(r+1)% (n+1);   /*邻接点w入队列*/
                }                          /*if*/
             }                             /*for*/
         }                                 /*while*/
      }                                    /*if*/
    }                                      /*for*/
  }                                        /*BFSTraverse*/
```

从上述算法可以看出,一旦某个顶点的visite[v]被标志成已被访问,将不再从它出发进行遍历,因此每个顶点至多进一次队列,这样做可避免重复访问。广度优先遍历图的过程实质上也是通过边或弧查找邻接点的过程,因此广度优先遍历图的时间复杂度与深度优先遍历相同,当以邻接矩阵来存储图时,每个顶点入队的时间复杂度为$O(n)$,查找每个顶点的邻接点的时间复杂度为$O(n^2)$,其总的时间复杂度为$O(n^2)$;当以邻接表来存储图时,找到每个顶点的时间复杂度为$O(n)$,查找每个顶点的邻接点的时间复杂度为$O(e)$,其总的时间复杂度为$O(n+e)$。可见,广度优先遍历和深度优先遍历的时间复杂度是相同的,不同之处在于遍历的策略不同导致对顶点访问的顺序不同。

7.4 最小生成树

设G是一个连通无向图,若G'是包含G中所有顶点的一个无回路的连通子图,则称G'为G的一棵生成树(spanning tree)。显然,具有n个顶点的连通无向图至少有$(n-1)$条边,而其生成树恰好有$(n-1)$条边。在生成树G'中任意添加一条边,则会形成一个回路。

设$G=(V,E)$是一个连通无向图,从G中任一顶点出发,遍历图中的所有顶点。在遍历过程中,将E分成两个集合,即$T(G)$与$B(G)$,其中$T(G)$是遍历时所通过的边集合,$B(G)$是剩余的边集合,则$G'=(V,T(G))$是G的一棵生成树。如果用深度优先查找法对连通无向图G进行遍历,则遍历时所产生的生成树是G的一棵DFS生成树;如果用广度优先查找法对连通无向图进行遍历,则遍历时所产生的树是G的一棵BFS生成树。在这里顺便指出,连通无向图的生成树是不唯一的。

假设用连通无向图G的顶点表示城市,边表示连接两个城市之间的通信线路。若有n

个城市，要连接 n 个城市至少要$(n-1)$条线路，则图 G 的生成树表示这 n 个城市之间可行的通信网络。

如果图 G 是带权的连通无向图，则可用顶点表示城市，而边上的权可以表示两个城市之间的距离或是建造两个城市之间通信线路所花的代价等。在 n 个城市间最多可建造 $n(n-1)/2$ 条线路。如何在这些可能的线路中，选择其中$(n-1)$条线路，使其总的代价最小，或者线路的总长度最短呢？具有 n 个顶点的连通无向图可以产生许多生成树，每一棵生成树都是一个可行的通信网络：为了回答上面的问题，引入最小（代价）生成树的概念。一个带权连通无向图 G 的最小（代价）生成树（minim-cost spanning tree）是 G 的所有生成树中边上的权之和最小的一棵生成树。上面的问题就是要选择一棵生成树，使得边上总的代价（或者距离）达到最小，即要求构造一棵最小（代价）生成树。这里顺便指出，最小（代价）生成树不是唯一的。

可以用下面两种算法构造最小（代价）生成树。

7.4.1 普里姆算法

普里姆（Prim）算法可在加权连通图里搜索最小生成树。

已知 $G=(V,E)$是一个带权连通无向图，顶点 $V=\{1,2,\cdots,n\}$，设 U 为 V 中构成最小（代价）生成树的顶点集合，初始时 $U=\{v_0\}$，v_0 是指定的某一个顶点，$v_0\in V$；T 为构成最小（代价）生成树的边集合，初始时 T 为空。如果边(u,v)具有最小代价，且 $u\in U$，$v\in(V-U)$，则最小（代价）生成树包含边(u,v)，即把 v 加到 U 中，把(u,v)加到 T 中。这个过程一直进行下去，直到 $U=V$ 为止，这时 T 即为所求的最小（代价）生成树。

现在用上面的方法证明构造的生成树的确是最小（代价）生成树。先证明一个结论：设 T 是带权连通无向图 $G=(V,E)$的一棵正在建造的生成树，如果边(u,v)具有最小代价，且 $u\in U$，$v\in(V-U)$，则 G 中包含 T 的最小（代价）生成树一定包含边(u,v)。

用反证法证明上面提出的结论。设 G 中的任意一棵包含 T 的最小（代价）生成树都不包含边(u,v)，且设 T'就是这样的生成树。因为 T'是树，所以它是连通的，从 u 到 v 必有一条路径把(u,v)加入 T'中，就构成一条回路，且路径中必有(u',v')来满足 $u'\in U$，$v'\in(V-U)$。由假设，边(u,v)的代价小于边(u',v')的代价（因为边(u',v')具有最小代价），在回路中删去(u',v')，从而破坏了这个回路，剩下的边构成另一棵生成树 T''，T''包含边(u',v')，且各边的代价总和小于 T 各边的代价总和。因此，T''是一棵包含边(u',v')的最小（代价）生成树。这样，T'不是 G 的最小（代价）生成树，这与假设相矛盾。

证明了此结论就证明了以上构造最小（代价）生成树的方法是正确的。因为从 U 包含一个顶点、T 为空开始，每一步加进去的都是最小（代价）生成树中应该包含的边。

在选择具有最小代价的边时，如果同时存在几条具有相同的最小代价的边，则可任选一条。因此，构造的最小（代价）生成树不是唯一的，但它们的代价总和是相等的。

下面给出用 Prim 算法构造最小（代价）生成树的步骤。

步骤 1　设 T 是带权连通无向图 $G=(V,E)$的最小（代价）生成树，初始时 T 为空，U 为最小（代价）生成树的顶点集合，初始时 $U=\{v_0\}$，v_0 是指定的某一个开始顶点。

步骤 2　若 $U=V$，则算法终止；否则，从 E 中选一条代价最小的边(u,v)，使 $u\in U$，$u\in(V-U)$。

例 7-1　对于如图 7-22(a)所示的一个无向连通网 G_{10}，按照 Prim 算法，从顶点 v_1 出发，该网的最小生成树的生成过程如图 7-22(b)～(h)所示。

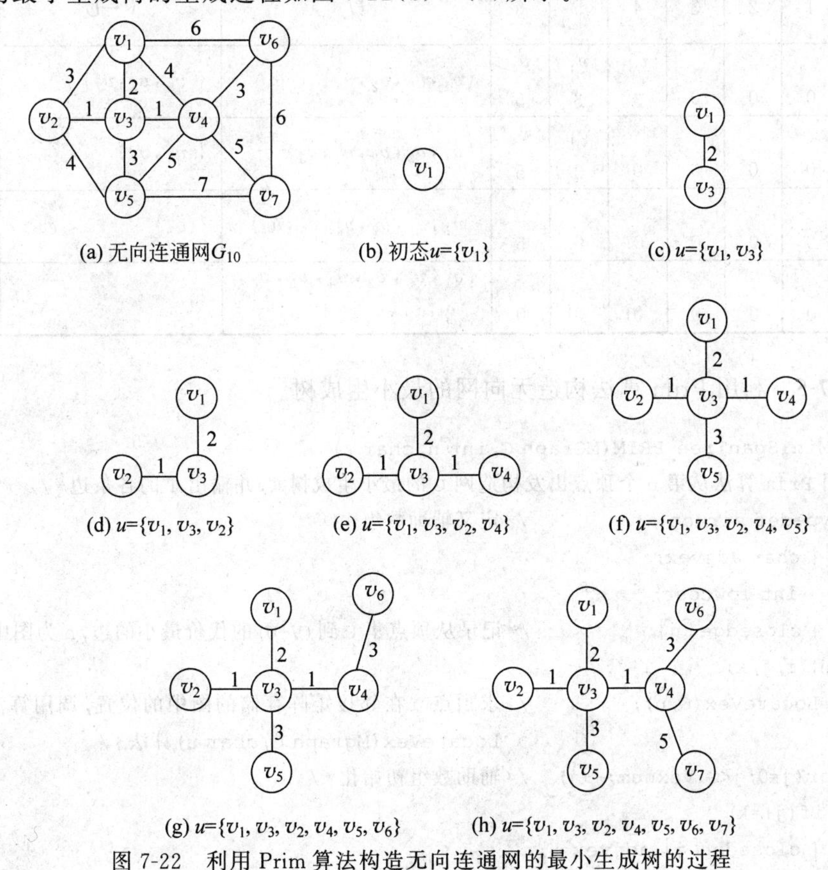

图 7-22　利用 Prim 算法构造无向连通网的最小生成树的过程

为了实现 Prim 算法，需设一个辅助数组 closedge，以记录从 U 到 $V-U$ 具有最小代价的边。对每个顶点 $v_i \in V-U$，在辅助数组中存在一个相应分量 closedge[$i-1$]，它包含两个域，即 adjvex 和 lowcost。若 v_i 已在生成树上，则置 closedge[$i-1$]. lowcost＝0；若顶点 v_i 不在生成树上，则用 closedge[$i-1$]. lowcost 存放 v_i 与生成树上的顶点构成的最小代价边的权值，而用 closedge[$i-1$]. adjvex 存放该边所关联的生成树上的另一顶点的序号。例如表 7-1 是利用 Prim 算法构造最小生成树的过程中辅助数组中各分量的值。

表 7-1　利用 Prim 算法构造最小生成树过程中辅助数组中各分量的值

i / closedge	1	2	3	4	5	6	U	$V-U$	K
adjvex	v_1	v_1	v_1		v_1		$\{v_1\}$	$\{v_2,v_3,v_4,v_5,v_6,v_7\}$	2
lowcost	3	2	4		6				
adjvex	v_3		v_3	v_3	v_1		$\{v_1,v_3\}$	$\{v_2,v_4,v_5,v_6,v_7\}$	1
lowcost	1	0	1	3	6				
adjvex			v_3	v_3	v_1		$\{v_1,v_3,v_2\}$	$\{v_4,v_5,v_6,v_7\}$	3
lowcost	0	0	1	3	6				

续表

i closedge	1	2	3	4	5	6	U	$V-U$	K
adjvex lowcost	 0	 0	 0	v_3 3	v_4 3	v_4 5	$\{v_1,v_3,v_2,v_4\}$	$\{v_5,v_6,v_7\}$	4
adjvex lowcost	 0	 0	 0	 0	v_4 3	v_4 5	$\{v_1,v_3,v_2,v_4,v_5\}$	$\{v_6,v_7\}$	5
adjvex lowcost	 0	 0	 0	 0	 0	v_4 5	$\{v_1,v_3,v_2,v_4,v_5,v_6\}$	$\{v_7\}$	6
adjvex lowcost	 0	 0	 0	 0	 0	 0	$\{v_1,v_3,v_2,v_4,v_5,v_6,v_7\}$	$\{\}$	

算法 7-5 利用 Prim 算法构造无向网的最小生成树。

```
void MiniSpanTree_PRIM(MGraph G,int n,char u)
{ /*用 Prim 算法从第 u 个顶点出发构造网 G 的最小生成树 T,并输出 T 的各条边*/
   typedef struct                /*定义辅助数组*/
     { char adjvex;
       int lowcost;
     } closedge[n];              /*记录从顶点集 U 到(V-U)的代价最小的边,n 为图中顶点数*/
   int i,j,k;
   k=LocateVex(G,u);             /*求顶点 u 在邻接矩阵存储的图中的位置,调用算法 6-1 中的
                                      LocateVex(Mgraph G,char u)算法*/
   for(j=0;j<G.vexnum;++j)       /*辅助数组初始化*/
   { if(j!=k)
     { closedge[j].adjvex=u;
       closedge[j].lowcost=G.arcs[k][j].adj;
     }                           /*if*/
   }                             /*for*/
 closedge[k].lowcost=0;          /*初始,U={u}*/
 printf("最小代价生成树的各条边为:\n");
 for(i=1;i<G.vexnum;++i)         /*选择其余 G.vexnum-1 个顶点*/
  { k=Minimum(closedge,G);       /*求出 T 的下一个顶点,第 k 个顶点*/
    printf("%c-%c)\n",closedge[k].adjvex,G.vexs[k],closedge[k].lowcost);
                                 /*输出生成树的边及权值*/
    closedge[k].lowcost=0;       /*第 k 个顶点并入 U 集*/
    for(j=0;j<G.vexnum;++j)
      if(G.arcs[k][j].adj<closedge[j].lowcost)
        {                        /*新顶点并入 U 集后重新选择最小边*/
         closedge[j].adjvex=G.vexs[k]);
         closedge[j].lowcost=G.arcs[k][j].adj;
      }                          /*if*/
    }                            /*for*/
 }                               /*MiniSpanTree_PRIM*/
 int Minimum(int closedge[],MGraph G)
```

```
                              /*求依附于生成树上顶点的所有边中代价最小的边*/
 { int j,p=1,min=999;         /*最大权值*/
   for(j=0;j<G.vexnum;j++)
     { if (closedge[j].lowcost<>0&& closedge[j].lowcost<min)
        {min=closedge[j].lowcost;
          P=j;
        }                     /*if*/
     }                        /*for*/
   return p;                  /*返回最小代价的边所依附的生成树外的顶点p*/
 }                            /*Minimum*/
```

其中,函数 LocateVex(G,u)是求顶点 u 在邻接矩阵存储的图中的位置,函数 Minimum(closedge,G)是求依附于生成树上顶点的所有边中代价最小的那条边。

分析算法 7-5,假设网中有 n 个顶点,则第一个进行初始化的循环语句执行 n 次,第二个循环语句执行 $n-1$ 次。其中有两个内循环:其一是在 closedge[v].lowcost 中求最小值,其执行次数为 $n-1$;其二是重新选择具有最小代价的边,其执行次数为 n。由此,Prim 算法时间复杂度为 $O(n^2)$,与网中的边数无关,因此适用于求边稠密的网的最小生成树。

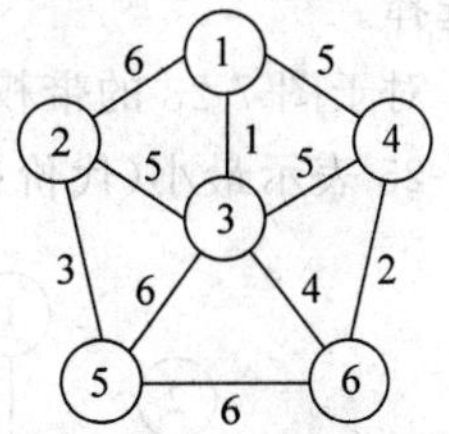

图 7-23 带权连通无向图 G_4

对于图 7-23 的带权连通无向图 G_4,如果使用 Prim 算法求其最小(代价)生成树,可用图 7-24(a)~(e)的图的序列表示最小(代价)生成树的产生过程,这里假设以顶点 1 为开始顶点。

对于具有 n 个顶点的带权连通无向图 G,用 Prim 算法产生其最小(代价)生成树时间为 $O(n^2)$。

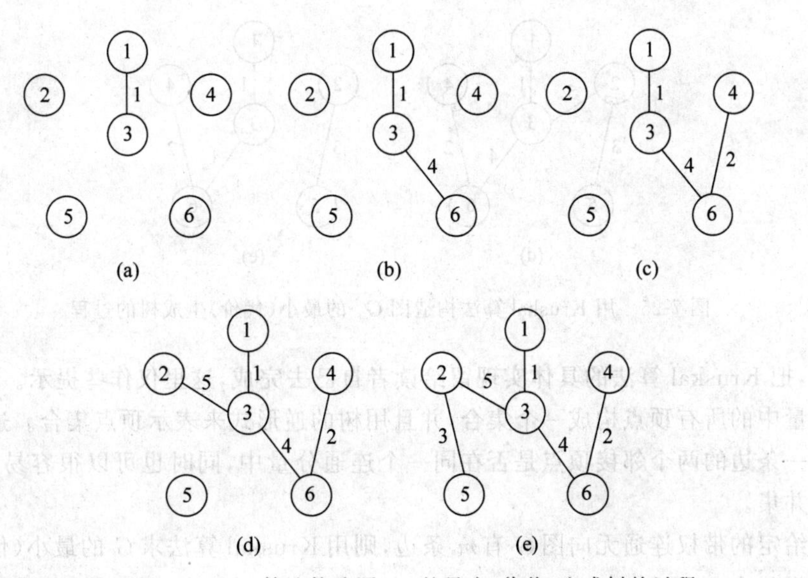

图 7-24 用 Prim 算法构造图 G_4 的最小(代价)生成树的过程

7.4.2 克鲁斯卡尔算法

克鲁斯卡尔(Kruskal)算法给出由一种按权值的递增次序选择合适的边来构造最小(代价)生成树的方法。

已知图 $G=(V,E)$ 是一个具有 9 个顶点的带权连通无向图，设 T 是 G 的最小(代价)生成树，初始时 $T=(V,\Phi)$，即 T 由 n 个连通分量组成，每个连通分量只有一个顶点，没有边。

首先，把 E 中的边按代价(即权)的递增次序进行排序，然后按排好序的顺序选取边，即反复执行下面的选择步骤。这样的过程一直进行到 T 包含有 $n-1$ 条边为止，算法结束，这时的 T 便是所求的最小(代价)生成树。

若当前被选择的边的两个顶点在不同的连通分量中，则把这条边加到 T 中，选取这样的边可以保证不会构成回路。然后，再对下一条边进行选择，若当前被选择的边的两个顶点在同一连通分量中，则不能选取这条边，如果选取它，则必会构成回路。接着，对下一条边进行选择。

对于图 7-23 的带权连通无向图，如果使用 Kruskal 算法求其最小(代价)生成树，可用图 7-25 表示最小(代价)生成树的产生过程。

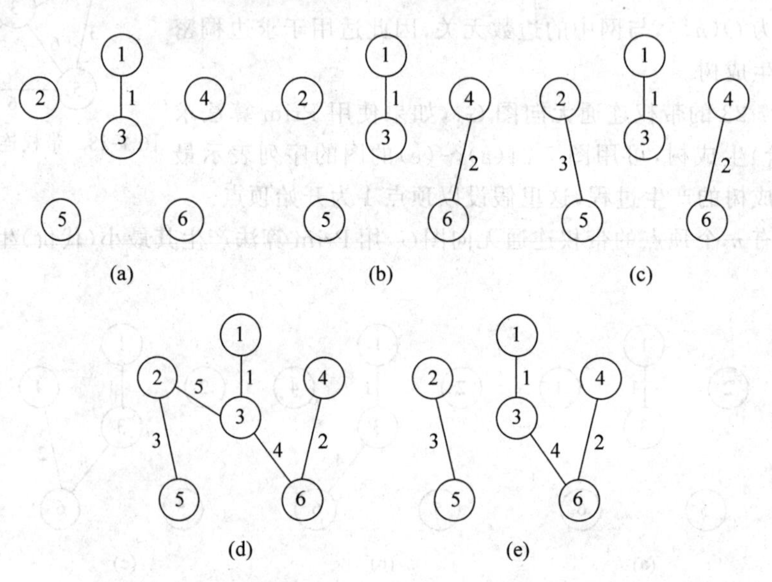

图 7-25 用 Kruskal 算法构造图 G_4 的最小(代价)生成树的过程

在此，把 Kruskal 算法的具体实现留给读者自己去完成，这里仅作些提示。可以把同一个连通分量中的所有顶点构成一个集合，并且用树的逆形式来表示顶点集合。这样，就很容易地判断一条边的两个邻接顶点是否在同一个连通分量中，同时也可以很容易地实现两个顶点集合并集。

如果给定的带权连通无向图 G 有 m 条边，则用 Kruskal 算法求 G 的最小(代价)生成树的时间为 $O(m\log_2 m)$。

7.5 最短路径

7.5.1 单源最短路径

给定一个赋权有向图 $G=(V,E)$，其中每条边的权是一个非负实数。另外，还给定 V 中的一个顶点，称为源。现在要计算从源到图 G 的其他所有顶点的最短路径长度，这里路径的长度是指路上各边权之和，这个问题通常称为单源最短路径问题。

解单源最短路径的一个常用算法是戴克斯特拉(Dijkstra)算法，其基本思想是：设置一个顶点集合 S 并不断地做贪心选择来扩充这个集合。一个顶点属于集合 S 当且仅当从源到该顶点的最短路径长度已知。初始时，S 中仅含有源。设 u 是 G 的某一个顶点，把从源到 u 且中间只经过 S 中顶点的路径称为从源到 u 的特殊路径，并用数组 dist 来记录当前每个顶点所对应的最短特殊路径长度。Dijkstra 算法每次从 $V-S$ 中取出具有最短特殊路径长度的顶点 u，将 u 添加到 S 中，同时对数组 dist 做必要的修改。一旦 S 包含了所有 V 中顶点，dist 就记录了从源到其他所有顶点之间的最短特殊路径长度。

为实现 Dijkstra 算法，首先引入一个辅助向量 Dist，它的每个分量 Dist[i]表示当前所找到的从始点 v 到每个终点 v_i 的最短路径的长度。它的初态为：若从 v 到 v_i 有弧，则 Dist[i]为弧上的权值；否则置 Dist[i]为∞。显然，最短路径的长度为

$$\text{Dist}[j]=\min\{\ \text{Dist}[i]\mid v_i\in V\}$$

的路径就是从 v 出发的长度最短的一条最短路径，此路径为(v,v_j)。

那么，下一条长度次短的路径是哪一条呢？假设该次短路径的终点是 v_k，则这条路径或者是$\langle v,v_k\rangle$，或者是$\langle v,v_j,v_k\rangle$。它的长度或者是从 v 到 v_k 的弧上的权值，或者是 Dist[j]和从 v_j 到 v_k 的弧上的权值之和。

在一般情况下，下一条长度次短的最短路径的长度必是

$$\text{Dist}[j]=\min\{\text{Dist}[i]\mid v_i\in V-S\}$$

其中，Dist[i]或者是弧$\langle v,v_i\rangle$上的权值，或者是 Dist[k]$(v_k\in S)$和弧$\langle v_k,v_i\rangle$上的权值之和。

根据以上分析，可以得到如下描述的算法。

(1) 因为在算法的执行过程中，需要快速地求得任意两个顶点之间边的权值，所以图采用带权的邻接矩阵存储。arcs[i][j]表示弧$\langle v_i,v_j\rangle$上的权值。若$\langle v_i,v_j\rangle$不存在，则置 arc[i][j]为∞(在计算机上可用允许的最大值代替)。S 为已找到从 v 出发的最短路径的终点的集合，它的初始状态只有 v。那么，从 v 出发到图上其余各顶点(终点)v_i 可能达到的最短路径长度的初值为

$$\text{Dist}[i]=\text{arcs}[\text{Locate Vex}(G,v)][i]\mid v_i\in V$$

(2) 选择 v_j，使得

$$\text{Dist}[j]=\min\{\text{Dist}[i]\mid v_i\in V-S\}$$

其中，v_j 就是当前求得的一条从 v 出发的最短路径的终点。令

$$S=S\cup\{j\}$$

(3) 修改从 v 出发到集合 $V-S$ 上任一顶点 v_k 可达的最短路径长度。如果

$$\mathrm{Dist}[j]+\mathrm{arcs}[j][k]<\mathrm{Dist}[k]$$

则修改 Dist[k]为

$$\mathrm{Dist}[k]=\mathrm{Dist}[j]+\mathrm{arcs}[j][k]$$

(4) 重复操作(2)和(3)共 $n-1$ 次。由此求得从 v 到图上其余各顶点的最短路径是依路径长度递增的序列。

在求最短路径的过程中,设一数组 T 来用于记录顶点 v 是否已经确定了最短路径,若 $T[v]=1$,表明顶点 v 已经确定了最短路径;若 $T[v]=0$,表明顶点 v 还没确定最短路径。最短路径长度记在 D 数组中,同时还需要把路径也记下来。为此设一维数组 path[i],用来存放从 v_k 到 v_i 的路径上 v_i 前一个顶点的序号;若从 v_k 到 v_i 无路径可达,则 v_i 前一个顶点的序号用 0 表示(即 path[i]=0)。在算法结束时,沿着顶点 v_i 对应的 path[i]向前追溯就能确定从 v_k 到 v_i 的最短路径,其最短路径长度为 D[i]。

Dijkstra 算法的 C 语言描述如算法 7-6 所示。

算法 7-6 求单源点的最短路径的 Dijkstra 算法。

```
void Dijkstra (Mgraph G, char v, int n)   /*在邻接矩阵存储的含有 n 个顶点的图 G 中,求从顶
                                            点 v 到其余各顶点间的最短距离*/
  {int Dist[n],path[n],T[n];
   int i,j,m,k,min=9999;
   k=LocatVex(G,v);                        /*求顶点 v 在图 G 中的位置*/
       if(k=-1) retuen error;              /*顶点 v 不存在*/
       for(i=0;i<G.vexnum;i++)
       { Dist[i]=G.arcs[k][i];             /*数组 Dist 初始化*/
            T[i]=0;                        /*该顶点还没确定最短路径*/
            if(Dist[i]<min)
               path[i]=k;                  /*path 数组初始化*/
            else path[i]=0;
       }                                   /*for*/
       T[k]=1;                             /*将源点 v 加入到最短路径的集合 S 中*/
       for(m=1;m<G.vexnum;m++)             /*在 V-S 中选其余的 G.vexnum-1 个顶点*/
        { min=9999;                        /*预置路径长度最大值,即∞*/
          j=-1                             /*设求最短路径结束标志*/
          for(i=0;i<G.vexnum;i++)          /*在 V-S 中找距离 v 最近的顶点 j*/
           if(T[i]==0 && Dist[i]<min)
           { j=i;                          /*j 即为路径长度最短的边依附在 V-S 中的顶点*/
             min=Dist[i];
           }                               /*if*/
           if(j==-1) break;                /*已无顶点可加入 S,结束*/
           else
            { T[j]=1;                      /*顶点 j 已是最短路径上的顶点*/
              for(i=0;i<G.vexnum;i++)
                if(T[i]=0&& Dist[j]+G.arcs[j][i]<Dist[i])
                  { Dist[i]=Dist[j]+G.arcs[j][i];
```

```
                                        /*更新 Dist 的值,使其始终存放最小值*/
                path[i]=j;              /*修改 V-S 集合中各顶点的最短路径*/
              }                         /*if*/
          }                             /*else*/
      }                                 /*for*/
   }                                    /*Dijkstra*/
```

对于如图 7-26 所示的有向图 G_{12},使用 Dijkstar 算法在求从顶点 v_0 到其他各顶点的最短路径及算法执行过程中,Dist 数组和 path 数组的变化情况如表 7-2 所示。

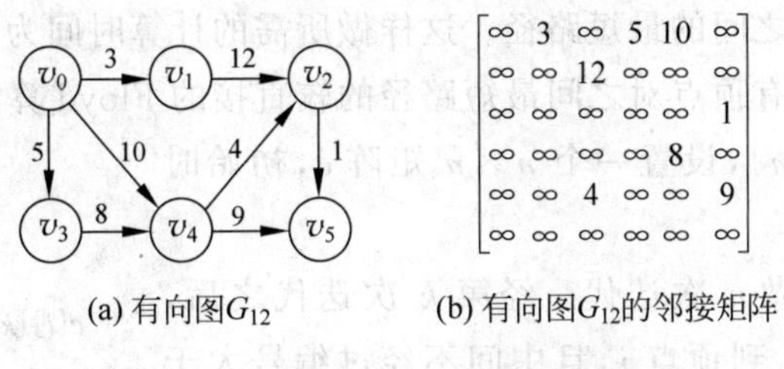

(a) 有向图 G_{12}　　(b) 有向图 G_{12} 的邻接矩阵

图 7-26　有向图 G_{12} 及其邻接矩阵

表 7-2　用 Dijkstar 算法求最短路径过程中数组变化情况

终点	Dist 数组(i 为执行次数)					path 数组(i 为执行次数)					终态
	$i=1$	$i=2$	$i=3$	$i=4$	$i=5$	$i=1$	$i=2$	$i=3$	$i=4$	$i=5$	path
v_1	3 (v_0,v_1)					0					0
v_2	∞	15 (v_0,v_1,v_2)	15 (v_0,v_1,v_2)	14 (v_0,v_4,v_2)		0	1		4		4
v_3	5 (v_0,v_3)	5 (v_0,v_3)				0					0
v_4	10 (v_0,v_4)	10 (v_0,v_4)	10 (v_0,v_4)			0					0
v_5	∞	∞	∞	19 (v_0,v_4,v_5)	15 (v_0,v_4,v_2,v_5)	0			4	2	2
v_j	v_1	v_3	v_4	v_2	v_5						
S	$\{v_0,v_1\}$	$\{v_0,v_1,v_3\}$	$\{v_0,v_1,v_3,v_4\}$	$\{v_0,v_1,v_3,v_4,v_2\}$	$\{v_0,v_1,v_3,v_4,v_2,v_5\}$						
最短路径	$\{v_0,v_1\}$ $D[1]=3$	$\{v_0,v_3\}$ $D[3]=5$	$\{v_0,v_4\}$ $D[4]=10$	$\{v_0,v_4,v_2\}$ $D[2]=14$	$\{v_0,v_4,v_2,v_5\}$ $D[5]=15$						

由表 7-2 可以看出,各顶点进入 S 的次序为:v_0,v_1,v_3,v_4,v_2,v_5,要求 v_0 到某个顶点 v_i 的最短路径可由 path[i]回溯得到。例如,求 v_0 到 v_5 的最短路径,可由 path[5]=2 回溯到 path[2]=4,再由 path[4]回溯到 path[0]=0,则得到最短路径为:v_0,v_4,v_2,v_5,最短路径长度为 Dist[5]=15。

Dijkstra 算法的计算复杂性:对于一个具有 n 个顶点和 e 条边的赋权有向图,如果用赋权邻接矩阵表示这个图,那么 Dijkstra 算法的主循环体需要的时间为 $O(n)$。这个循环需要

执行 $n-1$ 次，所以完成循环需要的时间为 $O(n^2)$，算法的其余部分所需的时间不超过 $O(n^2)$。

7.5.2 所有顶点对之间的最短路径

给定一个赋权有向图 $G=(V,E)$，其中每一条边 (u,v) 的权 $a[u][v]$ 是一个非负实数。要求对任意的顶点有序对 (u,v) 找出从顶点 u 到顶点 v 的最短路径长度，这个问题就称为赋权有向图的所有顶点对之间的最短路径问题。

解决这个问题的一个方法是：每次以一个顶点为源，重复执行 Dijkstra 算法 n 次，这样就可以求得所有顶点对之间的最短路径。这样做所需的计算时间为 $O(n^3)$。

另一个方法是求所有顶点对之间最短路径的较直接的 Floyd 算法，其基本思想如下。

先设 $V=\{1,2,\cdots,n\}$，设置一个 $n\times n$ 矩阵 $\boldsymbol{c}$，初始时 D$[i][j]=a[i][j]$。

然后，在矩阵 $\boldsymbol{c}$ 上做 n 次迭代。经第 k 次迭代之后，D$[i][j]$的值是从顶点 i 到顶点 j，且中间不经过编号大于 k 的顶点的最短路径长度。在 $\boldsymbol{c}$ 上做第 k 次迭代时，用下面的公式来计算：

$$D[i][i]=\min\{D[i][j],D[i][k]+D[k][j]\}$$

这个公式可以直观地用图 7-27 来表示。

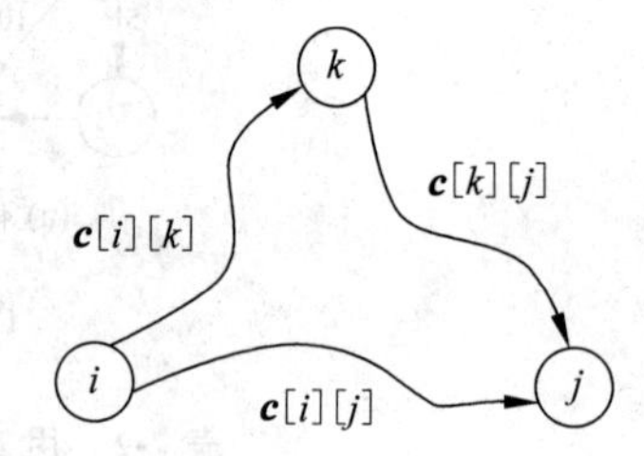

图 7-27 从顶点 i 到 j 且经过顶点 k 的最短路径长度

要计算 D$[i][j]$，只要比较当前 D$[i][j]$与 D$[i][k]$+D$[k][j]$的大小即可。当前 D$[i][j]$的值表示从顶点 i 到 j 中间顶点编号不大于 $k-1$ 的最短路径长度；而 D$[i][k]$+D$[k][j]$表示从顶点 i 到 k，再从 k 到 j 且中间不经过编号大于 k 的顶点的最短路径长度。如果D$[i][k]$+D$[k][j]$<D$[i][j]$，就置 D$[i][j]$的值为 D$[i][k]$+D$[k][j]$。

算法 7-7 所有顶点之间最短路径的 Floyd 算法。

```
typedef struct
{
    char vertex[VertexNum];                //顶点表
    int edges[VertexNum][VertexNum];       //邻接矩阵,可看作边表
    int n,e;                               //图中当前的顶点数和边数
}MGraph;

void Floyd(MGraph g)
{
    int D[MAXV][MAXV];
    int path[MAXV][MAXV];
    int i,j,k,n=g.n;
    for(i=0;i<n;i++)
      for(j=0;j<n;j++)
      {
          D[i][j]=g.edges[i][j];
          path[i][j]=-1;
```

```
    }
    for(k=0;k<n;k++)
    {
          for(i=0;i<n;i++)
              for(j=0;j<n;j++)
                  if(D[i][j]>(D[i][k]+D[k][j]))
                  {
                    D[i][j]=D[i][k]+D[k][j];
                    path[i][j]=k;
                  }
    }
}
```

对于图 7-28 所示的有向带权图，按照 Floyd 算法产生的两个矩阵序列如图 7-29 所示。

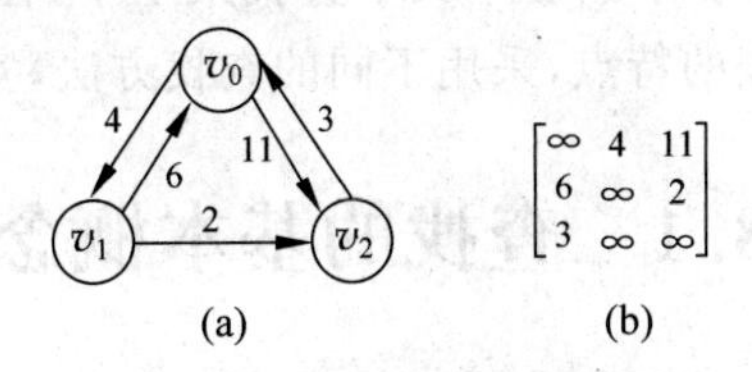

$$\begin{bmatrix} \infty & 4 & 11 \\ 6 & \infty & 2 \\ 3 & \infty & \infty \end{bmatrix}$$

(b)

图 7-28　有向图及其邻接矩阵

$$D^{(-1)}=\begin{bmatrix} \infty & 4 & 11 \\ 6 & \infty & 2 \\ 3 & \infty & \infty \end{bmatrix}\quad D^{(0)}=\begin{bmatrix} \infty & 4 & 11 \\ 6 & \infty & 2 \\ 3 & 7 & \infty \end{bmatrix}\quad D^{(1)}=\begin{bmatrix} \infty & 4 & 6 \\ 6 & \infty & 2 \\ 3 & 7 & \infty \end{bmatrix}\quad D^{(2)}=\begin{bmatrix} \infty & 4 & 6 \\ 5 & \infty & 2 \\ 3 & 7 & \infty \end{bmatrix}$$

$$\text{path}^{(-1)}=\begin{bmatrix} -1 & 0 & 0 \\ 1 & -1 & 1 \\ 2 & -1 & -1 \end{bmatrix}\quad \text{path}^{(0)}=\begin{bmatrix} -1 & 0 & 0 \\ 1 & -1 & 1 \\ 2 & 0 & -1 \end{bmatrix}\quad \text{path}^{(1)}=\begin{bmatrix} -1 & 0 & 1 \\ 1 & -1 & 1 \\ 2 & 0 & -1 \end{bmatrix}\quad \text{path}^{(2)}=\begin{bmatrix} -1 & 0 & 1 \\ 2 & -1 & 1 \\ 2 & 0 & -1 \end{bmatrix}$$

图 7-29　Floyd 算法执行过程中 D 和 path 数组的变化情况

习　题

1. 什么是图？与线性表和树相比，图的特点是什么？对图的操作方法主要有哪些？
2. n 个顶点的无向完全图有多少条边？n 个顶点的有向完全图中有多少条边？
3. 什么是顶点的度？有向图和无向图中顶点的度有什么区别呢？
4. n 个顶点具有最少边数的无向连通图和有向强连图是什么样的？
5. 图的存储结构有什么特点？仅用顺序表或单链表能否存储一个图？为什么？图的存储结构主要有哪些？

第8章

查 找

查找是在大量的信息集合中寻找特定的信息。查找在计算机应用系统中所花费的时间占系统运行总时间的25%,所以查找算法的合理应用,对系统的运行效率影响非常大。比如,在成绩表中查找某个学生的成绩,在字典中查找某个字,在日志文件中查找某个时间段的日志等。根据不同的查找表的特点,采用不同的查找方法,实现高效查找的学习目的。

8.1 查找的基本概念

8.1.1 查找

查找(search)通过给定一个值 K,在含有 n 个结点的表中找出关键字等于给定值 K 的结点。若找到,则查找成功,返回该结点的信息或该结点在表中的位置;否则查找失败,返回相关的信息。

8.1.2 查找表

查找表是由一组结点组成的表或文件,每个结点由若干个数据项组成。假定每个结点都有一个能唯一标识该结点的关键字。

查找表分为静态查找表和动态查找表。在查找的同时对表做修改操作、插入操作和删除操作,相应的表称为动态查找表;否则,称为静态查找表。

整个查找过程都是在内存中进行的,称为内查找;如果查找过程中需要访问外存储器,则称为外查找。

8.1.3 平均查找长度ASL

查找运算的主要操作是对关键字进行比较,通常把查找过程对关键字需要执行的平均比较次数称为平均查找长度(average search length,ASL)。平均查找长度也是衡量查找算法效率优劣的标准。

平均查找长度ASL的定义为

$$\mathrm{ASL}=\sum_{i=1}^{n} p_i c_i$$

其中,n 是结点的个数。p_i 是查找第 i 个结点的概率。若不特别声明,认为每个结点的查找概率相等,即 $p_1=p_2\cdots=p_n=1/n$。c_i 是找到第 i 个结点所需进行的比较次数。

8.2　线性表的查找

在查找表的组织方式中,线性表是最简单的一种。本节主要介绍在线性表上进行查找的方法,即顺序查找、折半查找和分块查找。

8.2.1　顺序查找

顺序查找(sequential search)是一种最基本、最简单的查找方法。顺序查找的基本方法是:从表的一端开始,用给定的值与表中各结点的关键字逐个进行比较,直到找出相等的结点则查找成功;或者查找到所有结点都不相等则查找失败。顺序查找对线性表的结构本身没有特殊的要求,即表可以是顺序存储的,也可以是链接存储的;对表中的数据也没有排序要求。因此它具有很好的适应性,是一种经常采用的查找方法。存储结构描述和算法表示如下。

```
const int MaXSize=100;
typedef int keyType;
typedef struct {
    keyType key;
    infoType otherinfo,
}NodeType;
NodeType R[MaxSize];
keyType K;
int n,i;
```

在长度为 n 的线性表 R[1..n]中查找关键字为 K 的元素,R[0]作为哨兵起到监视的作用。

进入算法时,n 个结点已存入表 R[1..n]中,想要查找的给定值放在变量 K 中。算法的处理过程主要是从表的后端开始逐个向前进行搜索。算法结束时,返回 i 值作为查找结果。当查找成功时,返回找到的结点的位置;当查找失败时,返回值为0。

算法 8-1　整型函数顺序查找。

```
int SeqSearch(NodeType R[],int n,KeyType K)
{
    int i=n;
    R[0].key=K;
    while(R[i].key!=K) i--;
    return i
}
```

顺序查找的算法十分简单,但它的缺点是查找时间长,查找长度与表中结点个数 n 成正比。具体分析如下。

若查找的关键字与表里第 i 个结点的关键字相等,则需要进行 $n-i+1$ 次比较才能找到。

设要查找的关键字在线性表中，并假设查找每个关键字的概率相同，即为 $p_i=\frac{1}{n}$，则对于成功查找的平均查找长度为

$$\mathrm{ASL}=\frac{1}{n}\sum_{i=1}^{n}(n-i+1)=\frac{1}{n}\sum_{i=1}^{n}i=\frac{n+1}{2}$$

从上式可知，对于成功查找的平均比较次数为表长的一半左右。

若要检索的关键字不在表中，则需要进行 $n+1$ 次比较才能确定是否查找失败。假设被查找的关键字在线性表里(即查找成功)的概率为 p，不在线性表里(查找失败)的概率为 $q=1-p$，那么，把查找成功和查找失败的情况都考虑在内，则平均查找长度为

$$\begin{aligned}\mathrm{ASL}&=p\cdot\frac{n+1}{2}+q\cdot(n+1)\\&=p\cdot\frac{n+1}{2}+(1-p)\cdot(n+1)\\&=(n+1)\cdot\left(1-\frac{p}{2}\right)\\&=O(n)\end{aligned}$$

为了提高顺序查找的效率，可以对查找表(假定查找方法是从表的前端开始向后部进行搜索)做如下的改进。

(1) 当各结点的查找频率不等时，可以把查找频率高的结点放在表的前面，也就是使 $i<j$ 时 $p_i\geqslant p_j$，这样查找成功的平均查找长度就会小于表长的一半。

(2) 可按关键字值递增的顺序将结点排序，这样平均查找长度也会减小。因为这样的查找方法就有可能不必把全部表搜索一遍，而只要比较到表中结点的关键字值大于所给定的查找条件就可判断出表中有没有要找的结点。

8.2.2 折半查找

折半查找(binary search)又称二分法查找，它是一种效率较高的查找方法，但它要求被查找的现象表是顺序存储且表是按关键字排序的。

折半查找的基本方法是：在表首位置为 low=1、表尾位置为 high=n 的线性表中，先求出表的中间位置 $\mathrm{mid}=\left[\frac{\mathrm{low}+\mathrm{high}}{2}\right]$，然后用给定的查找值 K 与 R[mid]. key 进行比较。若 K=R[mid]. key，则查找成功。若 K<R[mid]. key，说明如果表中存在要找的结点，则该结点一定在 R[mid]的前半部，这时可把查找区间缩小到表的前半部，即 low 的值不变，修改 high 的值，即 high=mid－1；否则说明如果表中存在要找的结点，该结点一定在 R[mid]的后半部，这时可把查找区间缩小到表的后半部，修改 low 的值，即 low=mid＋1，而 high 的值不变。将上述计算 mid 值并进行比较的过程递归地进行下去，直到查找成功或查找失败(low>high)为止。

例 8-1 设有序表为：(05,13,17,42,46,55,70,86)，图 8-1(a)给出了查找关键字为 55

的结点时的折半查找过程，图 8-1(b)给出了查找关键字为 12 的结点时的折半查找过程。

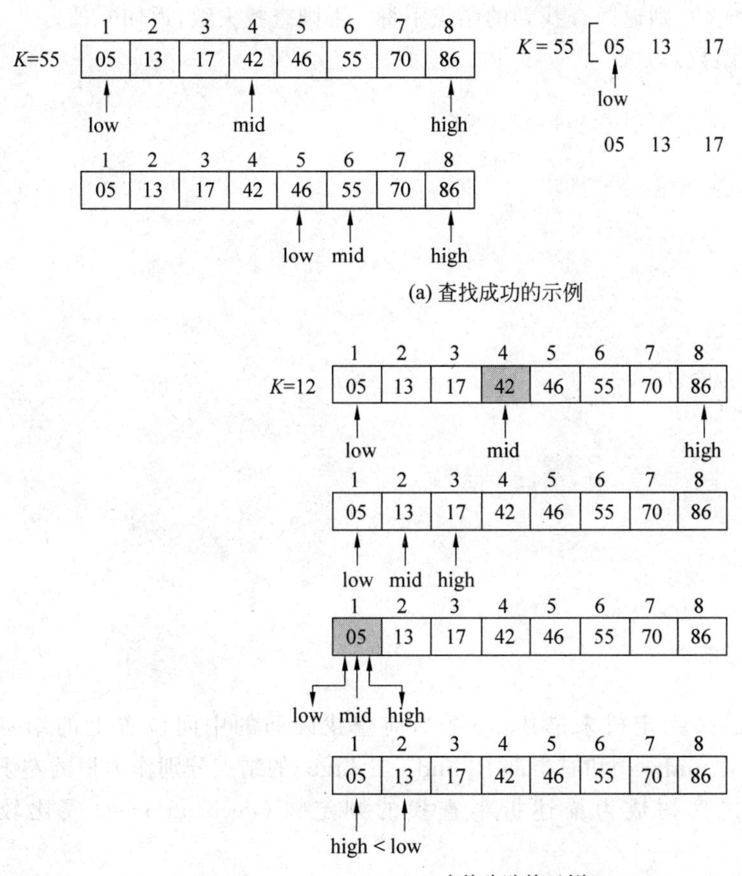

(a) 查找成功的示例

(c) 查找失败的示例

图 8-1　折半查找的过程

从图 8-1(a)中可以看出，在查找 $K=55$ 的结点时，第一次的中点 mid 是 4，由于 55＞42，查找区间缩小到表的后半部，修改 low 的值，即 low＝mid＋1＝5，而 high 的值不变。第二次的中点 mid 是 6，这时 R[6].key＝K，所以经过两次比较之后查找成功。图 8-1(b)查找失败的原因：在查找 $K=12$ 的结点时，第一次的中点 mid 也是 4，由于 12＜42，查找区间缩小到表的前半部，修改 high 的值，即 high＝mid－1＝3，而 low 的值不变。第二次的中点 mid 是 2，由于 12＜13，仍需修改 high 的值，即 high＝mid－1＝1。第三次的中点 mid 是 1，这时查找区间缩小到一个结点上，由于 12＞05，修改 low 的值，即 low＝mid＋1＝2，这时有 low＞high(2＞1)，说明查找区间已缩为空也没找到相等的结点，故查找失败。

存储结构描述和算法如下。

```
NodeType R[MaxSize];                              //有序的查找表存放在 R[1..n]中
keyType K;                                        //想要查找的给定值存放在 K 中
int n;                                            //表长
int low,high;mid;
```

算法开始时，数组 $R[1..n]$ 中顺序存放被查找的线性表，并已按关键字值从小到大排序。变量 K 中存放要查找的关键字。

算法结束时，若查找成功，则返回查找到的结点下标；否则查找失败，返回 0 值。

算法 8-2 折半查找函数。

```
int BinSearch(NodeType R[],int n,KeyType K)
{
    int low,mid,high;
    low=1;high=n;
    while(low<=high)
    {
        mid=(low+high)/2;
        if(K==R[mid].key)
            return mid;
        if(K<R[mid].key)
            hiqh=mid-1
        else
            low=mid+1;
    }
    return 0
}
```

折半查找过程可用二叉判定树来描述，即把当前查找区间的中间位置上的结点 R[mid]作为根，左半部 R[1..mid－1]和右半部 R[mid＋1..high]的结点分别作为根的左子树和右子树，由此得到的二叉树成为描述折半查找的判定树（decision tree）或比较树（comparison tree）。

判定树的形态只与表中的结点个数 n 有关，而与表中的 n 个结点具体取值无关。例如，10($n=10$)个结点的有序表 R[1..10]对应的二叉判定树如图 8-2 所示。有序表中的每一个结点的关键字都对应树中的一个椭圆形结点，并把关键字的值 R[i]. key($1\leqslant i\leqslant n$)写在其中。椭圆形结点外边标出的数字是该结点在表中的位置(下标值)。当椭圆形结点出现空的子树时，就增补新的、特殊的虚拟结点(图 8-2 中的方形结点)。显然它们在树中均为树叶，故称其为外部结点，相对应的原来二叉树中的结点(椭圆形结点)称为内部结点。这种增加了外部结点的二叉树叫作扩充二叉树。在扩充二叉树中不存在度为 1 的结点，且外部结点的个数等于内部结点的个数加 1。在扩充二叉树中，关键字最小的内部结点的左子女(外部结点)代表着其值小于该内部结点的所有可能关键字的集合；关键字最大的内部结点的右子女(外部结点)代表着其值大于该内部结点的所有可能关键字的集合；除此之外，每个外部结点代表着其值处于原来二叉树中两个相邻结点关键字之间的所有可能关键字的集合。例如，在图 8-2 中的二叉树里，根结点的左子树中的最右下结点一外部结点表示值在 R[4]. key 与 R[5]. key 之间的所有可能的关键字的集合(图 8-2 中方框结点中标为 R[4]～R[5]，这是一种简记法，它表示的是一个开区间(R[4]. key，R[5]. key))。树中内部结点 R[i]. key 到左(右)子女的分支上的标记“＜(＞)”表示：当给定值 $K<R$[i]. key($K>R$[i]. key)时，应沿着左(右)分支进入左(右)子树，继续用 K 与左(右)子女进行比较；若相等，则查找过程结束(查找成功)，否则继续用 K 的值与下一层内结点进行比较。如果经比较后进入了外部结点中(即落入方框结点中),则以查找失败告终。

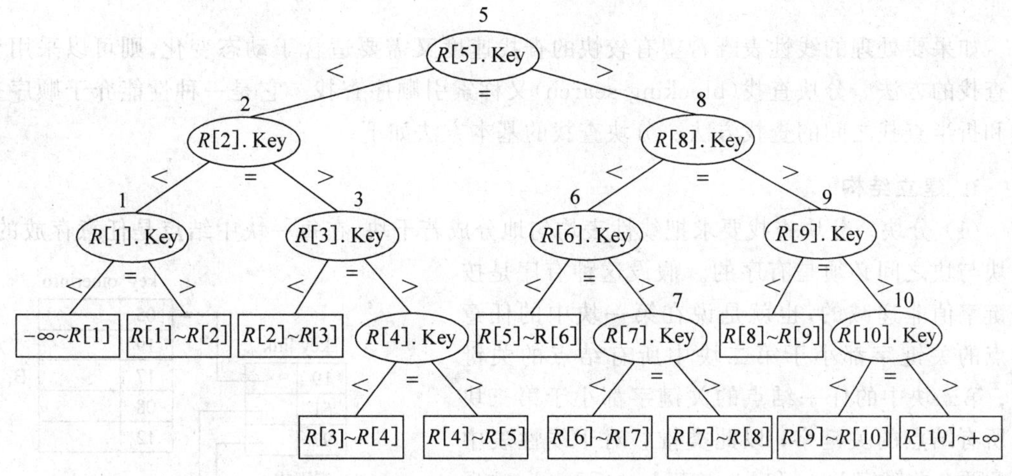

图 8-2　折半查找的判定树

由图 8-2 不难看出,对于成功的查找,其比较次数为与给定值 K 相等的内部结点所在的层数加 1;对于失败的查找,给定值 K 属于哪个外部结点所代表的可能关键字的集合,其比较次数就等于此外部结点的层数。例如在图 8-2 中,如果给定值 K 与椭圆形结点外边标出的数字 6 的内部结点相等,即 $K=\mathrm{R}[6]$. key,则比较次数为该节点的层数加 1,即为 3;如果给定值 K 在 R[4]. key 与 R[5]. key 之间,经过 4 次比较后必落入内部结点 R[4]. key 的右子女的外部结点之中,而该外部结点的层数为 4,所以对于这次失败的查找,其比较次数也正好比较 4 次。

借助于二叉判定树,可以很容易地求得折半查找的平均查找长度。不妨设内部结点的总数(即有序表的长度)为 $n=2^h-1$,则对应的判定树仅由内部结点所构成二叉树的是高度为 $h-1$ 的满二叉树,$h-1=\lceil\log_2(n+1)\rceil-1$,$h=\lceil\log_2(n+1)\rceil$。树中第 k 层有 2^k 个结点,查找它们所需的比较次数为 $k+1$。假设每个结点被查找的概率相等,则查找成功的平均程度为

$$\mathrm{ASL}=\sum_{i=1}^{n}p_i c_i=\frac{1}{n}\sum_{i=1}^{n}i=c_i=\frac{1}{2}\sum_{k=1}^{h}k\times 2^{k-1}$$

因此,折半查找成功时的平均查找长度为 $O(\log_2 n)$。折半查找在查找失败时所做的比较次数不会超过判定树的高度。在最坏情况下查找成功的比较次数也不会超过判定树的高度。因为判定树中度小于 2 的结点最多可能在最下面的两层上(不计外部结点),所以 n 个结点的判定树与 n 个结点的完全二叉树的高度相同,即为$\lceil\log_2(n+1)\rceil$。也就是说,折半查找的平均查找长度与最大查找长度相差不多,这是由于比较次数越大,所能涉及的结点个数越多,能涉及的结点个数是比较次数的指数函数。

折半查找的优点是比较次数少,查找效率高,但它要求表顺序存储且按关键字排序。而排序是一种很费时的运算,即使采用高效的排序方法也要花费 $O(n\log_2 n)$的时间。此外,为保持表的有序性,在顺序的结构里进行插入和删除运算都需要移动大量的结点。因此,折半查找适用于一经建立就很少改动的线性表。对于那些查找少而又经常要改动的线性表,可采用链接存储结构进行顺序查找的方法。

8.2.3 分块查找

如果要处理的线性表既希望有较快的查找速度又需要适合于动态变化，则可以采用分块查找的方法。分块查找(blocking search)又称索引顺序查找。它是一种性能介于顺序查找和折半查找之间的查找方法。分块查找的基本方法如下。

1. 建立结构

(1) 分块。分块查找要求把线性表均匀地分成若干块，在每一块中结点是任意存放的，但块与块之间必须是有序的。假设这种有序是按关键字值非递减的，也就是说在第一块中的任意结点的关键字都小于第二块中所有结点的关键字；第二块中的任一结点的关键字都小于第三块中所有结点的关键字；以此类推。对于线性表中任意两个关键字 key_i 和 key_j，若 $key_i \in B_i$，$key_j \in B_j$ 且 $i<j$，则必有 $key_i<key_j$。其中 B_i 和 B_j 表示第 i 块与第 j 块关键字。

(2) 建立辅助表(索引表)。建立一个最大(最小)关键字表，即把块中最大(最小)的关键字值依次填入索引表中，并通过指针指向本块首地址。

例 8-2 设一个线性表中有 15 个结点，现将其分成 3 块，每块 5 个结点，各块采用顺序存储分别存放在 3 个连续的内存空间中；索引表也用一个向量来表示，它含有 3 个表目，每个表目包括两个字段，一个是对应块中的最大关键字，一个是指向该块首地址的指针(见图 8-3)。

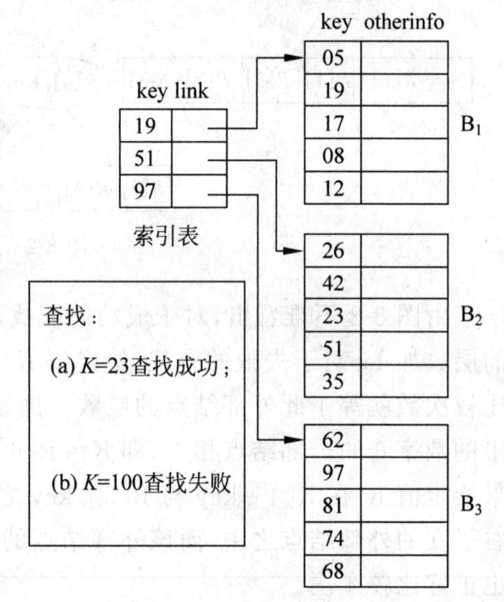

图 8-3 分块查找的示例

2. 查找

假设要查找关键字与 K 相等的结点，则查找时先将 K 和索引表的最大(最小)关键字比较，确定它在哪一块中，然后再到此块中进行检索。因为索引表是有序表，所以确定块的查找既可以顺序查找，也可以折半查找；而块中的结点是任意存放的，在块中的查找只能是顺序查找。

假设要查找关键字等于 23 的结点，先在索引表中进行查找，因为 23>19 且 23<51，所以，若表中有此结点的话，此结点必在表的第二块中，因此，在第二块中进行顺序查找，查得此块的第三个结点，这是查找成功的情况。现假设要查找表中关键字等于 100 的结点，先在索引表中进行查找，因为 100>19，所以此结点不会在第一块中；又因为 100>51，所以此结点也不会在第二块中；最后 K 与索引表的最后一项比较，即 100>97，说明此结点也不会存在于第三块中，这时以查找失败告终。

清楚了分块查找的存储结构和查找方法，不难写出分块查找的算法。这里仅就分块查找的时间性能进行分析。

从前面已经看到，分块查找的过程是分两步进行的，第一步是确定结点所在块，第二步是在块内查找。假设线性表共有 n 个结点，平均分成 b 块，每块有 s 个结点($s \times b=n$)，并假设查找每个结点的概率相等。则每块被查找的概率为 $1/b$，块中每个结点被查找的概率为 $1/s$。

若采用顺序查找的方法来查找索引表以确定结点所在的块，并只考虑查找成功的情况，则有

$$\mathrm{ASL}_n=\mathrm{ASL}_b+\mathrm{ASL}_s=\frac{1}{b}\sum_{i=1}^{b}i+\frac{1}{s}\sum_{i=1}^{s}i$$

$$=\frac{b+1}{2}+\frac{s+1}{2}=\frac{b+s}{2}+1=\frac{n+s^2}{2s}+1$$

可见，分块查找的平均查找长度不仅和表的长度 n 有关，而且和每块中的结点个数 s 有关。在给定 n 的前提下，s 是可以选择的。

从上面可以推得，当 $s=\sqrt{n}$ 时，分块查找的平均查找长度为最小，即 ASL_n 取最小值：

$$\mathrm{ASL}_n=\sqrt{n}+1\approx\sqrt{n}$$

上式实际上也给出了采用分块查找方法时对全部结点如何进行分块的原则。例如，要查找的线性表中有 10000 个结点，应把它分成 100 块，则分块查找平均需要 100 次比较，顺序查找平均需要 5000 次比较，折半查找则最多需要 14 次比较。

由此可见，分块查找的速度比顺序查找要快得多，但均不如折半查找速度快。如果线性表中结点个数很多，且被分成的块数 b 很大时，对索引表的查找可以采用折半查找，还能进一步提高查找速度。为便于插入、删除运算，分块时，块中的结点未必为满额，可以预留出一些未用的结点空间，但要使每块的长度相等。

分块查找的优点是：在表中插入或删除一个结点时，只要找到该结点应属于的块，然后在块内进行插入和删除运算。由于快内结点的存放是任意的，所以插入或删除比较容易，不需要移动大量的结点。

分块查找的缺点是：分块查找的主要代价就是增加了一个辅助数组（索引表）的存储空间和初始线性表分块培训的运算；当大量的插入、删除运算使块中结点数分布不均匀时，分块查找的速度将会有所下降。

为了判别散列表的单元是否为空，假设关键字均不为 0，并且用 0 来表示空单元，而不再另设标志字段来标识。散列表初始建立时，设基本区已清为 0。在进入算法前要查找或插入的关键字已在变量 K 中。算法中 $h(\mathrm{key})$ 为散列函数，m 是一个常量，等于散列表基本区域的长度。

8.3　散列表的查找

8.3.1　散列表的基本概念

散列表（Hash table）又称为哈希表，它是一种重要的存储方式。在散列表上进行查找的方法简称为散列法或哈希法（Hash method），它也是另一类较为特殊而又常用的查找方法。它的基本思想与前面讲述的查找方法完全不同。前面介绍的各种查找方法，无论是线性表上的查找，还是树表上的查找，它们的一个共同的特征是：都要根据给定值 K，通过一系列的比较，才能确定是查找成功还是查找失败，因此统称为对关键字进行比较的查找方

法。然而散列法却不同，它是在对关键字做某种运算后直接确定其元素相应的位置（地址），所以散列法又称为散列地址编码法。用散列法存储的表叫作散列表。

假设 R 是长度为 n 的表，$R_i(1 \leqslant i \leqslant n)$ 为表中某一元素，K_i 是其关键字，则在关键字 K_i 和表中元素 R_i 的地址（位置）之间存在着一定的函数关系，即

$$\mathrm{LOC}(R_i)=h(K_i)$$

其中，$\mathrm{LOC}(R_i)$ 是 R 在表中的地址（位置）；h 称为散列（哈希）函数（Hash function）。

通过散列函数可以把关键字集合的元素映像到地址集合中的元素。换句话说，通过关键字建立了结点集合到地址集合的映射。因此，有了散列函数，便可根据关键字确定任一元素（结点）在表中的存放地址（位置），并将此结点存入该地址中；反之，查找时，可利用同一散列函数，求得给定关键字的对应地址，从而找到所需的结点。若存放表的区域范围为 $0 \sim m-1$，则应确保关键字集合的任意元素都要映射到这个允许的区域之内，即

$$0 \leqslant h(K_i) \leqslant m-1 \quad (1 \leqslant i \leqslant n)$$

散列法一般需要完成两项工作：一是建立散列表；二是在散列表进行查找。而这两项工作通常是交替并同时进行的，下面通过例子来进一步的说明。

例 8-3 假如有记录 ABCD，BDEF，IJKL，其相应的关键字为 A，B，I。设散列函数为

$$h(K_i)=\text{关键字 } K_i \text{ 的 ASCII 码值}+2^7$$

其中，A、B 和 I 的 ASCII 码值分别为 065、066 和 073。2^7 用二进制数表示为 $(10000000)_2$，那么，散列后的地址编码如下：

$$h(\mathrm{A})=065+2^7=(1000001)_2+(10000000)_2=(11000001)_2$$

$$h(\mathrm{B})=066+2^7=(1000010)_2+(10000000)_2=(11000010)_2$$

$$h(\mathrm{I})=073+2_7=(1001001)_2+(10000000)_2=(11001001)_2$$

照此散列函数 h 就可把以关键字 K_i 为自变量的记录映射到以散列函数值为 $h[K_i]$ 地址的散列表中，如图 8-4 所示。

地址	关键字	其他字段
h(key)	key	info
⋮	⋮	⋮
11000001	A	ABCD
11000010	B	BDEF
⋮	⋮	⋮
11001001	I	IJKL
⋮	⋮	⋮

图 8-4 散列表的示例

此表建好后，就可根据此表查找出表中任一关键字的地址。例如，若要查找关键字为 B 的记录，则用上述散列函数就可快速确定它的地址为 11000010。

对于静态的表，可以先生成散列表，然后在表上进行查找操作；而对于动态的表，则需

要查找和插入操作同时进行，即散列表是在不断地进行查找和插入的过程中逐步地形成的。

例 8-4　假设要建立一张全国 34 个省级行政区的各民族人口统计表，每个地区为一个记录，记录的各字段为

编号	地区名	总人口	汉族	回族	满族	朝鲜族	…

虽然可用一个一维数组 table[0..33]来存放这张表，其中 table[i]是编号为 i 的地区的人口情况。显然，编号 i 可以作为记录的关键字，它能唯一确定记录的存贮位置 table[i]。例如，假设北京市的编号为 0，则要查看北京市的各民族人口情况，只要取出 table[0]的记录即可。如果要把这个数组视为散列表，则散列函数为 $h(\text{key})=\text{key}$。然而，用此散列函数形成的散列表却不易使用，因为这需要记住各地区的编号，查找起来很不方便。如果关键字的集合很大，则更不易查找。在实际使用中，通常是选取地区名来作为关键字。假设地区名用汉语拼音符号来表示，则不能简单地取散列函数 $h(\text{key})=\text{key}$，而是要把它们转化为数字，有时还要作一些其他的处理。

例如，若设定统计表的区域范围为 0～33，可以考虑按下面的方法来设立两个散列函数 h_1 和 h_2。

(1) h_1 取关键字的第一个字母在字母表中的序号作为散列函数值。如 h_1(BEIJING)＝2。

(2) h_2 取关键字的第一字母和最后一个字母在字母表中的序号之和，若大于或等于 34，则减去 34。如 YUNNAN(云南)的首尾两个字母 Y 和 N 的序号之和为 39，减去 34 后得到的散列函数值为 05，即 h_2(YUNNAN)＝05。

上述人口统计表中部分关键字在两种不同散列函数情况下的散列函数值如表 8-1 所示。

表 8-1　散列函数的示例

key	BEIJING (北京)	TIANJIN (天津)	SHANGHAI (上海)	SHANXI (山西)	JINLIN (吉林)	XINJIANG (新疆)	XIZANG (西藏)	YUNNAN (云南)
$h_1(\text{key})$	02	20	19	19	19	24	24	25
$h_2(\text{key})$	09	00	28	28	28	31	31	05

从这个例子可以看出：

(1) 散列函数是一个映射，因此散列函数的设定很灵活。因此，只要关键字由此所得的散列函数值都落在表长允许的范围之内即可。

(2) 对不同的关键字可能得到同一散列地址，即 $\text{key}_i \neq \text{key}_j$，但 $h(\text{key}_i)=h(\text{key}_j)$，这种现象称为冲突(collision)，也称为碰撞。具有相同函数值的关键字称为同义词(synonym)。比如上例中，就有冲突现象发生。例如，关键字 SHANGHAI 和 SHANXI 不等，但有 h_1(SHANGHAI)＝h_1(SHANXI)。在此例中还有关键字 XINJIANG 和 XIZANG 不等，但有 h_1(XINJIANG)＝h_1(XIZANG)。对于散列函数 h_2 也是如此。存在这种情况就意味着要把关键字不同的记录存放在以同一函数值为地址的位置上，显然这种现象是我们不希望出现的，所以应尽量地避免。当然，对于上例，只可能有 34 个记录，而且事先全部为已知，所以可以通过认真分析这 34 个关键字的特性，设计出一个恰当的散列函数来避免

冲突的发生。然而，在一般情况下，冲突只能尽量地减少，而不可能完全避免。因为散列函数是从可能的关键字集合到地址集合的映射，通常关键字集合相当大，它的元素包括了所有可能出现的关键字；而地址集合仅为散列表中的地址值，对应于内存的一片有限的存储区域(假设散列表的长度为 m，散列地址为 $0\sim m-1$)，因此它的大小是很有限的。下面通过一个例子来说明这个问题。

例 8-5 假设C语言的编译程序需要对源程序中的标识符建立一张散列表。在设定散列函数时考虑的关键字应包含所有可能产生的关键字。假设标识符定义为字母开头的长度不超过 8 的字母、数字串，则关键字(标识符)的集合大小为

$$\begin{aligned}&52+52\times 62^{1}+52\times 62^{2}+\cdots+52\times 62^{7}\\&\approx 1.86126\times 10^{14}\\&\approx 186\text{ 万亿}\end{aligned}$$

而在一个源程序中出现的标识符总是有限的，一般设表长为 1 000 也就足够了。这样，地址集合可设为 0～999。从这个例子中可以看到，可能的关键字集合与要映射到的地址集合两者之间在容量上的差异是非常大的。因此，在一般情况下，散列函数是一个压缩映像，这就不可避免地会产生冲突(碰撞)。

在散列存储中，虽然冲突难以避免，但发生冲突的可能性却有大有小。与之相关的一个重要参数就是负载因子(load factor)，也称为装填因子，它定义为

$$\alpha=\frac{\text{散列表中已存入的结点个数}}{\text{基本区域所能容纳的结点个数}}=\frac{n}{m}$$

负载因子的大小对于冲突的发生频率影响很大。直观上容易想象，散列表装得越满，则再装入新的结点时，与已有结点碰撞的可能性就越大。特别是当 $\alpha>1$ 时，碰撞(冲突)是不可避免的，一般取 $\alpha<1$，即分配给散列表的基本区域大于所有结点所需要的空间。α 的选取要适当，因为 α 取值越小，散列表中空闲单元的比例就越大，再存入结点时虽然能减少碰撞的可能性，但存储空间的利用率也会随之降低；反之，α 取值过大，虽然能提高存储空间的利用率，但却增加了碰撞的可能性。因此，α 的选取要兼顾减少碰撞和提高存储空间的利用率这两个方面；一般 α 的取值控制在 0.6～0.9 为宜。

下面要讨论两个问题：一是如何选取好的散列函数.使冲突(碰撞)尽可能的少；二是既然冲突不可能完全避免，那么冲突发生时如何处理，即要研究解决冲突的办法。

8.4.2 散列函数

构造散列函数的所寻求的目标就是使散列地址尽可能均匀地分布在散列空间上，即把关键字尽可能均匀地映射到基本区域 $0\sim m-1$ 之中，这样冲突才会尽可能减少。同时还要使散列函数的计算尽可能简单，以节省计算时间。根据关键字的结构和分布的不同，可构造出与之相适应的散列函数，这里只介绍较常用的几种。在下面的讨论中，假设关键字均为正整数；散列函数映射的基本区域为 $0\sim m-1$。

1. 除留余数法

除留余数法(modulo division method)简称除余法，是一种既简单又常用的方法，它是利用关键字 key 除以小于或等于散列表长度 m 的正整数 p 所得余数来作为散列地址的，即

$$h(\text{key})=\text{key}\%p \quad (p\leqslant m)$$

此种方法的关键是 p 值的选择要适当。下面来分析一下如何选择 p 的问题。

(1) 如果选取 p 为偶数，那么当 key 为偶数时，h(key)也为偶数；当 key 为奇数时 h(key)也为奇数，这在很多表中会导致一种很大的偏向，致使冲突增多。

(2) 如果选取 p 为关键字的基数的幂次，那么就等于是选取关键字的最后若干位作为地址，与高位无关。这样就导致高位不同而低位相同的关键字互为同义词。例如，对于十进制数的关键字 8164596，3725596，4032596，…，若选取 p 为 10^3(=1000)，则列出的这些关键字均互为同义词。

一般来说，p 应选取为小于等于散列表基本区域长度 m 的最大素数。

例如：

$$m=8,6,32,64,128,256,512,1024,\cdots$$
$$p=7,13,31,61,127,251,503,1019,\cdots$$

2. 数字分析法

设有 n 个 d 位数的关键字，每一位可能出现有 s 个不同的符号(例如十进制数，每一位可有 0,1,…,9 十个不同的符号)，此 s 个符号在各位上出现的频率不一定相同，可能在某些位上分布较为均匀，即每个符号出现的次数都接近 n/s，而在另一些位上的分布较不均匀，选择其中分布均匀的 $d'(<d)$ 位作为散列地址，这便是数字分析法(digit analysis method)。

例 8-6 假设十进制数的关键字的位数为 8，散列表的基本区域的范围为 0～99。

对于图 8-5 给出的一些关键字，若采用数字分析法来计算散列函数值，则应从这些关键字中选取数字分布均匀的 2 位来作为散列地址。

位数	①	②	③	④	⑤	⑥	⑦	⑧	地址 h(key) ④⑥
key_1	7	8	6	4	2	2	4	2	4 2
key_2	7	8	6	8	1	3	6	7	8 3
key_3	7	8	6	2	2	8	1	7	2 8
key_4	7	8	6	3	8	9	6	7	3 9
key_5	7	8	6	5	4	1	5	4	5 1
key_6	7	8	6	6	8	5	3	7	6 5
key_7	7	8	6	1	9	3	5	5	1 3

(①～⑧为关键字各位；④、⑥位有下画线并用箭头标出)

图 8-5 数字分析法的示例

3. 折叠法

折叠法(folding method)的处理方法是：如果关键字的位数较多，可将关键字从某些地方断开，把关键字分为几个部分，其中至少有一段的长度等于散列地址的位数，然后把其余部分加到它的上面，如果最高位有进位，则把进位丢掉。

例 8-7 假设十进制数的关键字的位数为 9，散列表的基本区域的范围为 0～9 999。对于图 8-6 给出的关键字 378 246 675，采用不同的方法分段、折叠和相加，就可得到不同的散列地址。

```
3 7 8|2 4 6 6|7 5          3 7 8|2 4 6 6|7 5           3 7|8 2 4 6|6 7 5

      8 7 3                       3 7 8                      3 7
        5 7                         7 5                    6 7 5
  +  2 4 6 6                  + 2 4 6 6                  + 8 2 4 6
  [1]1 2 5 3                    2 9 1 9                    8 9 5 8

h(key)=1253                 h(key)=2919                 h(key)=8958
```

图 8-6 折叠法的示例

4. 平方取中法

平方取中法(mid-square method)或称中平方法,其方法是:先通过求关键字的平方值来扩大关键字之间的差别,然后根据表的长度取中间几位作为散列地址。由于一个数的平方后的中间几位与数的每一位都相关,因此所得到的散列地址分布得较为均匀。

例如,key=9452,平方后得 89340304,如果散列地址位数为 4 位,可取中间的 4 位数字 3403 作为散列地址。

5. 随机数法

随机数法(pseudo-random method)适用于关键字长度不等的情况。通常散列函数可定义为

$$h(\text{key})=\lfloor m\times \text{random}(\text{key})\rfloor$$

其中,random()为随机函数,它产生 0~1 的随机数。因为散列地址应为 $0\sim m-1$ 的整数值,所以产生的随机数乘以比例因子 m 后再向下取整,就能确保得到的散列函数值落入表的基本区域 $0\sim m-1$ 的范围内。

在实际应用中需视不同的情况来采用不同的散列函数。通常考虑的因素如下。

(1) 散列函数本身计算所需要的时间。

(2) 关键字的类至与长空。

(3) 散列表的大小。

(4) 关键字的分布情况等。

以上讨论了如何定好的散列函数以减少冲突的问题。下面继续讨论对于不可完全避免的冲突,在它发生时应该如何解决的问题。

8.4.3 冲突的解决

冲突的解决(collision resolution)或称冲突的处理,其方法基本上分为两类:开地址(open addressing)法和拉链(chaining)法。

1. 开地址法

用开地址法解决冲突的做法是:当冲突发生时,用某种方法在散列表的基本区域内形成一个探查(测)序列,沿此探查序列逐个单元地进行查找,直到找到给定的关键字或碰到一个开放的地址(空单元)为止。插入时,碰到开放的地址则可以在这个地址里存放同义词。

最简单的探查方法是进行线性探查，就是当碰撞发生时顺序探查表的下一个单元。若 $h(\text{key})=d$，但与地址为 d 的单元中的关键字发生冲突，那么探查序列为

$$d+1, d+2, \cdots, m-1, 0, 1, \cdots, d-1$$

由于 $\alpha<1$，即散列表的长度 m 大于实际的记录个数 n，因此，沿着这个探查序列总能找到一个空的单元。

下面给出用线性探查法解决冲突的算法。

算法中用到的存储结构描述如下：

```
const int m=12;
typedef struct {
    int key;
    …;
  } hashtable;
  hashtable ht[m];
int K,n,i,c;
```

为了判别散列表的单元是否为空，假设关键字均不为 0，并且用 0 来表示空单元，而不再另设标志字段来标识。在进入算法前要查找或插入的关键字已在变量 K 中。算法中 $h(\text{key})$ 为散列函数，m 是一个常量，等于散列表基本区域的长度。

算法 8-3　散列表的查找和插入(1)——用线性探查法解决冲突。

```
HashSearch1(hashtable ht[],int K)
{
    int i =h(K);
    while(ht[i].key!=K && ht[i]!=0)
        i=++1 % m;
    if(ht[i].key==K)
        cout<<"retrieval"<<i<<ht[i]<<endl;
    else
        ht[i].key=K;
}
```

例 8-8　设有 8 个关键字组成的序列(35,08,21,15,24,03,48,33)，散列表的长度为 12，用除余法构造散列函数，用线性探查法解决冲突，按关键字在序列中的顺序插入，则可得图 8-7(b)所示的散列表。若每个关键字的查找概率相同，则平均查找长度为

$$\begin{aligned}\text{ASL}&=(1+1+1+1+2+3+3+1)/8\\&=13/8\\&=1.625\end{aligned}$$

用线性探查法解决冲突，可能产生另外一个问题，即聚集或堆积(clustering)。堆积是散列地址不同的结点争夺同一个散列地址(两个或多个同义词子表结合在一起)的现象。例如，在用 $h(\text{key})$ 计算的地址去存储时，该位置可能已被非同义词的结点所占用。又例如，在发生冲突后沿着线性探查序列查找时，这些位置上也可能存入非同义词的结点，这时会造成不是同义词的结点处于同一探查序列之中，从而增加了探查序列的长度，降低了查找效率。如果散列函数选择不当，或负载因此过大，都可能使堆积现象加剧。

n=8; m=12; h(key)=key %11

key	35	08	21	15	24	03	48	33
h(key)	02	08	10	04	02	03	04	0
比较次数	1	1	1	1	2	3	3	1

(a) 计算过程

0	1	2	3	4	5	6	7	8	9	10	11
33		35	24	15	03	48		08		21	

(b) 散列表ht[0..11]

图 8-7 用线性探查法解决冲突

为了改善堆积现象,可以考虑使用双散列函数探查法。这种方法使用两个散列函数 h_1 和 h_2,其中 h_1 和前面讲述的 h 相同,以关键字值为自变量,产生一个 $0 \sim m-1$ 的散列地址。h_2 也是以关键字值为自变量,产生一个 $0 \sim m-1$ 的并和 m 互素的数作为探查序列中探查项的间隔。设 h_1(key)$=d$ 时发生冲突,通过计算 h_2(key),则得到的探查序列为

$$(d+c)\%m,(d+2c)\%m,(d+3c)\%m,\cdots$$

从上面的探查序列可以看出,使用双散列函数探查法是跳跃式地散列在基本存贮区域内,而不像线性探查法那样探查一个顺序的地址序列,这种方法可以有效地减少"堆积"的发生。下面给出双散列函数探查法的算法。

算法 8-4 散列表的查找和插入(2)——用双散列函数探查法解决冲突。

```
HashSearch2(hasht.able &ht[ ],int K)
{
    int i=h1(K);
    int c=h2(K);
    while (ht[i].key!=K&&ht[i]!=0)
        i= (i+c) %m;
    if(ht[i].key==k)
    cout<<"retrieval"<<i<<ht[i]<<endl;
    else
        ht[i].key=K;
}
```

有多种 h_2(key)的方法,但无论用什么方法定义 h_2 都必须使 k_2 的值与 m 互素,才能使冲突的同义词均匀地分布在散列表中,否则可能造成同义词地址的循环计算(即陷入死循环)。另外,用开地址法解决冲突时必须注意的一个问题就是不能随便删除散列表里的表目,因为删除了一个表目会影响对其他表目的查找。因此对于经常变动的表,可以采用下面讲述的拉链法中的分离的同义词子表法来解决。

2. 拉链法

拉链法也称链地址法,其基本思想是:将具有相同散列地址的记录链接成一个单链表。基本区域长度为 m,则有 m 个单链表。然后用一个数组将 m 个单链表的头指针存储起来,

形成一个动态结构。

例 8-9 对于 10 个关键字的序列(37,08,21,15,24,03,48,33,45,20),仍用除余法构造散列函数,现采用拉链法法解决冲突,插入次序仍按关键字序列给出的顺序,则可得到图 8-8 所示的散列表。等概率情况下的平均比较次数为

$$\begin{aligned}ASL &= (1+1+1+2+1+2+1+1+3+2)/10 \\ &= 1.5\end{aligned}$$

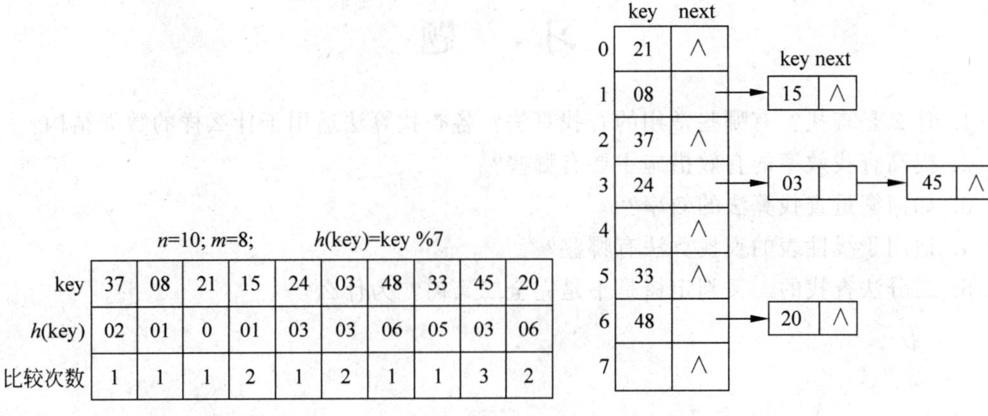

图 8-8 用拉链法解决冲突

3. 再散列法

当发生冲突时,用另一个散列函数再计算另一个散列地址,如果再发生冲突,再使用另一个散列函数,直到不发生冲突为止。这种方法要求预先设置一个散列函数的序列。

4. 溢出区法

除基本的存储区外(称为基本表),另外建立一个公共溢出区(称为溢出表),当发生冲突时,记录可以存入这个公共溢出区。

8.4.4 散列表查找及其分析

在散列表上的查找过程与散列表的构造过程基本一致。对于给定的关键字值 key,按照建表时设定的散列函数求得散列地址,若散列地址所指位置已有记录,并且其关键字值不等于给定值 key,则根据建表时设定的冲突处理方法求得同义词的下一地址,直到求得的散列地址所指位置为空闲或其中记录的关键字值等于给定值 key 为止,之后分别返回查找失败或者查找成功。

上述查找过程可以描述如下。

(1) 计算出给定关键字 key 的散列地址 d=hash(key);

(2) while((d 中不空)&&(d 中关键字值!=key));

按冲突处理方法求得下一地址 d;

(3) if (d 中关键字值==key)查找成功,并返回地址 d;

else 查找失败。

在处理冲突方法相同的散列表中,其平均查找时间不仅与散列函数和处理冲突的方法

有关，还依赖于散列表的装填因子，散列表的装填因子定义如下：

$$\alpha = \frac{\text{散列表中填入的记录数}}{\text{散列表的长度}}$$

装填因子越小，表中填入的记录就越少，发生冲突的可能性就会小；反之，表中已填入的记录越多，再填充记录时，发生冲突的可能性就越大，则查找时进行关键字的比较次数就越多。

习 题

1. 什么是查找？有哪些常用的查找算法？各查找算法适用于什么样的数据结构？
2. 提高查找效率的有效措施主要有哪些？
3. 如何衡量查找算法的效率？
4. 适用于线性表的查找算法有哪些？
5. 二分法查找的二叉判定树是不是完全二叉树？为什么？

第9章

排　序

排序是计算机程序设计中的一种重要操作，在很多领域中都有广泛的应用，如各种升学考试的录取工作、日常生活的各类竞赛活动等都离不开排序。排序的一个主要目的是便于查找。

9.1 基本概念

9.1.1 排序的概念

排序就是把一组无序的记录按其关键字的某种次序排列起来，使其具有一定的顺序（升序或降序），便于进行数据查找。排序是计算机程序设计中的一种重要操作，也是日常生活中经常遇到的问题。例如，字典中的单词要以字母的顺序排列，否则使用起来会不方便。本章讨论的是升序排序。

9.1.2 排序算法的稳定性

如果使用某个排序方法对任意的记录序列按关键码进行排序，相同关键码值的记录之间的位置关系与排序前一致，则称此排序方法是稳定的；如果不一致，则称此排序方法是不稳定的。例如，一个记录的关键码序列为(31,2,15,7,91,7^{*})，可以看出，关键码为7的记录有两个（第二个加“*”号区别，以下同）。若采用一种排序方法得到的结果序列为(2,7,7^{*},15,31,91)，则该排序方法是稳定的；若采用另外一种排序方法得到的结果序列为(1,7^{*},7,15,31,91)，则这种排序方法是不稳定的。

9.1.3 内排序与外排序

内排序是指在排序的整个过程中，记录全部存放在计算机的内存中，并且在内存中调整记录之间的相对位置，在此期间没有进行内、外存的数据交换。内部排序适用于记录不多的文件。

外排序是指在排序过程中，记录的主要部分存放在计算机的外存中，借助内存逐步调整记录之间的相对位置。在这个过程中，需要不断地在内、外存之间交换数据。对于一些较大的文件，由于内存容量的限制，不能一次全部装入内存进行排序，此时采用外部排序较为合适。

9.2 插入排序

直接插入排序的基本思想是：每一趟将一个待排序记录，按照记录的关键码的大小插入已排好序的子序列的适当位置中，直到全部插入完成。本节介绍两种插入排序：直接插入排序和希尔排序。

9.2.1 直接插入排序

直接插入排序是一种最简单的排序算法。其基本思想是：仅有一个记录时，序列是有序的；然后将待排序记录从第 2 个记录开始，依次插入前面已经排好序的子序列中。

设待排序记录关键码的值为{26,53,48,11,13,48,32,15}，并存储在数组 sqList 中。排序算法步骤如下。

(1) {26}作为初始已排序子序列。

(2) 将 53 插入{26}子序列中，则已排序子序列为{26,53}。

(3) 以此类推，将后面的数据插入前面已排好序的子序列，直到将所有的数据插入完成。具体过程如图 9-1 所示。

初始关键字	(26)	53	48	11	13	<u>48</u>	32	15
第1趟	(26	53)	48	11	13	<u>48</u>	32	15
第2趟	(26	48	53)	11	13	<u>48</u>	32	15
第3趟	(11	26	48	53)	13	<u>48</u>	32	15
第4趟	(11	13	26	48	53)	<u>48</u>	32	15
第5趟	(11	13	26	48	<u>48</u>	53)	32	15
第6趟	(11	13	26	32	48	<u>48</u>	53)	15
第7趟	(11	13	15	26	32	48	<u>48</u>	53)

图 9-1 直接插入排序过程

由图 9-1 可以知道，第 i 趟排序过程就是将第 i 个记录插入前面第 0 个记录至第 $i-1$ 个记录构成的已排好序的子序中。以第 4 趟为例，将 13 插入{11,26,48,53}中，具体的插入过程如下。

(1) 暂存 13：temp= sqList[i]。

(2) 查找 13 应该放置的位置，从 $i-1$ 的位置即 53 开始，如果大于 12，则后移元素，直到不大于为止，如图 9-2 所示。

(3) 在空出的位置上填入 temp。

具体的算法实现如下：

```
public void insertSort(int[] SqList){          //直接插入排序
    int i,j,temp;
```

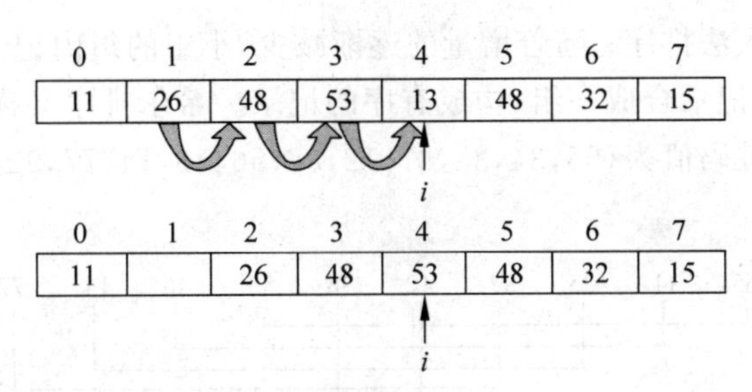

图 9-2　插入元素的过程

```
    for(i=2;i< sqList length;i++){
    temp=sqList[i];
    j=i-1;
    while(j>=0&&temp<sqList[j]                    //如果小于,则后移元素
    {
        sqList[j+1]= sqList[];
        sqList[j+1]=temp;                         //在 j+1 的位置插入 temp
    }
}
```

直接插入排序算法是一种稳定的排序。算法执行过程中只用到了一个辅助空间 temp,所以空间辅助度为 $O(1)$。

直接插入排序算法的时间复杂度分为最好、最坏和随机三种情况。

(1) 最好的情况是顺序表中的记录已全部排好序。这时外层循环的次数为 $n-1$,内层循环的次数为 0。这样,外层循环中每次记录的比较次数为 1,所以直接插入排序算法在最好情况下的时间复杂度为 $O(n)$。

(2) 最坏的情况是顺序表中记录是反序的。这时内层循环的循环系数每次均为 i。这样,整个外层循环的比较次数为

$$\sum_{i=1}^{n-1}(i+1)=\frac{(n-1)(n+1)}{2}$$

因此,直接插入排序算法在最坏的情况下的时间复杂度为 $O(n^2)$。

(3) 如果顺序表中的记录的排列是随机的,则记录的期望比较次数为 $n^2/4$。因此,直接插入排序算法在一般情况下的时间复杂度为 $O(n^2)$。

可以证明,顺序表中的记录越接近于有序,直接插入排序算法的时间效率越高,其时间效率在 $O(n)$ 到 $O(n^2)$ 之间。

9.2.2　希尔排序

在直接插入排序中,每次比较仅在相邻的记录间进行,一趟排序后数据元素最多只移动一个位置。如果有 n 个记录,第 1 个记录最大,则排序后的最终位置应该在最后。则它需要移动 $n-1$ 次才能到位。如果该记录一次就能跳到最后,那么排序就会快很多。因此,每次进行比较的是相隔较远的记录,使记录移动时能跳过很多位置,然后逐渐减少被比较记录间的距离,直到距离为 1 时,各记录都已排好序。这就是渐减增量排序,又称希尔排序。

希尔排序的基本思想是:把待排序的记录按下标的增量 d 分成若干个小组,对同一小

组内的记录用直接插入法排序；随着增量的逐渐减少，小组的组内记录的个数逐次增多，直到增量值为 1 时，所有记录合成一组，构成有序的记录。希尔排序又称为缩小增量排序。

设待排序记录关键码值为{65,34,25,87,12,38,56,46,14,77,92,23}，其希尔排序过程如图 9-3 所示。

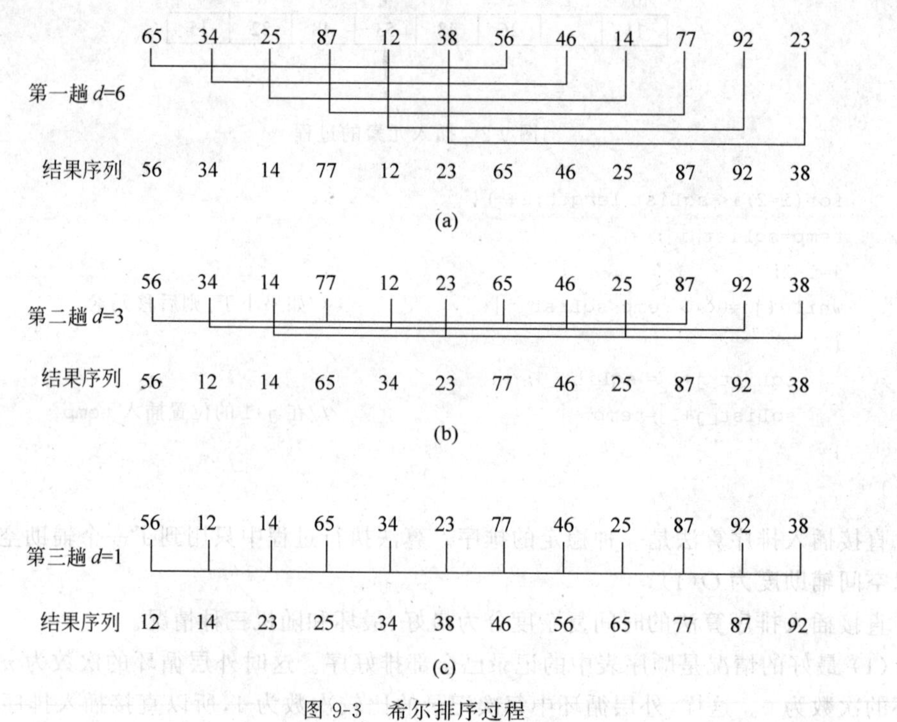

图 9-3 希尔排序过程

具体算法实现如下。

```
public void shellSort(int sqList[]){
int d= sqList.length/2;
int i,j;
while(d>0){                                    //循环进行直接插入排序
    for(i=d;i<sqList length;i++){
        int temp=sqList[i];
        j=i-d;
        while(j>=0 &&.temp<sqList[i])
        {
        sqList[j+d]=sqList[j];
        j=j-d;
        }
        sqList[j+d]=temp;
    }
    d=d/2;                                     //减少增量
}
}
```

由前面分析可知，希尔排序的效率比直接插入排序的效率要高，不过对希尔排序的时间复杂度分析却是一个复杂的问题,因为希尔排序的时间复杂度与增量序列的选取有关。如何选取增量序列才能使希尔排序的时间复杂度达到最佳,还是一个有待解决的问题。

定义一个测试类 TestSort 来测试刚才的排序算法。

```
public class TestSort{
  public static void main(String[]args){
  int[]a=new int[]{26,53,48,11,13,48,32,15};
  int[]b=new int[]{65,34,25,87,12,38,56,46,14,77,92,23};
  SortSeqList se=new SortSeqList();
  se insert Sort(a);
  se shellSort(b);
  System.out. println("排好序的记录序列:");
  for(int i=0;i<a.length;i++){
  System. out. print(a[i]+" ");
  }
  System. out. Printn();
  for(int i=0;i<b. length;i++){
  System.out.print(b[i]+" ");
  }
  }
}
```

程序运行结果如下。

```
排好序的记录序列:
11  13  15  26  32  48  48  53
12  14  23  25  34  38  46  56  65  77  87  92
```

9.3 交换排序

交换排序(exchange sorting)的基本思想是:两两比较待排序记录的排序码,并交换不满足顺序要求(反序)的那些偶对,直到不再存在这样的偶对为止。本节介绍两种交换排序:冒泡排序和快速排序。

9.3.1 冒泡排序

冒泡排序(bubble sort)又称为起泡排序,是一种简单的交换排序方法。其具体做法:设 n 个记录的待排序文件存放在数组 R[1..n]中,首先比较 K_{n-1} 和 K_n,如果 K_{n-1} 和 K_n(发生逆序),则交换如 R_{n-1} 和 R_n(可能是刚交换来的)做同样的处理;重复此过程直到处理完 K_1 和 K_2。上述的比较和交换的处理过程称为一次起泡。第一趟结果是将排序码最小的记录交换到文件第一个记录 R_1 的位置(也是最终排序的位置),其他的记录大多数都向着最终排序的位置移动。但也可能出现个别的记录向着相反的方向移动的情况。第二趟再对R[2..n]部分重复上述处理过程,这一道的结果是将排序码次最小的记录交换到文件第二个记录 R_2 的位置。如此一趟一趟地进行下去……最多经过 $n-1$ 趟($n-1$ 次起泡)就可达到全部有序。

例 9-1 设待排序文件的排字码为：62,31,57,18,44,06,采用上述的冒泡排序的方法进行排序,其过程如图 9-4 所示。

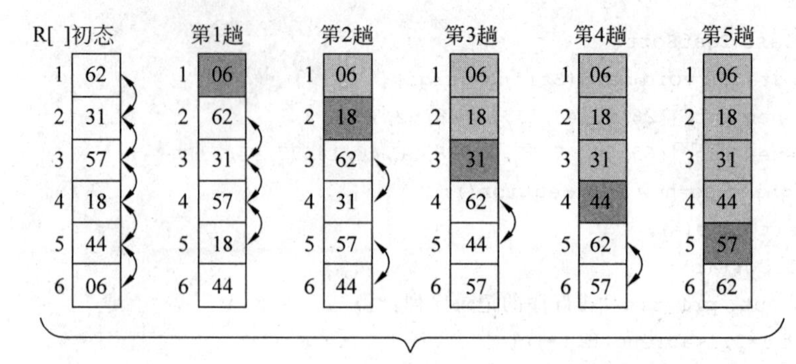

图 9-4 冒泡排序的过程图

具体实现时,可以用一个标志变量 exchange 表示本道起泡中是否实现了交换(逆序),如果没有交换则表示这趟起泡之前就已达到排序的要求,故可以终止算法。

设待排序文件有 8 个排序码：38,44,16,59,86,75,38*,07,最多要进行 7($n-1$)趟,但对于此例中的初始排序码序列,用冒泡排序算法对它进行排序,只需 4 趟就可以完成(其中最后一趟是测试趟,没有发生记录的移动),其具体过程如图 9-5 所示。

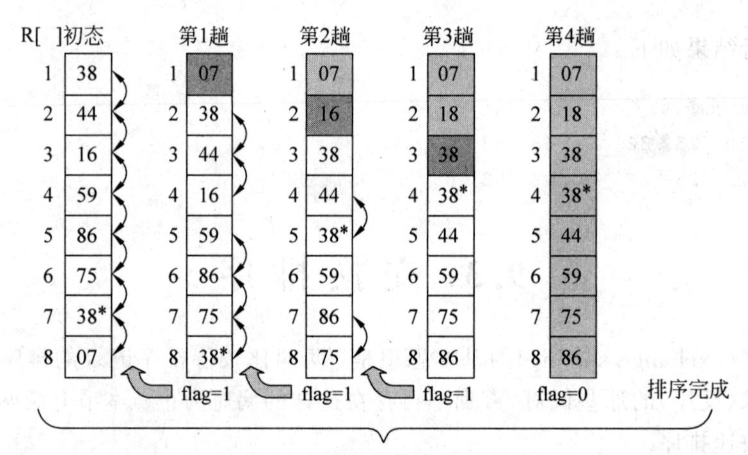

图 9-5 改进冒泡排序的过程图

在图 9-4、图 9-5 中,把表示待排序文件的记录数组 R[1..n]竖向地画出,使其更能形象地展示冒泡排序的过程：文件中排序码小的记录好比水中气泡逐趟往上漂浮,而排序码大的记录好比石块不断地沉入水底。

算法 9-1 冒泡排序。

```
void BubbleSort(Re cType&R[],int n)
{
   int i,J,rexchange=1;
   RecType temp;
   for (i=l;i<n&&exchange;i++)!
```

```
        exchange=0;
        for( j=n-1;j>=i;j--)
        if (R[j].key>R[j+1].key){
        exchange=1;
        temp=R[j];R[j]=R[j+1]=temp;
    }
}
```

若进入算法前,待排序文件中的初始记录已经有序,则一趟起泡就可完成排序,此时比较次数和移动次数最小,比较次数为 $n-1$,且移动次数为 0。若进入算法前,待排序文件中的排序码最大的记录位于文件的首部(第一个记录的位置),则算法需要执行 $n-1$ 趟,比较次数达到最大,其比较次数为

$$\sum_{i=1}^{n-1} i = \frac{n(n-1)}{2} = O(n^2)$$

若待排序文件的初始状态为逆序时,则也需执行 $n-1$ 趟,且每次比较都要进行交换,移动次数达到最大,其移动次数为

$$3\sum_{i=1}^{n-1} i = \frac{3n(n-1)}{2} = O(n^2)$$

一般来说,冒泡排序算法的平均时间复杂度为 $O(n^2)$。

在空间上起泡排序只需附加一个记录的存储,因此辅助的空间复杂度为 $O(1)$。

冒泡排序是一种稳定的排序方法。

9.3.2　快速排序

冒泡排序是在相邻两个记录之间进行比较和交换,每次交换只上移或下移一个位置,因此总的比较和移动次数较多。快速排序(quick sort)是对冒泡排序的改进,快速排序又称划分交换排序。它是在 1962 年由 C. A. Hoare 提出来的,是一种平均性能非常好的排序方法。

1. 基本思想

在待排序文件的 n 个记录中任取一个记录(例如就取第一个记录)作为基准,将其余的记录分成两组,第一组中所有记录的排序码都小于或等于基准记录的排序码;第二组中所有记录的排序码都大于或等于基准记录的排序码,基准记录则排在这两组的中间(这也是该记录最终排序的位置);然后分别对这两组记录重复上述的处理,直到所有的记录都排到相应的位置为止。

对待排序记录序列进行一趟快速排序的过程描述如下。

(1) 初始化。取第一个记录 R_1 作为枢纽,将 R_1 先放到附加存储单元 R_0 中。设置两个指针 i、j 分别用来指示将要与基准记录进行比较的左侧记录位置和右侧记录位置。

(2) 用枢纽记录与指针 j 指向的记录进行比较。如果 j 指向的记录的关键字值比枢纽记录的大,则 j－1,继续比较,直到 j 指向的记录的关键字比枢纽记录的小(逆序),那么将 j 指向的记录移动到 i 所指的位置。

(3) 用枢纽记录与指针 i＋1 指向的记录进行比较。如果 i 指向的记录的关键字值小,则 i＋1,继续比较,直到 i 指向的记录的关键字比枢纽记录的大(逆序),那么将 i 指向的记录移动到右侧 j 指向的位置。

(4) 重复(2)和(3),即右侧比较与左侧比较交替重复进行,直到指针 i=j,这时 i(或者 j)就是枢纽记录的最终位置。

一趟快速排序的结果是找到枢纽记录的最终位置,并以枢纽记录为界,将原来的区间划分成左右两个子表;再分别对左右两个子表进行快速排序,以此类推,直到每个子表的记录都小于或等于 1 为止。

2. 基本算法

正如上面所描述那样,快速排序方法首先任取一个记录(通常取第一个)作为枢纽记录(即基准记录),并将这个记录放到序列的合适位置,然后利用分治法分别对该位置两侧的序列递归进行快速排序。

算法 9-2 快速排序方法描述。

1) 快速排序的分割算法

```
int Partition(SqList *L,int i,int j)          /*一趟快速排序*/
{  L->r[0]=L->r[i];                           /*以子表的首记录作为枢纽记录,放入 r[0]单元*/
        pivotkey=L->r[i].key;                 /*取枢纽记录的关键码存入 pivotkey 变量*/
   while(i < j)                               /*从表的两端交替地向中间扫描*/
   {
        while(i<j && L->r[j].key>=pivotkey) - -j;
        L->r[i]=L->r[j];                      /*将比枢纽小的记录交换到低端*/
        while(i<j && L->r[i].key<=pivotkey) + +i;
        L->r[j]=L->r[i];                      /*将比枢纽大的记录交换到高端*/
   }                                          /*while */
   L->r[i]=L->r[0];                           /*枢纽记录到位*/
   return i;                                  /*返回枢纽记录所在位置*/
}/*Partition */
```

2) 快速排序的递归算法

```
void QuickSort( OrderList *L,int i,int j )
{                                             /*对顺序表 L 中的子序列 R[i..j] 作快速排序*/
  if ( i < j)                                 /*区间长度>1*/
  { pivot = Partition ( L,i,j );              /*一趟快排,将 R[i..j]一分为二*/
    QuickSort( L,i,pivot-1)                   /*在左子区间进行递归快速排序,直到长度为 1*/
    QuickSort( L,pivot+1,j );                 /*在右子区间进行递归快速排序,直到长度为 1*/
  }
}                                             /*QuickSort */
```

下面是对一趟快速排序算法的详细说明。

(1) 初始化。

将 i 和 j 分别指向待排序区间的最左侧记录和最右侧记录的位置。

```
i=1; j=L->length;
```

将枢纽记录 L－>R[i]暂存在 L－>r[0]中。

```
L->R[0]=L->r[i];
```

(2) 对当前待排序区间从右侧(j 指向的记录)开始向左侧进行扫描,直到找到第一个关键字值小于枢纽记录关键字值的记录。

```
while(i<j&&L->r[j].key>=pivotkey)--j;
```

(3) 将 L－＞r[j]中的记录移至 L－＞r[i]。

```
L->r[i]=L->r[j];
```

(4) 对当前待排序区域从左侧(i 指向的记录)开始向右侧进行扫描,直到找到第一个关键字值大于枢纽记录关键字的记录。

```
while(i<j && L->r[i].key<=pivotkey) + +i;
```

(5) 将 L－＞r[i]中的记录移至 L－＞r[j]。

```
L->r[j]=L->.[i];
```

(6) 如果此时 i＜j,则重复上述(2)、(3)、(4)、(5)的操作,否则,表明找到了枢纽记录的最终位置,并将枢纽记录移到它的最终位置上。

```
while (i<j)
{                                          /*执行(2)、(3)、(4)、(5)步骤*/
}
L->r[i]=L->r[0];                           /*枢纽记录到位*/
return i;                                  /*返回枢纽记录所在位置*/
```

例 9-2 设初始记录的关键字序列为(46,16,89,65,34,65*,23,28)的记录序列进行快速排序的各趟状态如图 9-6 所示。

3. 性能分析

快速排序实质上是对冒泡排序的一种改进,它的效率与冒泡排序相比有了很大的提高。在冒泡排序过程中是对相邻两个记录进行关键字比较和互换的,这样每次交换记录后,只能改变一对逆序记录,而快速排序则从待排序记录的两端开始进行比较和交换,并逐渐向中间靠拢,每经过一次交换,有可能改变几对逆序记录,从而加快了排序速度。到目前为止,快速排序是平均速度最快的一种排序方法,但当原始记录排列基本有序或基本逆序时,每一趟的基准记录有可能只将其余记录分成一部分,这样就降低了时间效率,因此,快速排序适用于原始记录排列杂乱无章的情况。

当初始序列基本有序时,则退化为冒泡排序,时间复杂度为 $O(n^2)$,排序速度的平均时间复杂度为 $O(n\log_2 n)$。

在递归调用时需要一个栈空间来保存每一层递归调用时的必要信息。栈的大小取决于递归调用的深度,最多不超过 n,若每次分割的左右区间大小差不多,则递归深度最多不超过 $\log_2 n$。因此,算法的平均空间复杂度为 $O(n\log_2 n)$,最坏情况是 $O(n)$。

快速排序是一种不稳定的排序方法,因为左右交换时,原来相同的排序关键字记录的相对位置难以保持不变。

例 9-3 设有 8 个记录的待排序文件的初始排序码为{45,22,78,62,85,06,91,14},图 9-7 给出了快速排序的过程,其中图 9-7(a)是第一趟快速排序(第一次划分)的过程,基准

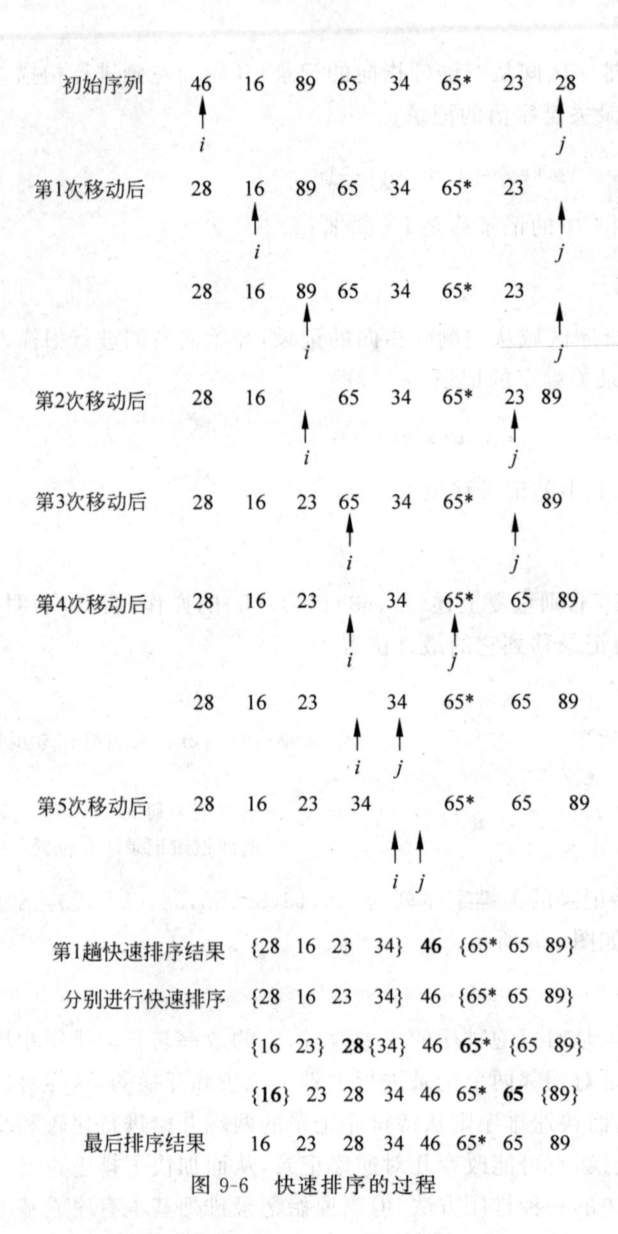

图 9-6 快速排序的过程

记录的排序码为 45，这一趟得到的结果为

[14 22 06]45[85 62 91 78]

图 9-7(b)是各趟快速排序的结果，图 9-7(c)是快速排序算法处理过程所对应的树结构。

上述的快速排序算法是一个递归算法，可以把它改写成非递归的算法，这是通过引入一个栈来实现的，栈的大小取决于递归的深度(从图 9-5(c)可以看出，j 为递归树的深度)，最多不会超过 n。如果每次都选记录数较多的一组进栈，处理长度较短的一组，则递归深度最多不超过 $\log_2 n$，这样的话，快速排序算法所需要的附加存储空间为 $O(\log_2 n)$。

快速排序算法的时间性能与待排序文件的记录初始分布有关。当待排序文件是有序的情况下，其性能最差，因为基准记录每次都是选组内的最小者，这样，第一趟需进行 $n-1$ 次比较，将第一个记录仍放在它原来的位置上，并得到一个包括 $n-1$ 个记录的子文件；第二次递归调用，经过 $n-2$ 次比较，又将第二个记录放在它原来的位置上，并得到一个包括 $n-2$

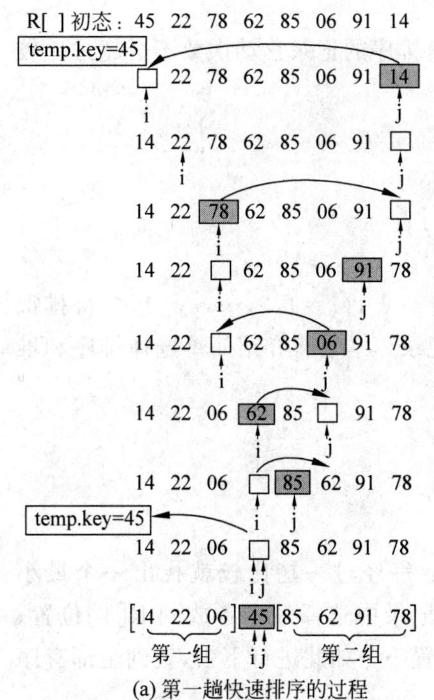

(a) 第一趟快速排序的过程

待排序文件 / 排序趟数	R[1]	R[2]	R[3]	R[4]	R[5]	R[6]	R[7]	R[8]
初始状态	45	22	78	62	85	06	91	14
第1趟	[14	22	06]	45	[85	62	91	78]
第2趟	[06]	14	[22]	45	[78	62]	85	[91]
第3趟	06	14	22	45	[62]	78	85	91
排序结果	06	14	22	45	62	78	85	91

(b) 各趟快速排序的结果

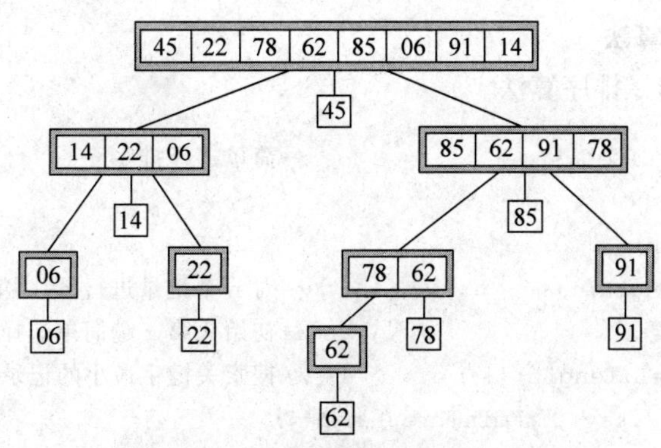

(c) 快速排序算法处理过程所对应的树结构

图 9-7　快速排序

个记录的子文件……因此总的比较次数为

$$\sum_{i=1}^{n-1}(n-i)=\frac{n(n-2)}{2}=O(n^2)$$

最理想的情况是：每次递归调用都是将划分的区间分成长度相等的两部分，基准记录正好放在这两组的中间，这时总的比较次数为

$$\begin{aligned}C(n) &\leqslant n+2C(n/2)\\ &\leqslant 2n+4C(n/4)\\ &\leqslant 3n+8C(n/8)\\ &\leqslant \cdots\\ &\leqslant n\log_2 n+nC(1)\end{aligned}$$

$$=O(n\log_2 n)$$

可以证明平均比较次数也是 $O(n\log_2 n)$。显然快速排序的记录移动次数不会超过比较次数，因此快速排序的时间复杂度为 $O(n\log_2 n)$。

快速排序是一种不稳定的排序方法。

9.4 选择排序

选择排序(selection sort)的基本思想：每一趟在 $n-i+1(i=1,2,\cdots,n-1)$ 个待排记录中选取关键字最小的记录作为有序序列中的第 i 个记录。本书将介绍简单选择排序和堆排序。

9.4.1 简单选择排序

1. 简单选择排序的基本思想

简单选择排序(simple selection sort)的基本思想：每经过一趟比较就找出一个最小值，与待排序列最前面的位置互换即可。首先，在 n 个记录中选择最小者放到 R[1]位置；然后，从剩余的 $n-1$ 个记录中选择最小者放到 R[2]位置……如此进行下去，直到全部有序为止。

2. 简单选择排序算法

算法 9-3 简单选择排序算法。

```
SqList SelectSort(SqList L)                 /*简单选择排序*/
{ int i,j,min;
  RecordType temp;
  for(i=1;i<L.length;i++)                   /*对 n 个记录进行 n-1 趟的简单选择排序*/
  { min=i;                                  /*初始化第 i 趟简单选择排序的最小记录指针*/
    for(j=i+1;j<=L.length;j++)              /*搜索关键字最小的记录位置*/
       if (L.r[j].key<L.r[min].key) min=j;
    if (min!=i)
       { temp=L.r[i];
        L.r[i]=L.r[min];
        L.r[min]=temp;
       }                                    /*if*/
  }                                         /*for*/
return L;
}                                           /*SelectSort*/
```

例 9-4 设初始记录的关键字序列为(62,25,49,25^*,16,08)，简单选择排序的具体过程如图 9-8 所示。

3. 简单选择排序的性能

如算法 9-6 所示，从$(n-i+1)$个待排序记录中，选择最小的记录需要比较 $n-i$ 次，$n-1$ 趟总的比较次数为 $n(n-1)/2$，无论初始记录的排列如何，所需的比较次数相同；移动记录

原始序列：62，25，49，25^*，16，08
第 1 趟 ：**08**，25，49，25^*，16，62
第 2 趟 ：08，**16**，49，25^*，25，62
第 3 趟 ：08，16，**25^***，49，25，62
第 4 趟 ：08，16，25^*，**25**，49，62
第 5 趟 ：08，16，25^*，**25**，49，62

图 9-8 简单选择排序的过程

的次数较少，最多为 $3(n-1)$次。因此，简单选择排序算法的时间复杂度为 $O(n^2)$。排序过程中只需要一个用来交换记录的暂存单元，所以空间复杂度为 $O(1)$。简单选择排序算法简单，但是速度较慢，并且是一种不稳定的排序方法。

分析简单选择排序算法的时间效率，无论记录的初始排列如何，均需要比较 $n(n-1)/2$ 次，因此改进简单选择排序可以从减少"比较次数"的角度考虑。显然，第一趟排序时，在 n 个记录中选出最小记录，至少进行 $n-1$ 次比较；第二趟排序时，在剩余的 $n-1$ 个记录中选择最小记录，并非一定要进行 $n-2$ 次比较，如果能够利用以前的 $n-1$ 次比较的结果，就可以减少后续各趟排序中的比较次数，就可以提高时间效率。9.4.2 小节将要介绍的堆排序就是在此基础上提出的改进算法。

9.4.2 堆排序

1. 堆排序的基本思想

堆排序(heap sort)是另一种基于选择的排序方法，下面先介绍一下什么是堆，然后再介绍如何利用堆进行排序。

堆的定义：由 n 个记录组成的序列$\{k_1,k_2,\cdots,k_n\}$，当且仅当满足如下关系时，称为堆。

$$\begin{cases} k_i \leqslant k_{2i} \\ k_i \leqslant k_{2i+1} \end{cases} \quad 或 \quad \begin{cases} k_i \geqslant k_{2i} \\ k_i \geqslant k_{2i+1} \end{cases} \qquad (i=1,2,\cdots,\lfloor n/2 \rfloor)$$

若将序列$\{k_1,k_2,\cdots,k_n\}$顺次排成一棵以 k_1 为根的完全二叉树，则该完全二叉树的特点是：树中每个非终端结点的值均小于(或大于)其左、右孩子。因此，若序列$\{k_1,k_2,\cdots,k_n\}$是堆，则堆顶元素(完全二叉树的根)必定是这 n 个元素中的最小值或最大值。

例 9-5 有记录的关键字序列 $T_1=(08,25,49,46,58,67)$和序列 $T_2=(91,85,76,66,58,67,55)$(见图 9-9)，判断它们是否是"堆"？

堆排序的基本思想：将 n 个无序的记录建立成一个堆，此时，选出堆中所有记录的最小者或最大者，然后输出堆顶的元素后，将剩余的 $n-1$ 个记录重建成一个堆，则得到 n 个记录中的次小值或者次最大值。如此反复执行，直到输出所有的记录，这个过程称为堆排序。

由此可见，实现堆排序需要解决以下两个关键问题：

(1) 如何由一个无序序列建成一个堆？

(2) 如何在输出堆顶元素之后，调整剩余元素成为一个新的堆？

例如，设一组待排序记录的关键字初始序列为(62,25,49,16,08)。

建立一个小根堆的过程如图 9-10 所示。首先，将待排序记录用一维数组存储，下标从 1

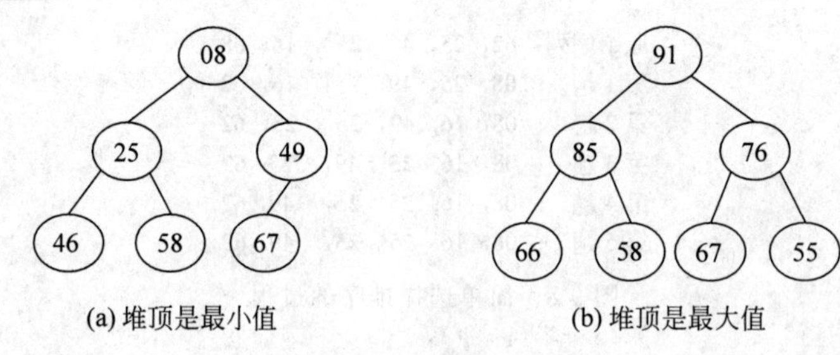

(a) 堆顶是最小值　　(b) 堆顶是最大值

图 9-9　堆的示例

开始，对应一棵完全二叉树，如图 9-10(a)所示。由于叶子结点可以看作是只有一个元素的堆，所以从最后一个非终端结点开始往前逐步调整(筛选)，使每个非终端结点都小于其左、右孩子结点，直到根结点为止。n 个结点的完全二叉树的最后一个非终端结点编号必为$\lfloor n/2 \rfloor$，因此从下标为$\lfloor n/2 \rfloor$的结点开始调整。如图 9-10(a)所示，从 49 开始调整，49 比其左孩子 08 大，49 和 08 交换，如图 9-10(b)所示；然后调整 25，25 比其右孩子 16 大，25 和 16 交换，如图 9-10(c)所示；对 62 进行调整，62 比其左、右孩子都大，沿着较小的孩子结点 08 向下筛选，62 和 08 交换，62 还要再和 49 继续比较，继续向下筛选，62 和 49 交换，如图 9-10(d)所示，成为小根堆，堆顶 08 为最小记录。

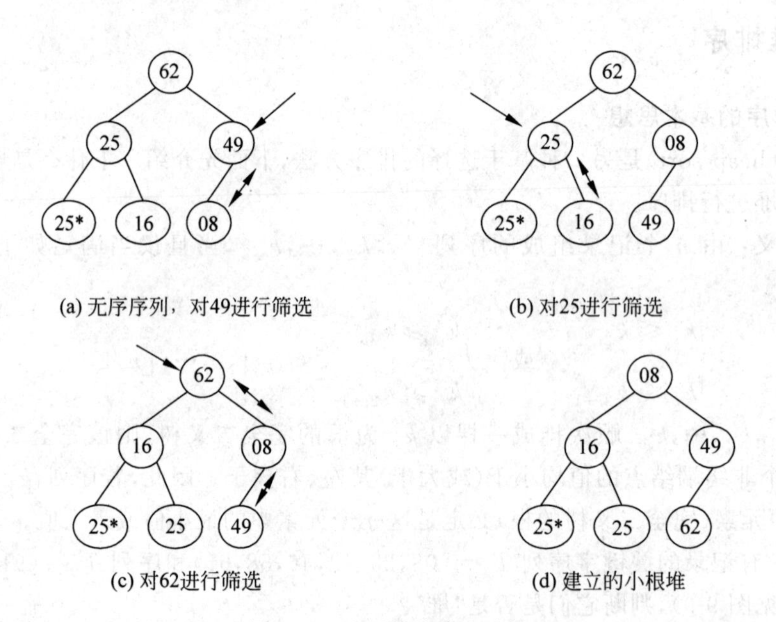

(a) 无序序列，对49进行筛选　　(b) 对25进行筛选

(c) 对62进行筛选　　(d) 建立的小根堆

图 9-10　小根堆的建立过程

2. 堆排序算法

算法 9-4　筛选算法。

```
SqList HeapAdjust(SqList *H,int s,int m)
{                          /*已知 H.r[s..m]中的记录的关键字除 H.r[s].key 外均满足堆定义*/
                           /*本函数调整 H.r[s],使 H.r[s..m]成为一个小根堆*/
RecordType rc;
```

```
int j;
rc=H.r[s];
for(j=2*s;j<=m;j *=2)                         /*沿 key 较小的关键字向下筛选*/
{ if (j<m) && (H.r[j].key>H.r[j+1].key)
  j++;                                        /*j 为 key 较小的记录下标*/
  if (rc.key<H.r[j].key) break;               /*rc 应在位置 s 上*/
  H.r[s]=H.r[j]; s=j;
  }                                           /*for*/
   H.r[s]=rc;                                 /*调整到位*/
  return H;
  }                                           /*heapAdjust */
```

算法 9-5　堆排序算法。

```
SqList HeapSort(SqList H)
{ RecordType temp;
  int i;
      for(i=H.length/2;i>0;--i)               /*把 H.r[1..H.length]建成小根堆*/
      H=HeapAdjust(H,i,H.length);             /*从 i=H.length/2 往前依次调整*/
  for(i= H.length;i>1;--i)                    /*输出堆顶,然后重建堆*/
    { temp=H.r[1];                            /*堆顶与堆底交换*/
        H.r[1]=H.r[i];
        H.r[i]=temp;
        H=HeapAdjust(H,1,i-1);                /*将 H.r[1..i-1]重建堆*/
  }                                           /*for*/
 return H;
 }                                            /*HeapSort */
```

3. 堆排序算法的性能分析

分析算法 9-4 和算法 9-5,排序时间主要花费在建立初始堆和调整堆时的进行反复"筛选"上。假设堆中有 n 个结点,且 $2^{k-1}\leqslant n<2^k$,则对应的完全二叉树的深度为 $k=\lfloor \log_2 n \rfloor+1$。第 i 层上的结点数小于等于 $2^{i-1}(i=1,2,\cdots,k)$。在建立第一个初始堆的 for 循环中,对每一个非终端结点调用一次筛选算法 HeapAdjust 算法,因此该循环所用的时间为

$$2\sum_{i=1}^{k-1} 2^{i-1}(k-i)\leqslant 4n$$

其中,i 为结点的层数;2^{i-1} 是第 i 层最大结点数;$(k-i)$是第 i 层结点能够移动的最大距离。算法 9-5 的第二个 for 循环中,调用了 $n-1$ 次 HeapAdjust 算法,时间复杂度为 $O(n\log_2 n)$。堆排序的时间复杂度为最好和最坏情况下都为 $O(n\log_2 n)$,与简单选择排序相比,时间效率提高了很多。此外,不管原始记录如何排列,堆排序的比较次数变化不大,所以说堆排序对原始记录的排列状态并不敏感。

堆排序算法中只需要一个暂存被筛选记录内容的单元,空间复杂度为 $O(1)$。堆排序是一种速度快、节省空间的不稳定的排序方法。

9.5 基数排序

考虑关键码范围为 0～99 的一个序列。假如有 11 个盒子，首先可以对关键码 10 取模，每个关键码都以它的个位为标准放到 10 个不同的盒子中，然后按照顺序从盒子中收集这些记录得到一趟的结果，并且再次按照最高位(十位)为标准放入盒子。换句话说，将数组中的记录 i 按照 A[i]. key/10 的值再放入盒子里，再次收集后得到了第二趟的结果，此时发现序列已经有序了，这就是基数排序的思想。图 9-11 展示了这种算法。

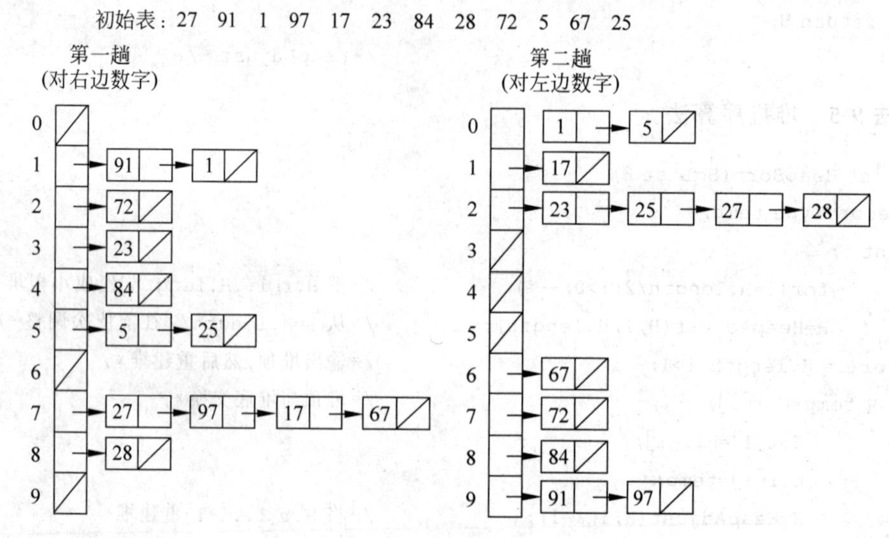

图 9-11 链表实现基数排序示例

在这个例子中，把盒子数 $r=10$ 称为基数，关键字被分成了 $d=2$ 项(个位和十位)，分别用于两次分配和收集。一般来说，基数排序的关键字要求是可分成 d 项，每项所有可能的取值个数就是基数 r，这样对关键字进行 d 趟的分配和收集后就可以完成排序。其中每个部分的基数 r 是可以不一样的。由于在每一趟中对于每个记录的分配处理时间是 $O(1)$，因此几个元素总的处理时间为 $O(n)$，这样处理一趟的时间复杂度就是 $O(n\times d)$。这是对简单分配排序的一个很大改进，因为简单分配排序需要长度为关键码值范围的数组。图 9-10 只是基数排序(radix sort)的一个简单例子，这个排序算法可以扩展到对任意位长的关键码进行排序。从最右边的位(个位)开始，到最左边的位(最高位)为止，每次按照关键码某位的数字把它分配到盒子中。如果关键码有 k 位数，那么就需要 k 次对盒子分配关键码元素。

正如归并排序一样，基数排序也有一个棘手的问题。人们愿意对数组排序，以避开链表的处理。如果事先知道每个盒子里有多少个元素的话，那么可以使用一个长度为 2 的辅助数组。例如，如果第一轮第 1 个盒子将接收 2 个记录，第 2 个盒子将接收 1 个记录，那么可以简单地把前 2 个位置空出来留给第 1 个盒子使用，把接着的 1 个位置空出来留给第 2 个盒子使用，其类似于三元组表示矩阵转置中的“按位就座”思想。

实现代码如算法 9-6 所示。

算法 9-6　基数排序算法。

```
#define D 2                                     //关键字项数
#define R 10                                    //基数,本例都是 10
typedef struct{
  KeyType keys[D];                              //keys[0..D-1],0 位最高
   InfoType otherinfo;
}RcdType;                                       //重新定义 RcdType

void RadPass(RcdType R[],RcdType T[],int n,int k)
{//对 R[]的元素按关键字的第 k 项做一趟的分配和收集,k 取[0..D-1]
  //结果放置在 T[]中
  for(j=0; j<R; J++) count[j]=0;                //初始化统计数组
  for(j=1; j<=n; J++) count[R[j].keys[k]]++;    //求统计数组
  for(j=1; j<R; J++) count[j]=count[j-1]+count[j]; //累加
  for(j=n; j>=1; J--){
    p=R[j].keys[k];                             //当前元素 k 项关键字内容
    T[count[P]]=R[j];                           //放置 R[j]到[Tip]
    count[p]--;
  }
}                                               //void RadPass

void RadSort(SqTable &L)
{                                               //对序列 L.r[1..Len]进行基数排序
  RcdType T[L.Len+1];                           //辅助数组
  k=D-1;                                        //k 取最低位项关键字
  while(k>=0){
    RadPass(L.r,T,L.Len,k);
    k--;
    if(k>=0){
      RadPass(T,L.r,L.fen,k);
      k--;
    }else                                       //D 为奇数时,需要把数据复制为 L
    for(j=1; j<=L.Len; j++) L.r[j]=T[j];
  }                                             //while
}                                               //RadSort
```

对于 n 个数据的序列,假设基数为 r,这个算法需要 d 趟分配收集工作,则其总时间开销为 $O(n\times d)$。因为 r 是基数,它是比较小的。可以用 2 或者 10 作为基数;对于字符串的排序,可以采用 26 作为基数比较好(因为有 26 个英文字母)。在这里就可以把 r 看成一个常数值,忽视它的影响,因为对 r 个盒子总是可以随机访问的。变量 d 与关键码长度有关,它是以 r 为基数时关键码可能具有的最大位数。在一些应用中可以认为 d 是有限的,因此也可以把它看成是常数。在这种假设下,基数排序的最佳、平均、最差时间代价都是 $O(n)$。这使得基数排序成为所讨论过的具有最好渐进复杂性的排序算法。

基数排序还有待于改进，可以使基数 r 尽量大些。考虑整型关键码的情况，令 $r=2r^i$，i 为某个整数。换句话说，r 的大小与每一趟分配时可以处理的位数(bits)有关。如果 r 增加一倍，则分配的趟数可以减少一半。当处理整型关键码时，令 $r=256=2^8$，即一趟分配可以处理 8 个二进制位，那么处理一个 32 位的关键码只需要 4 趟分配。对于大多数计算机来说，可以采用 $r=64\text{K}$，只需两趟分配。只有当待排序的记录接近或超过 64K 以上时，算法的性能才是较好的。换句话说，要使得基数排序的效率更高，一定要仔细研究记录数目和关键码长度。在许多基数排序的应用中，可以调整 r 的值而获得较好的性能。

对于某一位数值，基数排序要把它确定地在 $O(1)$时间内分配到若干个盒子中的一个，基数排序依赖于这种分配能力，即依赖于对于盒子的随机访问能力。因此，基数排序对某些数据类型来说是较难实现的。例如，如果关键码的数据类型为实型或者不等长的字符串，就需要一些特殊处理，特别是基数排序中在确定实数的“最后一个数字”或者变长字符串的“最后一个字符”时。

9.6 外 排 序

9.6.1 路平衡归并

路平衡归并与内排序中的归并排序的基本思想相同，但实现起来却有它的特殊性。由于不可能将两个欲归并的顺串和归并后的顺串同时放在内存中，因此要进行外存的读写，而对外存的读写操作所用的时间通常远远超过在内存中产生、归并顺串所需要的“内部时间”，所以对外存进行读写的次数是影响外排序算法的时间复杂性的主要因素。下面通过具体的例子来分析 2-路平衡归并外排序的过程。

例 9-6 设有一个包含 4500 个记录的输入文件(待排序文件)，现要对该文件进行排序，而系统所提供的用来排序的内存空间至多可存放 750 个记录。输入文件放在磁盘上，磁盘上的每个页块可容纳 250 个记录，这样整个文件可存储在 4500/250=18 个页块中。

外排序过程如下。

(1) 每次对 3 个页块(750 个记录)进行内排序，整个文件得到 6 个顺串 $R_1, R_2, \cdots, R_6$，并回写到外存。

(2) 把内存等分成 3 个缓冲区，每个缓冲区可容纳 250 个记录，把其中的两个作为输入缓冲区，另一个作为输出缓冲区。首先从顺串 R_1 和 R_2 中分别读入一个页块到输入缓冲区中，然后在内存中进行 2-路归并，归并出来的记录存放到输出缓冲区中。当输出缓冲区满时，就把它写回外存；当一个输入缓冲区为空时，则把同一顺串的下个页块写入，继续参加归并，如此继续，直到两个顺串归并完为止。当 R_1 和 R_2 归并完成之后，再归并 R_3 和 R_4，最后归并 R_5 和 R_6。至此完成了一趟的归并。进行一趟归并意味着文件中的每个记录被从外存读入一次、从内存写到外存一次，并在内存中参加一次合并。这一趟所产生的结果为 3 个顺串，每个顺串含 6 个页块，合计有 1500 个记录。在用上述方法把其中的 2 个顺串进行归并，结果得到一个大小为 3000 个记录的顺串。最后一趟把这个顺串和剩下的长度为 1500 个记录的顺串进行归并，从而得到所求的有序文件。

图 9-12 展示了这个逐趟归并的过程。

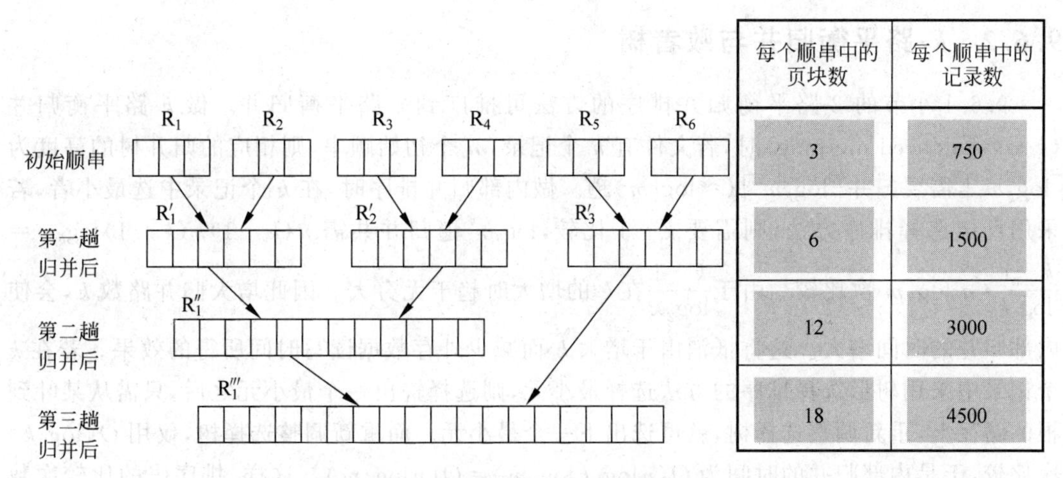

图 9-12 路归并排序的顺串归并过程

从上述过程可见，外排序过程主要是先生成初始顺串，然后对这些顺串进行归并。

一般来说，若总的记录个数为 n，外存上的每个页块可容纳 s 个记录，内存缓冲区可容纳 6 个页块，则每个初始顺串的长度为 $\mathrm{len}=b\times s$，可生成 $m=\lceil n/\mathrm{len}\rceil$ 阶等长的初始顺串。在做 2-路归并排序时，第一趟从 m 个顺串得到 $\lceil m/2\rceil$ 个顺串，以后各趟将从 $l(l>1)$ 个顺串。总的归并趟数等于其归并树的高度。

由于内、外存在读写时间上存在着很大的差异，因此提高外排字速变的关键是减少对数据的扫描的遍数(即对顺串归并的趟数)。对于上例的 2-路归并排序，可以分析一下它对外存的读写次数。以页块为单位计算，生成 6 个初始顺串的读写次数为 36 次(每个页块的读写为 2 次)，完成第一、二、三趟归并时的读写次数分别为 36、24 和 36 次。因此，总的读写次数为 132 次(以记录为单位计算，则读写记录的次数为 250×132=33000)。

若文件所含的记录个数相同，在同样页块大小的情况下做 3-路归并和 6-路归并(当然，内存缓冲区的数目相应也要发生变化)，则可作大致的比较(见表 9-1)。

表 9-1 归并路数归并趟数与总读写外存页块的次数对照

归并路数 k	归并趟数 h	总读写外存页块的次数 d
2	3	132
3	2	108
6	1	72

因此，增大归并路数，可减少归并趟数，从而减少总的读写外存的次数 d。从表 9-1 中可以看出，采用 6-路归并比 2-路归并可减少近一半的读写外存的次数。一般地，对 m 个顺串，做 k 路平衡归并，归并树可用 k 叉树(即只有度为 0 和度为 k 的结点的 k 叉树)来表示。第一趟可将 m 个顺串归并为$\lceil m/k\rceil$个顺串，以后每一趟归并将从 l 个顺串归并成$\lceil l/k\rceil$个顺串，直到最后生成一个大的顺串为止。树的高度是$\lceil \log_k m\rceil$归并趟数 h。因此，只要增大归并路数 k 或减少初始顺串个数 m，都能减少归并趟数 d，以减少读写外存次数 d，从而达到提高外排序的时间性能的目的。

9.6.2 k-路平衡归并与败者树

9.6.1小节的2-路平衡归并排序的方法可推广到多路平衡归并。做k-路平衡归并(k-waybalanced merging)时，若文件有n个记录，m个初始顺串，则相应的归并树的高度为$\lceil \log_k m \rceil$，需要归并$\lceil \log_k m \rceil$($\approx \log_k m$)趟。做内部归并排序时，在k个记录中选最小者，若采用直接选择排序方法，则需要$k-1$比较，$\log_k m$趟归并共需$n(k-1)n(k-1)\log_k m = \frac{k-1}{\log_2 k} \cdot n \log_2 m$次比较。由于$\frac{k-1}{\log_2 k}$在$k$的增大时趋于无穷大。因此增大归并路数$k$，会使内部归并的时间增大。这将抵消由于增大$k$而减少外存数据读写时间所得的效果。若在$k$个记录中采用树形选择排序的方法选择最小元，则选择输出一个最小元之后，只需从某叶到根的路径上，重新调整选择树，就可选出下一个最小元。而重新调整选择树，仅用$O(\log_2 k)$次比较，于是内部归并的时间为$O(n\log_2 k \log_k m) = O(n\log_2 m)$。这样，排序码的比较次数与$k$无关，总的内部归并时间不会随着$k$的增大而增大。只要内存空间允许，增大归并路数$k$，将有效降低归并树的高度，从而达到减少读写外存的次数d，提高外排序速度的目的。下面介绍的基于“败者树”的多路平衡归并就是这样一种思想。

败者树(tree of loser)实际上是一棵完全二叉树，它是树形选择排序的一种变形。败者树就是在比赛(选择)树中，每个非叶结点均存放其两个子女结点中的败者，而让胜者去参加上一层的比赛。叶结点指向对应缓冲区中的当前第一个记录。此外，在根结点上还增加了一个双亲结点，它为比赛的“冠军”。

9.6.3 最佳归并树

当初始顺串等长时，采用前面讲述的多路平衡归并方法可有效地完成外排序的工作。但当初始顺串不等长时，若仍采用多路平衡归并排序方法，则未必能得到理想的排序效果。

例 9-7 设有9个长度不等的初始顺串，其长度(记录个数以万作为计量单位)分别为2,5,6,12,18,21,36,54,68。现做3-路平衡归并，其归并树如图9-13所示。图中每个方框表示一个初始归并段，方框中的数字表示归并段的长度。假设每个记录占一个物理块，则两趟归并所需对外存进行的读写次数为

$$(2+5+6+12+18+21+36+54+68)\times 2\times 2=\mathrm{WPL}\times 2=888$$

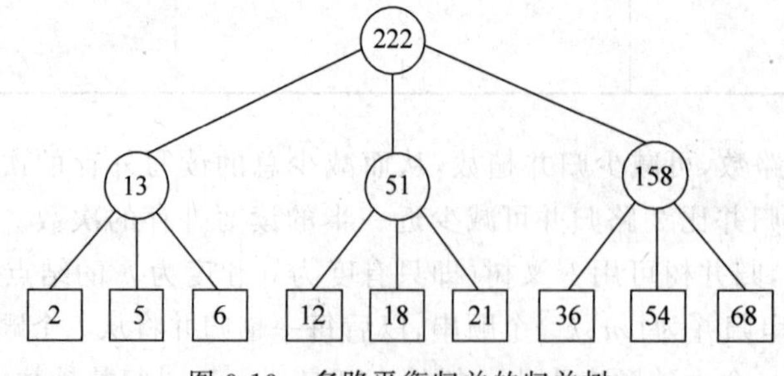

图 9-13 多路平衡归并的归并树

若将初始顺串的长度看作是归并树中叶子结点的权，则此三叉树的带权外部路径长度的两倍恰为888。显然，归并的方案不同，所得到的归并树也不尽相同，树的带权外部路径

长度(或外存进行的读写次数)也就不同。回顾第 6 章曾讨论的 Huffman 树是有 m 个外部结点的带权外部路径长度最短的扩充二叉树。同理,二叉 Huffman 树可推广到 k 叉 Huffman 树。因此对于长度不等的初始顺串,构造一棵 Huffman 树作为归并树,便可使在作外部归并时所需对外存进行的读写次数最少。例如,对上述 9 个初始顺串可构造一棵如图 9-14 所示的归并树,按此树进行归并,仅需对外存进行 756 万次读写,这棵树就是最佳归并树。此归并树的带权外部路径长度为

$$\begin{aligned}WPL &= (2+5+6)\times(12+18)\times 3+(21+36)\times 2+(54+68)\times 1\\ &= 13\times 4+30\times 3+57\times 2+122\\ &= 378\end{aligned}$$

而对外存进行的读写次数为

$$2\times WPL = 2\times 378 = 756$$

从图 9-14 的最佳归并树可以看出,在归并过程中,让记录少的顺串最先归并,从少到多,让记录多的顺串最后再归并,这样就能使总的外存读写次数达到最少;归并树是描述归并过程的后叉树,而且是只有度为 0 和度为 k 的结点的正则 k 叉树。

现在提出这样一个问题:假如有 8 个初始顺串,例如,在上例中少了一个长度为 68 的初始顺串,这时应该怎样来做呢?为使归并树成为一棵正则 k 叉树,可能需要补入空顺串,把空顺串视为长度为 0 的顺串,让它离根最远。

若有 m 个初始顺串做 k-路平衡归并,因为归并树是只有度为 0 和度为 k 的结点的正则 k 叉树,设度为 0 的结点有 n_0 个,度为 k 的结点有 $n-k$ 个,则有 $n_0=(k-1)nk+1$,因此得出 $n_k=(n_0-1)/(k-1)$。如果该除式能够整除,即$(n_0-1)\%(k-1)=u=0$,则说明 n_0 个叶结点(即初始顺串)正好可以构造 k 叉归并树,不需要补加空顺串;否则需附加 $k-u-1$ 个空顺串,才能建立最佳归并树。例如,对于刚才所说的 8 个初始顺串,可算得 $m=n_0=8$,$k=3$,$u=(n_0-1)\%(k-1)=1$,故应补加 $k-u-1=1$ 个空顺串。其归并树如图 9-15 所示。

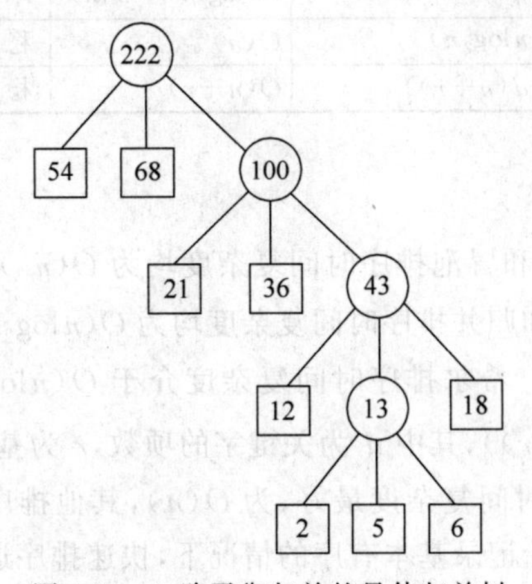

图 9-14 3-路平衡归并的最佳归并树

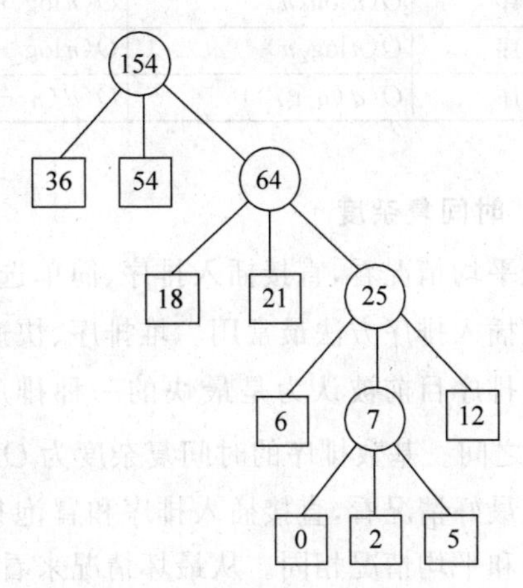

图 9-15 8 个初始顺串的最佳归并树

它的带权外部路径的长度为

$$WPL=(0+2+5)\times 4+(6+12)\times 3=(18+21)\times 2+(36+54)\times 1$$
$$=250$$

对外存进行的读写次数为

$$2\times WPL=2\times 250=500$$

9.7 内部排序方法比较

各种排序方法各有优缺点，排序算法之间的比较，一般可以从以下5个方面综合考虑。

(1) 算法的时间复杂度。

(2) 算法的辅助空间与待排序记录的存储结构。

(3) 排序算法的稳定性。

(4) 算法结构的复杂性。

(5) 适合参与排序的数据的规模。

各种排序算法的时间复杂度、空间复杂度和稳定性的比较如表9-2所示。

表9-2 各种排序方法的性能比较

排序方法	时间复杂度			辅助存储	稳定性
	最好情况	平均时间	最坏情况		
直接插入排序	$O(n)$	$O(n^2)$	$O(n^2)$	$O(1)$	稳定
希尔排序	$O(n\log_2 n)-O(n^2)$	$O(n^{1.3})$	$O(n\log_2 n)-O(n^2)$	$O(1)$	不稳定
简单选择排序	$O(n^2)$	$O(n^2)$	$O(n^2)$	$O(1)$	不稳定
堆排序	$O(n\log_2 n)$	$O(n\log_2 n)$	$O(n\log_2 n)$	$O(1)$	不稳定
冒泡排序	$O(n)$	$O(n^2)$	$O(n^2)$	$O(1)$	稳定
快速排序	$O(n\log_2 n)$	$O(n\log_2 n)$	$O(n^2)$	$O(\log_2 n)\sim O(n)$	不稳定
归并排序	$O(n\log_2 n)$	$O(n\log_2 n)$	$O(n\log_2 n)$	$O(n)$	稳定
基数排序	$O(d(n+r))$	$O(d(n+r))$	$O(d(n+r))$	$O(n+r)$	稳定

1. 时间复杂度

从平均情况看，直接插入排序、简单选择排序和冒泡排序时间复杂度均为$O(n^2)$，其中以直接插入排序方法最常用。堆排序、快速排序和归并排序时间复杂度均为$O(n\log_2 n)$，其中快速排序目前被认为是最快的一种排序方法。希尔排序时间复杂度介于$O(n\log_n)$和$O(n^2)$之间。基数排序的时间复杂度为$O(d(n+r))$，其中d为关键字的项数，r为基数。

从最好情况看，直接插入排序和冒泡排序的时间复杂度最好，为$O(n)$，其他排序方法的最好和平均情况相同。从最坏情况来看，在初始记录基本有序的情况下，快速排序退化为冒泡排序，其时间复杂度为$O(n^2)$。最坏情况对简单选择排序、堆排序、归并排序和基数排序影响不大，但对直接插入排序和冒泡排序影响较大，由最好情况的$O(n)$变为$O(n^2)$。因此，在最好情况下，直接插入排序和冒泡排序最快；平均情况下，快速排序最快；最坏情况下，堆排序和归并排序最快。

2. 空间复杂度

各种排序方法的空间复杂度如表 9-2 所示。

(1) 归并排序的空间复杂度为 $O(n)$。

(2) 快速排序的空间复杂度为 $O(\log_2 n) \sim O(n)$。

(3) 直接插入排序、希尔排序、冒泡排序、简单选择排序、堆排序的空间复杂度为 $O(1)$。

(4) 基数排序所需的辅助空间比较大,其空间复杂度为 $O(r+n)$。

3. 稳定性

稳定的排序方法有直接插入排序、冒泡排序、归并排序和基数排序。不稳定的排序方法有希尔排序、简单选择排序、堆排序和快速排序。

4. 算法的复杂性

简单算法包括直接插入排序、简单选择排序和冒泡排序。希尔排序、堆排序、快速排序、归并排序和基数排序属于比较复杂的排序算法。

由上述讨论可知,各种排序方法各有优缺点,在实际应用中,可以根据具体问题选取合适的排序方法。

习 题

1. 什么是排序?待排序数据序列可以具有什么样的存储结构?每种存储结构各有什么适用的排序算法?

2. 什么是排序算法的稳定性?直接插入排序、冒泡排序算法是如何保证排序算法稳定性的?为什么希尔排序、快速排序等算法不能保证排序算法的稳定性?

3. 希尔排序算法思路是什么?适用于什么存储结构?为什么?

4. 冒泡排序算法采取了什么措施能够将排序序列的排序算法效率提高到 $O(n)$?

5. 快速排序算法的设计思想是什么的?适用于什么存储结构?时间复杂度是多少?

参考文献

[1] 陈静，张达敏，刘国敏. 基于 CDIO 数据结构课程教学思考与改革[J]. 高教学刊，2016(1)：109-111，113.

[2] 陈越，何钦铭，徐镜春，等. 数据结构[M]. 北京：高等教育出版社，2012.

[3] 邓俊辉. 结构习题解析[M]. 北京：清华大学出版社，2013.

[4] 耿国画. 数据结构——用 C 语言描述[M]. 北京：高等教育出版社，2011.

[5] 胡昭民. 图解数据结构[M]. 2 版. 北京：清华大学出版社，2016.

[6] 梁海英，王凤领，谭晓东，等. 数据结构(C 语言版)[M]. 北京：清华大学出版社，2017.

[7] 刘越畅，钟秀玉，钟治初，等. 数据结构课程工程化实验教学的探索和实践[J]. 实验室研究与探索，2012，31(8)：339-341.

[8] 刘晓静，王晓英，张玉安，等. 以创新人才培养为目标的数据结构实验教学改革[J]. 实验技术与管理，2014，31(11)：184-187.

[9] 刘晓静. "数据结构与算法"课程教学改革与实践[J]. 微型电脑应用，2015，31(11)：14-17.

[10] 沈华. 数据结构课内实践教学方案[J]. 实验室研究与探索，2013，32(10)：396-400.

[11] 沈华，张明武，谢海涛. 数据结构课程应用教学模式探讨[J]. 计算机教育，2016(5)：59-62.

[12] 王红梅，胡明，王涛. 数据结构(C++版)[M]. 北京：清华大学出版社，2011.

[13] 魏振钢，等. 数据结构[M]. 北京：高等教育出版社，2011.

[14] 袁关伟. 孩子兄弟树查找双亲结点的算法[J]. 计算机系统应用，2016，25(10)：240-245.

[15] 杨晓波，陈邦泽. 数据结构课程实践教学体系研究[J]. 实验技术与管理，2013，30(8)：165-166，170.

[16] 袁宇丽. 数据结构线性探测法在随机出题中的应用[J]. 内江师范学院学报，2014，29(4)：19-22.

[17] 余艳，刘燕丽，李琳娜. 数据结构实践教学内容设置的分析与思考[J]. 实验技术与管理，2014，31(4)：170-173.

[18] 严蔚敏，吴伟明. 数据结构(C 语言版)[M]. 北京：清华大学出版社，2011.

[19] 严蔚敏，陈文博. 数据结构及应用算法教程(修订版)[M]. 北京：清华大学出版社，2011.

[20] 张善新. 基于多元融合的数据结构课程教学方法初探[J]. 无锡职业技术学院学报，2016，15(6)：39-42.

[21] 周颜军，王玉茹，关伟洲. 数据结构[M]. 北京：人民邮电出版社，2013.

[22] 赵锦元，熊兵，唐志航. 任务驱动教学法在数据结构课程教学中的应用[J]. 计算机教育，2015(4)：71-74.